大型建筑钢结构建设丛书

建筑钢结构稳定理论与应用

Stability of Steel Structures-The Theory and Implement

罗永峰　韩庆华　李海旺　编著
陈绍蕃　陈志华　　　　　主审

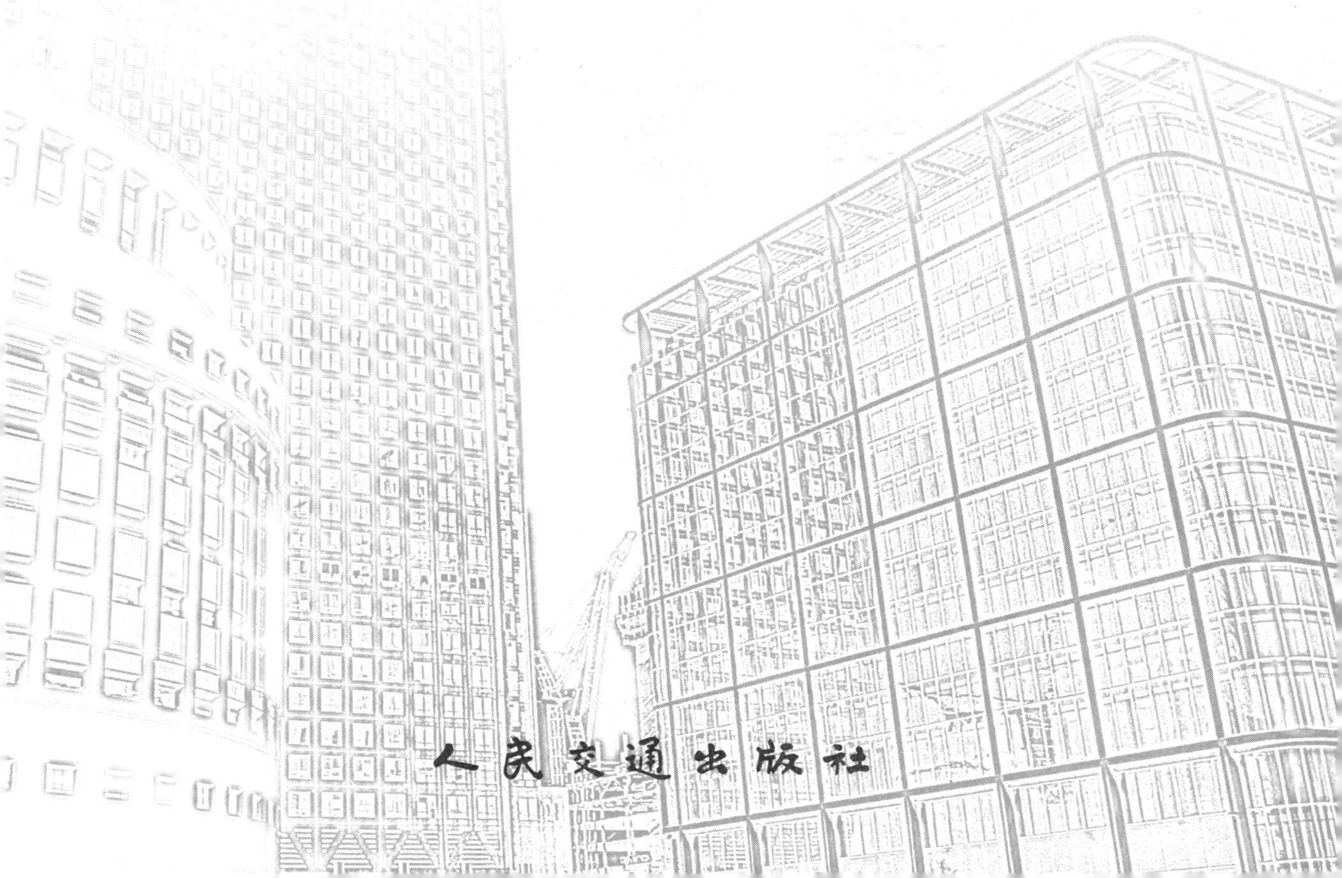

人民交通出版社

内 容 提 要

本书是为满足建筑钢结构整体稳定性分析的工程应用需要而编写的。全书共分8章,首先介绍大型建筑钢结构的整体稳定性特征、整体稳定性分析方法及发展现状;之后引入钢结构整体稳定性分析理论;再次分别就目前应用最为广泛的几种钢结构体系的整体稳定性进行论述,并给出其各自稳定性的实用设计方法及提高其稳定性的措施,包括:钢拱结构、多高层钢框架结构、钢网壳结构、弦支穹顶结构、塔桅钢结构;最后以案例形式进行钢结构稳定事故分析。

本书系统地介绍了不同钢结构体系的整体稳定性特点和分析方法,可供钢结构工程技术人员参考使用,同时亦可作为结构工程专业的本科生、研究生参考阅读资料选用。

图书在版编目(CIP)数据

建筑钢结构稳定理论与应用/罗永峰等编著. —北京:人民交通出版社,2010.8

(大型建筑钢结构建设丛书)

ISBN 978-7-114-08566-6

Ⅰ.①建… Ⅱ.①罗… Ⅲ.①建筑结构:钢结构-结构稳定性 Ⅳ.①TU391.01

中国版本图书馆 CIP 数据核字 (2010) 第 143723 号

书　　名: 建筑钢结构稳定理论与应用
著 作 者: 罗永峰　等
责任编辑: 陈志敏　杜　琛
出版发行: 人民交通出版社
地　　址: (100011)北京市朝阳区安定门外外馆斜街3号
网　　址: http://www.ccpress.com.cn
销售电话: (010)59757969、59757973
总 经 销: 人民交通出版社发行部
经　　销: 各地新华书店
印　　刷: 北京鑫正大印刷有限公司
开　　本: 787×1092　1/16
印　　张: 15
字　　数: 344千
版　　次: 2010年8月　第1版
印　　次: 2010年8月　第1次印刷
书　　号: ISBN 978-7-114-08566-6
印　　数: 0001-3000册
定　　价: 39.00元
(如有印刷、装订质量问题的图书由本社负责调换)

注:①"北京交实文化发展有限公司"总经销适用部分水运类图书,"北京金飞图书发行中心"总经销适用汽车类专销图书,"人民交通出版社发行部"总经销适用于其余图书。

②编辑发稿时根据适用的情况选择销售信息,将不用的两种销售信息情况删去。

本书编委会

主　编：罗永峰

副主编：韩庆华　李海旺

编　委：李元齐　汤荣伟　沈之容

乐俊旺　孟祥武

序　一

丧失稳定是钢结构承载能力极限状态的重要项目，由于其复杂性，它也是钢结构失效事故的重要原因。

钢结构失稳可以分为三个层次：结构整体失稳、杆件失稳和组成构件的部件（实腹构件的板件、格构式构件的肢件和缀材）失稳。构件局部失稳和构件稳定之间的关系，已经研究得比较充分，表现在屈曲后强度的利用和局部与整体之间的相关关系。构件作为一个局部，它的失稳和结构整体承载力之间的关系要复杂一些。最典型的结构，即人们时常分析的三铰框架，一根柱子失稳就是整体失稳。多跨单层框架有侧移失稳时，过去对每根柱分别确定其计算长度，现在认识到失稳时各柱柱顶同时侧移，应该从层刚度来分析，也就是说应以整体稳定为设计依据。多层框架的稳定计算也同样从单柱稳定逐渐向整体稳定靠近。单个柱在意外作用（如冲击）下失效，并不立即造成整个框架失稳。局部和整体承载力之间存在较大差距。挖掘框架的承载力储备，是学术界多年来的追求，并且取得了不小的成果。

1961 年布加勒斯特跨长 93.5m 的球形穹顶网壳坍塌，震动了工程界，它表明网壳结构的整体稳定亟待研究。虽然事故起源于局部积雪造成局部性破坏，但经过传播后很快导致整体失稳。

综合以上情况，整体失稳是众多类型钢结构承载能力的极限，应该成为设计工作的关注点。以往论述结构稳定的书，都以构件为分析对象，罗永峰教授主编的这本《建筑钢结构稳定理论与应用》（以下简称“本书”）着重论述各类钢结构的整体稳定性能和计算方法，是一本适应当前需要的独具特色的书。

从充分利用材料强度着眼，均匀受压比受弯有利，然而，压力是造成结构失稳的祸首，受压越纯，越容易失稳。在构件中，压杆比梁容易失稳。在结构中，穹顶网壳比平板网架容易整体失稳。正高斯曲率和零高斯曲率的网壳除了受压较纯外，还有以下特点：一是壳体跨厚比很大，在力学分析中需要考虑几何非线性；二是对缺陷很敏感，稳定性分析中需要引进初始几何缺陷。由于需要的迫切性，网壳的整体稳定问题目前研究得已比较深入，又因涉及因素很多，网壳的计算方法提供了一个整体稳定计算的范例。

本书第2章提出的大位移弹塑性整体稳定分析方法，同时考虑结构的初始几何缺陷、结构大位移几何非线性和构件的弹塑性变形效应，虽然主要结合网壳结构进行分析，得出的结论同样适用于其他结构。多层框架的高等分析设计方法，同样考虑上述三种因素。只不过几何缺陷的施加方式有所不同。这种方法已接近实际应用阶段，但还未纳入设计规范。

桅杆是高柔性结构，保证其整体稳定十分重要，它的计算方法正处在从分枝屈曲计算向极限承载力计算过渡的阶段。《高耸结构设计规范》GB 50135—2006规定："桅杆按杆身分枝屈曲临界压力计算的整体稳定安全系数不应低于2.0"，还停留在分枝屈曲计算阶段。本书论述的全过程位移跟踪法是一个良好的开端，但在计算中没有引进几何缺陷，需要通过适当的安全系数来弥补。欧盟的塔桅结构设计规范EN 1993—3—1:2006未对桅杆整体稳定计算给出具体规定，只是在风荷载部分要求："为了对称桅杆整体屈曲的原因，应在横风向施加顺风向荷载的2%的侧力"，这项侧力是否能恰如其分地代替初始几何缺陷用于极限承载力计算，还有待考察。桅杆结构对缺陷的敏感性如何，尚未见分析资料。因此，桅杆的整体稳定问题还有进一步研究的空间。

本书既指出了钢结构整体稳定承载力计算的方向和方法，又介绍结合现行设计规范的作法，是一本能使设计工作者开阔眼界、增长知识的好书，值得一读。

陈绍蕃

2010年5月

序 二

钢结构稳定是一个古老且具有高难度的科学问题，是结构设计的控制因素，也常常是结构失效或倒塌的主要原因。迄今为止，人们对钢结构稳定性的研究成果主要集中于基本构件范畴，有关的稳定性分析理论和数值计算方法已成为现行国家设计规范的基础。然而，由于钢结构整体失稳的机理、产生整体失稳的诱因及整体失稳变形的发展过程在理论上较为抽象，目前，人们对此尚缺乏深入透彻的理解或了解，因而，关于钢结构系统整体稳定性分析方法与判定准则的研究还不够深入，虽然已有很多研究成果，但远不够完善，尚缺乏可指导实际工程设计的成熟的理论和方法。

现行钢结构设计规范主要规定了钢构件及节点的设计方法，在结构稳定性方面，仅规定了钢框架结构的稳定性验算。在验算钢框架结构稳定性时，采用计算长度系数法，即以单根杆件的稳定性验算代替整个钢框架结构的稳定性验算，并不进行钢框架结构的非线性整体稳定性分析。而在确定单根杆件的稳定系数时，杆件的长细比按计算长度系数计算，计算长度系数则由钢框架受到竖向节点荷载失稳时的杆件计算长度确定，与验算杆件内力的工况无关。计算长度系数法简单实用，但理论不完备且缺乏充分的试验验证，计算误差往往较大，有时会给出不安全的结果。因而，采用计算长度系数法验算单根杆件的稳定，不能保证结构的整体稳定性，目前采用这种设计方法只是权宜之计。对于大型复杂的建筑钢结构，进行准确的非线性整体稳定性验算是十分重要且必要的。然而，目前，除网壳结构以外，还没有关于钢结构特别是大型复杂钢结构整体稳定性验算的具体规范规定。

近年来，国内外钢结构发展迅速，特别在我国，各种钢结构建筑迅速涌现，建筑物的高度、跨度和规模越来越大、体系越来越复杂。正是由于现代钢结构的这一特点，使得人们更加难以准确了解这类大型复杂钢结构的整体稳定性态，也就无法通过参照现行规范的简单的构件设计保证结构的安全性。这样，在实际工程中，往往可能导致设计者或使用者过高地估计钢结构系统的整体稳定性，造成对钢结构整体稳定性的不当设计或不当使用，在后期正常使用中埋下可能导致整体失稳的隐患。因而，如何准确预测现代大型复杂钢结构的整体稳定性态、可能的失稳模式及其稳定承载能力，变得十分必要且非常迫切。特别是随着高强优质钢材在建筑钢结构中的广泛应用，使得钢结构构件变得更加薄而细，结构整体刚度相对变柔而非线性效应显著，其整体稳定性问题变得尤为突出。

目前，在实际钢结构工程的整体稳定性分析或设计中，除了我国《网壳结构设计规程》(JGJ 61—2003)这本唯一对结构整体稳定性设计进行具体规定的行业标准外，国内外均缺乏可供应用或参考的系统文献资料、专著或手册。而在实际钢结构工程应用中，鉴于已发生钢结构整体失稳的事故较多且后果严重，使用者或设计者通常均要求设计或鉴定时，对钢结构进行整体稳定性验算，以作为对《钢结构设计规范》(GB 50017—2003)规定内容的补充和结构安全性的深层次校核，确保钢结构的安全使用。根据目前国内建筑钢结构工程领域的现状，为满足实际工程中关于建筑钢结构整体稳定性分析的需要，以罗永峰教授任主编、韩庆华教授和李海旺教授任副主编的本书编写组在我们编委会的组织下编写本书，期望能为广泛应用且快速发展的建筑钢结构工程分析与设计，提供计算方法和理论资料。

本书主要针对大型建筑钢结构的整体稳定性分析方法及其应用进行论述，全书共八章。

第1章从高层、高耸、大跨度及空间结构的角度，介绍大型建筑钢结构的体系特点、形态特点以及失稳破坏的现象及原因，同时，介绍钢结构整体稳定性的特征与类型、整体稳定性分析方法及发展现状，并说明了尚需要进行深入研究的问题。

第2章介绍钢结构整体稳定性的分析理论和计算方法。本书根据工程应用的特点，说明钢结构整体稳定性的概念、分类与特点以及钢结构整体稳定性分析应涉及的内容；分类介绍钢结构整体稳定性分析的模型，包括单元模型与结构整体模型，说明了不同模型的特点与应用范围；分别从经典解析理论和数值分析的角度，详细阐述了钢结构整体稳定性的分析方法，其中包括结构整体稳定临界点的跟踪与计算方法、结构非线性屈曲平衡路径全过程跟踪的数值计算方法；针对钢结构体系可能出现的初始缺陷，介绍了初始缺陷的成因和类型、初始几何缺陷对钢结构整体稳定性态的影响以及钢结构整体稳定分析中初始缺陷的引入方法；针对结构局部失稳和整体失稳的相关关系，从动力学角度，阐述了钢结构失稳传播的现象和分析方法；根据实际工程应用的需要，介绍了钢结构系统整体稳定性验算与评定的方法，并给出可供参考的整体稳定性计算步骤；关于钢结构的动力稳定性分析，尚处于理论研究阶段，本章介绍了现阶段可供参考的结构非线性动力稳定平衡路径的迭代计算方法及动力稳定判定准则。本章给出了钢结构整体稳定分析的理论基础及基本计算方法。

第 3 章内容为钢拱结构的整体稳定性，主要介绍钢拱结构的体系特点及稳定形态类型，给出了钢拱结构整体稳定性分析的理论方法以及简化的实用设计方法，同时提出了提高大型钢拱结构稳定性的措施。

第 4 章内容为多高层钢框架结构的整体稳定性，主要介绍多高层钢框架结构系统的构成和特点，说明了钢框架结构稳定性计算原则，给出了钢框架结构整体稳定性计算方法，其中包括计算长度系数法和高等分析法，同时，也提出了保证钢框架结构整体稳定性的措施。

第 5 章内容为钢网壳结构的整体稳定性，主要介绍钢网壳结构的稳定性特点、结构形状、体系与整体稳定性的关系，给出了钢网壳结构整体稳定性分析与评定方法，同时，也提出了提高网壳结构整体稳定性的措施。

第 6 章内容为弦支结构的整体稳定性，主要介绍弦支钢结构的体系及特点，分别针对平面弦支结构和空间弦支结构，给出了整体稳定性分析与评定方法，同时，也提出了提高弦支结构整体稳定性的措施。

第 7 章内容为塔桅钢结构的整体稳定性，主要介绍塔桅钢结构的体系特点，阐述了塔桅钢结构稳定性计算原理、钢塔的稳定性与混沌现象，给出了桅杆结构静力与动力整体稳定性分析方法，同时，也提出了提高塔桅钢结构整体稳定性的措施。

第 8 章内容为钢结构稳定事故分析。对于设计人员而言，分析研究过去已发生的钢结构失效或倒塌事故并深入剖析其原因，比研究某些已成功建造的钢结构的体系、构造和设计方法，能更多、更深入地了解和掌握钢结构及其构件的力学性态、稳定特征和失效机理，更深刻地理解钢结构的计算理论、设计方法和各种限定准则，特别是大型钢结构的整体失稳破坏现象，通常在实验室是无法模拟的，通过实际整体失稳事故的深入分析，能够获得具体、详细的结构参数特征、破坏数据资料和破坏机理信息，深入理解抽象的整体失稳概念，可为设计提供有益的借鉴或建议。这一点对于缺乏工程经验的设计人员尤为重要。鉴于此，本章介绍了钢结构事故的类型及特点、分析钢结构事故的必要性，说明了不同生命阶段钢结构事故发生的原因及其失效模式，同时，也提出了防止钢结构失稳事故的措施。

同济大学罗永峰、李元齐、沈之容，天津大学韩庆华，太原理工大学李海旺，航空工业规划设计院孟祥武，中国建筑科学研究院汤荣伟，中广电设计院乐俊旺等对稳定有专项研究的编写组各位专家，根据近年来的研究成果和实际工程经验资料，首次详细阐述了钢结构整体稳定性的计算方法，并列举了相关实际工程的算例，填补了在这一方面缺少参考资料的空白，可以给读者提供实用的理论方法和设计思路，能使人开阔眼界、增长知识。特别地，本书又承蒙陈绍蕃教授认真细致的审阅，编写组又进一步修改完善后，系统性得以增强，水平更加得到提升，值得结构工程师、大专院校师生及研究人员阅读。

陈志华

2010 年 7 月 20 日

前　言

近三十多年来，随着国民经济和基础设施建设的飞速发展，钢结构在我国发展迅速，大量应用于工业和民用建筑之中，很多地方建造了宏伟而富有特色的大型钢结构建筑，并成为当地城市或地方的象征性或标志性建筑。现代钢结构建筑物的跨度和规模越来越大、形态越来越新异、体系越来越复杂，且采用了许多新材料和新技术，为钢结构分析与设计理论的发展提供了机遇，但同时提出了挑战。

然而，在钢结构广泛应用的同时，钢结构工程事故时有发生，有些并造成了巨大的生命财产损失，且产生了严重的社会影响。建筑钢结构破坏事故调查研究表明，导致钢结构失效破坏事故的原因多数不是钢材材料质量问题，而是由于设计、施工或使用不当造成的，且多数破坏现象为钢结构局部构件失稳破坏或者钢结构整体失稳破坏。特别是随着高强优质钢材的广泛应用，结构构件变得更加薄而细，结构整体上相对变柔，使得大型钢结构的稳定性问题变得尤为突出，成为这类钢结构破坏的主要原因。

对于设计人员而言，钢结构构件和节点的设计理论，相对较为容易理解和掌握，而关于钢结构系统整体稳定性的概念、分析理论和评定方法，特别是非线性分析理论，却较难理解和掌握，这可能导致其设计过程中对钢结构整体失稳考虑不足。如果在设计过程中不能正确分析和评定钢结构系统的整体稳定性，则很可能在设计中因考虑不周而埋下结构整体失稳的隐患。另外，关于钢结构系统整体稳定性的分析验算与评定，不同于传统的钢构件设计，必须考虑结构的非线性效应，且为常规结构设计之外必要进行的分析工作。因此，深入理解和掌握钢结构系统整体稳定性的分析方法、评定标准，帮助设计人员尽快理解和掌握钢结构整体稳定性的概论、分析理论与评定方法正是本书的出发点和落脚点。

本编写小组受人民交通出版社约稿，自 2007 年开始准备资料并着手编写工作，经过两年多的努力，完成了书稿编写。

本书共分 8 章。首先介绍大型建筑钢结构的整体稳定性特征、整体稳定性分析方法发展现状及本书的编写宗旨；随之引入钢结构整体稳定性特征、分析理论、评定方法；然后分别就目前应用最为广泛的几种钢结构体系进行整体稳定性问题的讲解，并给出其各自的实用稳定性设计方法及提高稳定性方法的措施建议，包括：钢拱结构、多高层钢框架结构、钢网壳结构、弦支结构和塔桅钢结构；最后以案例形式进行钢结构稳定事故分析并提出防治措施。

同济大学罗永峰教授为本书编写的总负责，包括制订章节大纲、各章节内容取舍、修改与统稿等。本书编写的具体分工如下：第 1 章、第 2 章、第 5 章由罗永峰教授撰写，第 3 章由李元齐教授、汤荣伟博士撰写，第 4 章由李海旺教授撰写，第 6 章由韩庆华教授撰写，第 7 章由沈之容副教授、乐俊旺教授级高工撰写，第 8 章由孟祥武教授级高工撰写。

本书由陈绍蕃教授审阅，提出了许多修改意见，在此表示感谢。在本书的编写过程中，天津大学陈志华教授、人民交通出版社陈志敏编辑等相关同仁均为本书的编写提供了很多帮助，在此一并表示感谢。

由于知识水平有限、时间紧迫，书中难免有失误和不妥之处，恳请读者提出宝贵意见和批评指正，来函联系电子邮件地址：yfluo93@tongji.edu.cn。

作　者

2009 年 11 月 26 日

目 录

第1章 绪　论

1.1 大型建筑钢结构的特点

近三十多年来，随着大型体育场馆、机场、车站以及会展馆的大量兴建，各种大跨度空间钢结构在我国以及美、日、欧、澳等发达国家和地区得到迅速发展。钢结构建筑物的跨度和规模越来越大、体系越来越复杂，国内外工程专家采用了许多新材料和新技术，建造出丰富多样的钢结构建筑。许多宏伟而富有特色的大型钢结构建筑，已经成为一些城市的象征性或标志性建筑。大跨度和大型建筑的设计建造技术已经成为一个国家建筑科技发展水平的重要标志之一。

自20世纪以来，随着钢铁工业的发展，我国建筑钢结构的应用经历了几个不同的发展阶段。新中国成立之初，由于钢产量低及国家总体发展的需要，钢结构仅在重型厂房、大跨度公共建筑以及塔桅等特殊或重要结构中应用。主要包括：大型或重型工业厂房、铁路桥梁、大型体育馆、飞机库、钻井塔、输电塔、火箭发射塔、通讯(塔)桅杆、大型装卸机械结构、压力容器等。改革开放以后，随着国民经济的飞速发展和我国钢产量的增加，建筑钢结构的应用范围迅速扩展且数量迅速增加。普通厂房、高层和超高层建筑、体育场馆、会展馆、机场大楼、车站大楼等均大量采用钢结构建造。特别是自1996年以来，我国钢产量大幅增加，钢材质量提高，钢材规格增多，极大地满足了建筑钢结构应用的需要。1997年原建设部颁发的《1996年～2010年建筑技术政策》(建建[1997]330号文)中，明确提出了发展建筑钢结构的战略方针[1]。繁荣的建设市场和国家的政策支持均为建筑钢结构的发展创造了条件，促使我国建筑钢结构迅速发展。因此，现代的体育场馆、影剧院、会展馆、航站楼、候车大厅、高层及超高层建筑、厂房、仓库、收费站、各种桥梁、电视塔、输电塔、通讯塔、化工塔架、大型城市雕塑、干煤棚以及众多建筑结构中大量采用钢结构。

近二十多年来，随着材料科学、计算技术、设计方法、制作工艺、连接技术、施工安装技术的飞速发展，钢结构在我国建筑工程中应用越来越广，钢结构应用已成为建筑结构的热点和亮点。现代建筑钢结构造型新颖、体系复杂、形式多样，重要建筑通常规模庞大，我国的建筑钢结构已进入一个飞速发展的时代。

1.1.1 现代建筑钢结构的体系特点

现代建筑钢结构的特点是“高、大、复”，即高耸、庞大、复杂。目前在世界范围内已建成的高层建筑已达 800m 以上(阿联酋迪拜哈利法塔已达到 828m)，在建的高耸结构将超过 600m(中国广州新电视塔 610m)，大跨度空间结构覆盖的范围已达 200m 以上(中国上海南站直径 275m;中国国家体育中心长 330m,宽 220m;英国伦敦千年穹顶直径 320m;中国北京首都机场 T3 航站楼屋盖钢结构 T3A 东西宽 773m,南北长 955m,入口处有 45m 室外悬挑,覆盖面积约 17 万 m^2,T3B 东西宽 775m,南北长 958m,覆盖面积约 13 万 m^2),城市雕塑高达百米以上(中国南海立佛 108m)。随着建筑造型的奇异化和复杂化,传统简单的单一结构体系无法满足现代建筑的要求,因此,与之相适应的结构体系及构造就越来越复杂,如刚性与柔性构件组合的钢结构、预应力钢结构、悬挂与斜拉钢结构、多种结构体系组合形成的复杂钢结构等不断出现[2]。

(1)高层及超高层钢结构

高层及超高层结构体系,从传统的框架结构体系、框架支撑体系(框架—抗剪桁架、框架—剪力墙、框架—核心筒等),已发展到框筒结构体系(内框筒、外框筒、筒中筒、束筒等)、巨型结构体系(巨型桁架、巨型框架等)以及蒙皮结构体系等。芝加哥西尔斯大厦(美国,束筒体系,110 层,高 443m)、香港中国银行大楼(中国,巨型框架体系,70 层,高 315m)、上海金茂大厦(中国,巨型外伸桁架、巨型柱、核心筒体系,88 层,高 365m)、台北 101 大厦(中国,巨型框架结构,高 508m)、迪拜哈利法塔(阿联酋,828m)、在建的上海中心大厦(中国,122 层,632m)等都是当今世界高层建筑的代表。新结构体系的出现,使得传统的计算理论与设计规范不再适用,因此,需要新的结构分析与设计方法,同时需要新的施工与控制技术。

国内外已建及在建的部分超高层建筑如图 1.1 所示,其中上海环球金融中心 101 层 492m,中央电视台 234m,深圳地王大厦 383.95m。

(2)高耸钢结构

高耸钢结构主要应用于塔架和桅杆结构。近年来塔桅结构高度越来越高,造型越来越新奇复杂,结构体系形态发展变化较大。如波兰华沙的长波无线电桅杆的高度达 642.5m;我国广州新电视塔主体高度 454m,桅杆高度 156m,总高 610m。随着结构高度的增加,高耸钢结构的风致振动、动力稳定及其控制技术已成为目前广泛关注的焦点问题。

目前,国内已建及在建的部分大型高耸结构如图 1.2 所示,其中河南电视塔 338m,黑龙江电视塔 336m,广东崖门输电塔 211.5m(重 1600t)。

(3)大跨度及空间钢结构

近年来,随着世界杯和奥运会等体育运动盛会及世博会等大型活动的需要,大跨度空间结构体系在国内外得到迅速发展。大跨度空间结构的形式由传统的梁、拱、桁架等平面结构体系及薄壳空间结构体系,发展到现代的网架、网壳、索网、索穹顶、张弦梁、弦支穹顶、悬挂(斜拉)结构、可开合结构、可伸展结构、可折叠结构等结构体系。空间钢结构的覆盖空间不断增大。如瑞士苏黎世机场机库(125m×128m 网架)、中国上海虹桥机场东方航空公司维修机库(150m×90m 钢板节点网架)、中国北京首都机场 A380 机库((176.3m +176.3m)×110m 焊接球节点网架+相贯节点桁架) 、美国新奥尔良的超级穹顶体育馆(213m 直径联方型双层球

a) 上海金茂大厦　b) 上海环球金融中心　c) 上海中心　d) 台北101大厦

e) 中央电视台　f) 深圳地王大厦　g) 芝加哥西尔斯大厦　h) 迪拜哈利法塔

图 1.1 高层建筑实例

a) 广州新电视塔　b) 河南电视塔　c) 黑龙江电视塔　d) 广东崖门输电塔

图 1.2 高耸结构实例

面网壳)、前苏联列宁格勒体育馆(160m 悬索结构)、美国亚特兰大奥运会主体育场(240m×193m 索穹顶)、美国旧金山体育馆(235m 索穹顶)、美国庞蒂亚克银色穹顶(235m×183m 充气膜)、日本东京都室内棒球场(201×201m 索—充气膜)、日本福冈穹顶(220m 直径可开合网壳)、英国伦敦千年穹顶(320m)、中国国家大剧院(212.24m×143.64m×45.35m)、中国长春五环体育馆(192m×146m×50m 巨型方钢管拱桁架体系)、中国上海南站(直径 275m 的预应力钢屋盖)、中国南通体育中心可开合屋盖(直径 280m)、中国国家体育中心(330m×220m×69.2m)等都是当今世界大跨度空间结构的经典之作。

现代大跨度空间结构体系可分为三大类[1],即刚性结构体系(如折板、薄壳、网架、网壳、空间桁架等)、柔性结构体系(如索结构、膜结构、索穹顶等)和杂交结构体系(如拉索—网架、拉索—网壳、张弦梁、弦支穹顶等)。国内外已建的部分大跨度空间结构如图 1.3 所示。

a) 中国国家大剧院

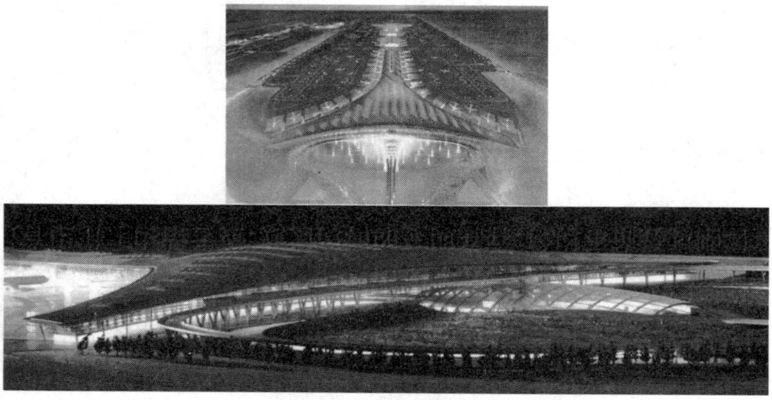

b) 中国北京首都机场 T3 航站楼

c) 中国上海浦东国际机场航站楼

d) 中国上海南站

e) 中国国家体育中心

f) 中国南通体育中心

g) 中国长春五环体育馆

h) 中国上海虹桥机场东方航空公司 1 号维修机库

图 1.3

i) 中国北京首都机场 A380 维修机库

j) 美国西雅图棒球场

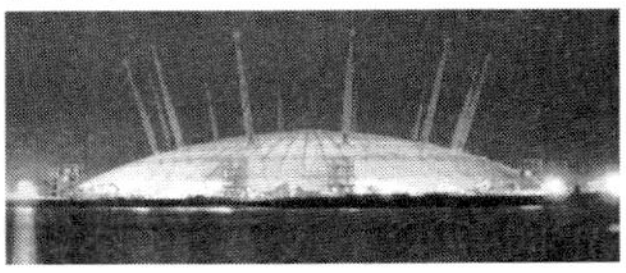

k) 英国伦敦千年穹顶

l) 新加坡博览中心

m) 英国伊甸穹顶

图 1.3 大跨度空间结构建筑实例

1.1.2 建筑钢结构的形态特点

现代建筑物的形态新奇、独特甚至怪异或震撼，有些甚至违反合理传力的基本原则，但为了满足建筑和观赏的需要，结构必须实现可能不尽合理的建筑构思，因而，就出现了很多传统建筑材料不能建造的新奇复杂的钢结构建筑。现代钢结构建筑造型突破传统、千变万化、千姿百态，然而，复杂奇异的建筑造型往往带来结构体系及节点连接的复杂化，有时甚至导致不合理的结构受力体系和构造方式，这将使得传统的分析理论、设计方法、构造方法和施工技术不再适用，需研究新的分析理论、设计方法、加工制作工艺及安装技术。图 1.4 所示为近年来国内外典型的新奇建筑及其独特的结构与节点构造方法。

a) 温州大剧院
(150m×80m×41m)

b) 中央电视台 (234m)

c) 国家体育中心（中国）

d) 上海东方艺术中心

e) 伦敦泰特现代美术馆（英国）

f) 上海展览馆鱼腹桁架

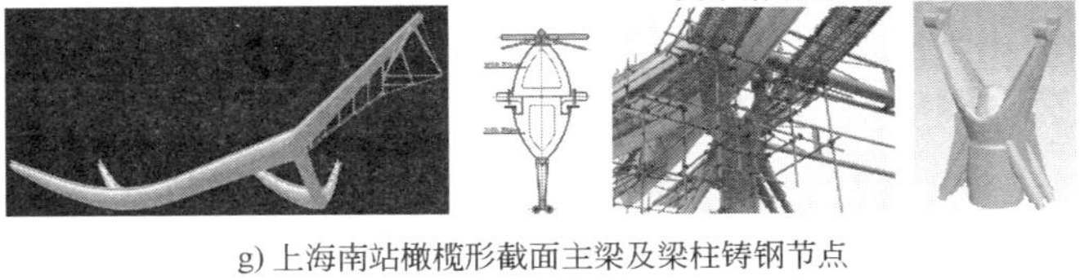

g) 上海南站橄榄形截面主梁及梁柱铸钢节点

图 1.4 形态独特的建筑物及其构造实例

1.1.3 建筑钢结构破坏的现象及原因

现代钢结构材料具强度高、结构刚度大、自重轻，实际工程中的结构高度越来越高，规模和跨度越来越大，单位质量越来越轻等优势。然而，结构在施工或正常使用过程中，由于荷载变化、使用功能变化、使用环境变化乃至遭受灾害（如地震、火灾、风灾、水灾、爆炸以及长期的腐蚀）等原因，可能使结构的受力模式、受力性质发生变化或超载，从而导致钢结构的损伤、失效甚至倒塌破坏。

建筑钢结构的失效或破坏事故，在其施工过程中以及使用过程中都可能发生[3]。多数的钢结构失效破坏事故调查说明，导致失效破坏事故的原因往往不是因为钢材材料质量问题，而是因为设计、施工或使用不当造成的[3][4]，且多数的破坏现象为钢结构局部构件失稳破坏或者钢结构整体失稳破坏，也有少数钢结构连接节点的失效破坏现象。

近年来，随着结构分析理论、数值计算技术和高速度大容量计算机的飞速发展，关于各种建筑钢结构的分析理论和设计方法日趋完善。目前的钢结构设计计算方法，能够保证钢结构构件在施工及使用过程中的安全性。然而，现代大型建筑钢结构体系，常常由于其结构规模庞大、体系复杂、外界作用或使用环境难以准确模拟，同时结构在受外力作用后具有很强的非线性效应等特征，使得人们难以准确掌握这类大型钢结构的整体稳定性态，因而，就难以准确预测结构的稳定承载能力和可能的失稳破坏模式。特别是随着高强优质钢材在建筑结构中的广泛应用，结构构件变得更加薄而细，结构整体上相对变柔，使得大型钢结构的稳定性问题变得尤为突出，成为这类钢结构破坏的主要原因。

另一方面，目前关于钢结构节点的构造和设计计算方法，相对于结构整体和构件来说较为简单粗糙，设计时若不进行精细的数值计算、仔细的细部设计或合理的模型试验，则无法准确了解节点部分的受力状况，可能使得节点设计不当，以致在结构中埋藏安全隐患。

钢结构的工程事故在国内外均有发生。1907 年，加拿大魁北克一座大桥在施工中破坏[3][4]，9 000t 钢结构坠入河中，75 名施工人员遇难，导致钢结构破坏的原因是缀条式组合压杆失稳。1978 年，美国哈特福特 92m×110m 体育馆网架由于压杆屈曲而倒塌破坏。1985 年，土耳其一体育场看台屋盖坍塌；1988 年，加拿大一停车场的屋盖坍塌，两次结构破坏事故都因没有设置适当的支撑所致。1986 年 1 月，波兰考尔佐夫展览与文化中心的两个直径 30m、矢高 5m 的钢管球面网壳，在大雪期间先后坍塌，破坏的主因是雪荷载的非均匀分布（原设计雪荷载为 0.5kN/m^2，而穹顶局部实际积雪超过 1.2kN/m^2），使局部区域失稳，进而发生失稳传播，最后导致整个网壳结构失稳破坏。2003 年，韩国济州岛一体育场在强台风中倒塌。2006 年 3 月 21 日，英国新温布利体育场部分屋顶倒塌。我国也有不少的钢结构工程事故。1988 年，一个 13.2m×17.99m 网架在施工过程中因腹杆失稳而破坏。湖南耒阳电厂大型储煤库空间结构在使用 5 年后由于环境腐蚀而倒塌。深圳国际展览中心 4 号展厅屋盖网架(21.9m×27.725m)使用 3 年后，在暴雨中因屋面排水不畅、积水超载而倒塌。2005 年 7 月 8 日，内蒙古新丰热电公司网架坍塌。2008 年 2 月 2 日，宜春市公路局体育馆桁架钢结构在大雪中失稳倒塌等。

在众多的破坏事例中，典型的失稳破坏是罗马尼亚布加勒斯特穹顶。1961 年，罗马尼亚布加勒斯特建造了一个大型钢结构穹顶（图 1.5a)），穹顶为一半径 65.25m 的网格状球冠，矢高 19.107m,平面形状为圆形,直径 93.50m(图 1.5b)),支承在钢筋混凝土环形圈梁上,结构杆件为钢管(ϕ38mm~ϕ102mm),穹顶外覆铝板。1963 年 1 月 30 日,一场大雪过后,由于屋顶局部积雪过多,穹顶发生下凹坍塌。根据设计,穹顶结构应能承受的雪荷载总重约 6.8×10^3kN,然而,根据实际测量,结构坍塌时穹顶上的雪荷载总重仅为 2×10^3kN 左右,相当于设计雪荷载总重的 30%,但实际上屋面积雪集中在穹顶的天窗和支座附近,最大局部堆载达到 3.5kN/m^2,使得局部雪荷载大于设计荷载,导致结构坍塌,结构坍塌破坏的主要现象为结构杆件发生屈曲和节点发生滑移破坏。其后的事故分析说明,该穹顶的破坏属于弹性失稳破坏,结构失稳由局部过量积雪堆载引起,首先在结构局部过量积雪区域产生局部失稳,接着发生节点滑移现象,诱发局部失稳变形传播,使失稳区域不断扩大,形成整体失稳变形,结构最终发生跳跃型(下凹变形)整体失稳破坏(图 1.5c)、图 1.5d))。

a) 建成后的穹顶网壳内景

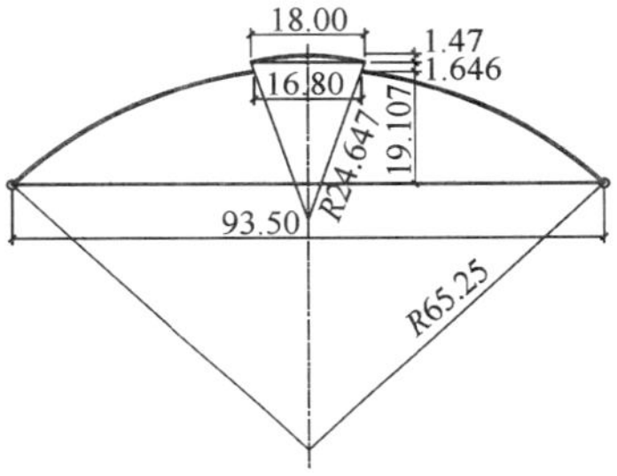

b) 穹顶和天窗的几何尺寸(单位尺寸:m)

c) 坍塌后布加勒斯特穹顶网壳外形

d) 坍塌后布加勒斯特穹顶网壳内部

图 1.5 布加勒斯特钢结构穹顶

对于设计人员而言,分析研究过去已发生的钢结构失效或倒塌事故并深入剖析其原因,比分析研究某些已成功建造的钢结构的体系、构造和设计方法,能更多、更深入地了解和掌握钢结构及其构件的力学性态、稳定特征和失效机理,更深刻地理解钢结构的计算理论、设计方法和各种限定准则。特别是大型钢结构的整体失稳破坏现象,通常在试验室是无法模拟的。通过实际整体失稳事故的深入分析,能够获得具体、详细的结构参数特征、破坏数据资料和破坏机理信息，深入理解抽象的整体失稳概念，可为设计提供有益的借鉴或建议。这一点对于缺乏工程经验的设计人员尤为重要。

1.2 大型钢结构整体失稳特征

近年来，国内外钢结构建筑（或构筑）物的跨度和规模越来越大、体系越来越复杂，出现了许多种采用新技术设计和建造的大型复杂空间钢结构形式。在这类大型钢结构体系中（如网壳结构、拱、弦支穹顶结构等），通常结构整体上或某些较大区域内承受很大的面内压力作用，也即某些构件承受很大的轴向压力，使得这类结构容易引发整体失稳现象或某区域内的局部失稳现象。大型复杂结构的这一力学特征显著不同于传统的小跨度或小规模简单结构，因而，在设计这类结构时，除按常规设计规范验算结构构件的强度及稳定性、结构的刚度外，设计者还需要验算结构的整体稳定性。

大型钢结构的稳定性通常是指钢结构的整体稳定性。关于钢构件的稳定性理论，很多专著或教科书中已有详细的论述，本书不再赘述。

大型钢结构的失稳性态有很多种类型，从工程应用的简单概念上通常有两种分类方法：一是根据结构失稳时构件是否发生塑性变形，将钢结构整体失稳分为弹性失稳和弹塑性失稳；二是根据钢结构失稳时结构失稳的变形范围，将钢结构失稳分为整体失稳和局部失稳。

1.2.1 钢结构的弹性失稳和弹塑性失稳

相对于结构整体规模（或跨度或高度或尺度）而言，整体刚度相对较小或较柔的结构，如单层网壳、拱支网壳、张弦梁、弦支穹顶等类结构，在荷载作用下结构变形明显，几何非线性很强，具有显著的大位移特征。这类结构整体失稳时，结构构件往往仍处于弹性变形阶段而未出现屈服，结构的这种失稳模式称之为大位移弹性失稳。

对于结构整体刚度相对较大或较刚的结构，如双层网壳、空间桁架、树状结构、巨型拱等类结构，在荷载作用下结构相对变形较小，几何非线性特征不明显。这类结构的整体失稳，往往是由于结构中的部分构件出现屈服后，结构发生内力重分布，且产生较大的位移或变形所致，结构的这种失稳模式称之为大位移弹塑性失稳。

1.2.2 钢结构的整体失稳和局部失稳

当结构在荷载作用下失稳时，如果结构的大部分区域或者几乎整个结构偏离初始平衡位置而发生大的几何变形或变位，这样的屈曲失稳现象称为结构的整体失稳。结构整体失稳的几何形态通常表现为结构大面积凹陷或凸起变形，或者出现波浪状或条状起伏的变形，如图 1.6 所示。

如果结构刚度分布整体上比较均匀，或没有明显薄弱区域，同时结构上也没有过大的局部或集中荷载，这类结构的失稳性态通常表现为整体失稳。

当结构在荷载作用下失稳时，如果结构中偏离初始平衡位置的失稳变形仅限于结构的某个或某些局部区域，而其他区域几乎未发生偏离初始平衡位置的变形，也就是说结构的几何外形总体上未发生明显的变化，这样的屈曲失稳现象称为结构的局部失稳。

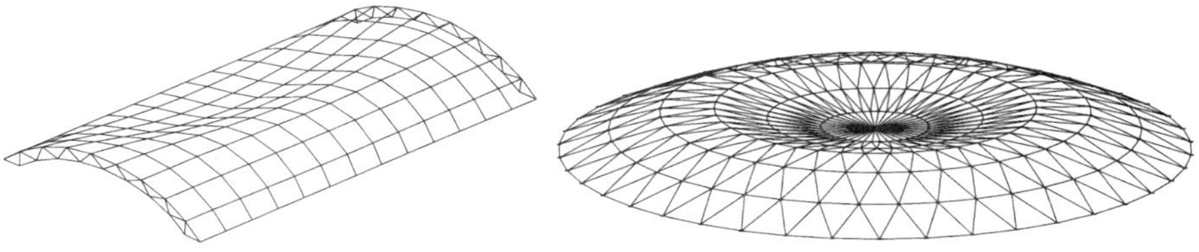

a)　　　　　　　　b)

图 1.6　结构的整体失稳现象

结构的局部失稳又可分为局部杆件失稳和局部节点失稳(图 1.7)。局部杆件失稳表现为结构局部区域的个别或部分杆件的失稳变形,偏离其初始平衡状态位形(图 1.7a));局部节点失稳表现为结构局部区域的个别或部分节点偏离其初始平衡状态位形(图 1.7b))。节点偏离其初始平衡状态位形的模式有两种:一是节点偏离其初始几何空间位置;二是节点仍在其初始平衡位置,但节点出现绕某个自身轴的转动变形,这种转动变形可能会造成连接于该节点的杆件的弯曲变形。

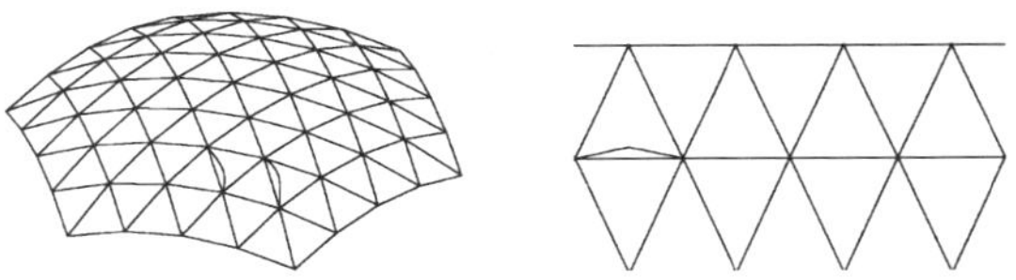

a) 杆件失稳

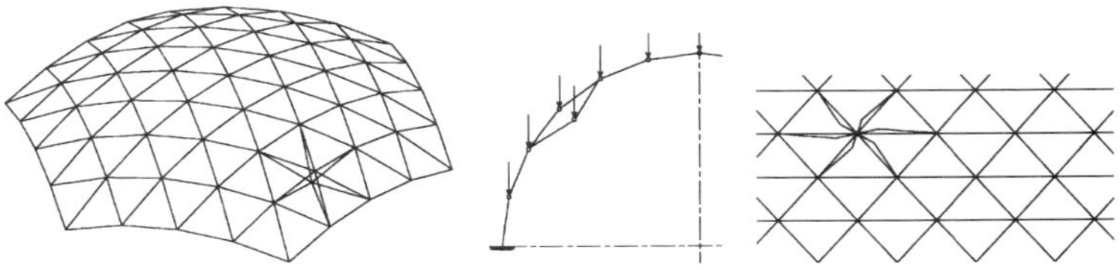

b) 节点失稳

图 1.7　结构的局部失稳现象

如果结构整体刚度分布不均匀,存在明显的薄弱区域,或者结构上作用有过大的局部或集中荷载,易诱发结构的局部失稳。

结构的整体稳定性与局部稳定性有着密切的联系,但也有本质的区别。若结构发生整体失稳,则结构丧失承载能力;若结构仅发生局部失稳,此时并不意味着结构丧失承载能力。发生局部失稳的结构是否可继续承载或是否有屈曲后承载能力,与局部失稳的性质直接相关,需要通过判断局部失稳的性质、发展或传播趋势进行判定。

1.2.3　结构失稳的传播

结构的失稳是处于高位能的结构由平衡的临界状态随着能量的释放向低位能稳定平衡状态运动的过程。当结构局部构件或节点失稳时,失稳构件的应力将急剧下降,与其相邻的构件必须承担本该由失稳构件承担的荷载,从而使结构内力发生重分布。这种由于屈曲失稳构件的卸载在结构中产生的内力重分布过程以及节点的失稳变形(跳跃)过程均可能产生较强的动力效应，且可能导致结构中失稳变形的进一步扩散，即失稳变形幅值增大和变形区域扩大，以致引起结构的大部分或整个结构的失稳变形甚至结构失效或破坏，这种失稳变形扩散的现象称为失稳传播（Progressive Collapse）[5]~[14]。

结构从临界状态的稳定平衡运动到另一个新的平衡状态，或结构的失稳变形从局部扩散到整体，经历了一个不稳定平衡的运动过程，且经历时间通常是暂短的。因而，结构的失稳传播是一个动态过程，失稳传播分析必须考虑传播过程中的动力效应。

结构由于屈曲失稳构件的卸载或节点的失稳变形在结构中产生内力重分布后，若相邻构件能够承担重分布后的内力，则结构变形将不再发展或传播，结构体系仍然是稳定的，否则，结构变形将进一步发展或传播，结构体系将是不稳定的。

一个结构中的杆件或节点发生局部失稳之后，结构效应通常有以下三种可能的力学现象[5][7]：

①局部失稳同时引起结构整体失稳的现象（图 1.8a））；

②伴有动态跳跃的局部失稳现象（图 1.8b））；

③没有动态跳跃的局部失稳现象（图 1.8c））。

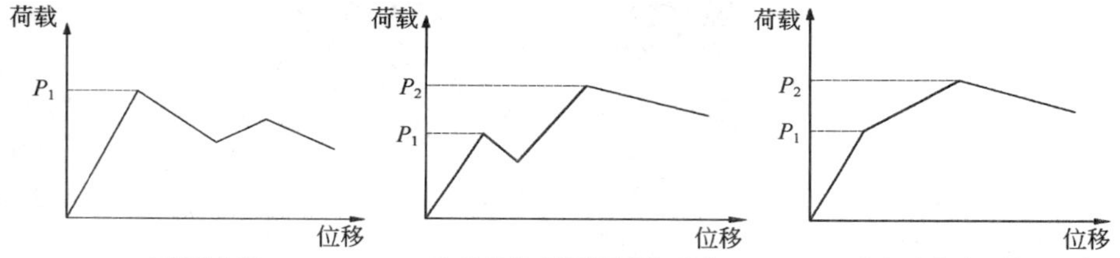

a) 整体失稳　b) 伴有动态跳跃的局部失稳　c) 没有动态跳跃的局部失稳

图 1.8　结构失稳的力学现象

特别需要注意的是第②种力学现象。当结构由于局部节点失稳而发生动态跳跃时，结构的几何形状由于动力效应将会发生突然变化，结构系统在跳跃屈曲过程中得到的动能将转化为对邻近节点的冲击作用，即节点的动态效应会产生惯性力，将可能引起失稳的“多米诺效应”，产生失稳变形传播，进而导致整个结构的失稳破坏。

结构个别构件或节点的局部失稳，通常可能不像整体失稳那样得到足够的重视。因而，伴有动态跳跃的局部失稳现象对于空间钢结构来说是一种非常危险的力学现象，是钢结构失稳全过程分析中的一个主要且重要的内容，必须从动力学的角度进行受力过程的跟踪计算。同时，为了深入了解一个结构的屈曲后性态或屈曲后的安全储备，非常有必要分析结构的失稳传播机理和规律。

分析结构的局部失稳是否传播，就是分析结构体系在发生局部失稳之后，在保持局部失稳临界荷载不变的条件下，会不会导致结构其他部分进一步失稳变形。例如，当结构处于临界状态时（图 1.9 状态 I），微小的外力干扰将导致结构的不稳定，从而使结构变形到在该荷载水平下的另一个新的稳定平衡状态，即经历一个运动过程而达到一个新的稳定平衡状态（状态 J）。此时，失稳是否传

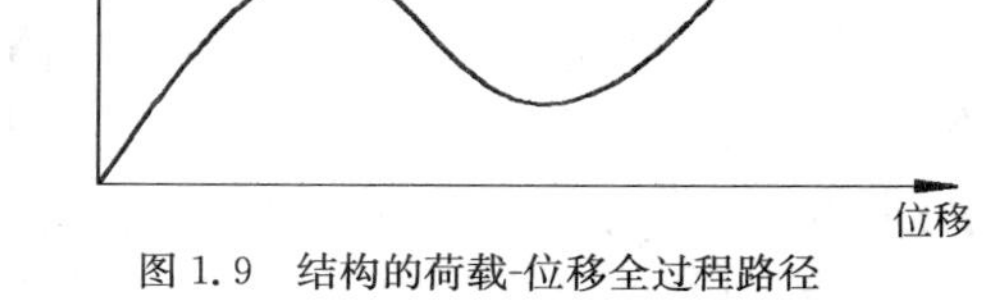

图 1.9　结构的荷载-位移全过程路径

播，传播的幅度和范围，取决于这一新稳定平衡状态J的性态。

1.3 大型钢结构工程稳定性分析及应用现状

结构的整体失稳现象最先出现在连续薄壳结构之中[15]~[18]，关于结构整体稳定性的研究和应用起始于对薄壳结构稳定性的认识和应用。结构稳定性的传统力学理论以弹性结构的后屈曲平衡状态为对象，在经典线性稳定理论的基础上，分析弹性保守系统的平衡稳定性。近代结构稳定理论是由研究轴压圆柱薄壳的失稳现象发展起来的，大约可分为三个阶段[15]~[21]：即Donnell-Karman-钱学森非线性大变形理论、Stein非线性前屈曲一致理论、Koiter-Thompson-Hunt初始后屈曲理论。这些理论丰富和完善了结构稳定的基础理论。

随着大跨度结构的应用发展以及建筑造型的不断新异，连续薄壳结构难以满足现代建筑物结构和功能的需要，网壳结构、弦支结构、张拉结构等杆系钢结构取代连续薄壳成为主要的现代大跨度结构体系。由于传力特征极其相似，网壳结构、弦支结构中刚性结构的整体失稳成为其破坏的主要原因，因而，整体稳定性就成为这类面内具有压力的结构设计的控制因素。如何对现代大型、大跨度以及复杂钢结构的整体稳定性进行设计计算，是现代空间钢结构的难点和焦点之一。

随着数值计算方法的成熟应用，人们可以准确获得结构的变形和构件的内力，进行构件的设计验算。但关于结构整体稳定的计算方法、结构局部稳定与整体稳定的关系、整体失稳的判定准则，国内外均经历了一个曲折的研究发展过程。

20世纪70年代之前，由于计算设备条件、计算方法的限制，数值求解技术难以得到广泛应用。在进行大型网壳类结构的整体稳定性分析计算时，国内外均采用近似的连续化法即拟壳法，将网壳结构等代为连续化的薄壳结构，然后应用已有的薄壳结构理论计算薄壳的稳定性临界荷载，将此临界荷载作为网壳结构的整体稳定临界荷载。由于结构形状、荷载条件、边界条件、分析方法的限制，理论上能够得到解析解的连续薄壳结构很少，同时由于等代简化方法的近似，拟壳法有很大的局限性，这种局限性直接影响了大跨度钢结构的应用。

70年代之后，随着计算机技术的日益发展和广泛应用，数值计算技术同时得到迅速发展，其中工程上应用最广、最具代表的有限元理论迅速兴起。国内外学者和工程师在结构大位移几何非线性理论、结构整体稳定性理论、非线性平衡方程求解技术、结构非线性平衡路径的跟踪技术、结构临界点的搜索与确定、大跨度钢结构整体稳定极限承载力的评定等方面，进行了大量的研究并获得了众多研究成果，很多研究成果已被通用有限元软件采用。目前，非线性有限元理论已成为结构整体稳定性计算的主要方法和工具[19]~[23]。

钢结构自应用以来，稳定性问题一直是结构设计的主要问题或控制因素。迄今为止，人们对钢结构稳定性的研究成果主要集中在关于钢结构基本构件的理论与试验研究。各种构件的稳定性分析理论和数值计算方法已成为现行国家设计规范的基础。然而，关于一个钢结构工程系统的整体稳定性分析方法与判定准则的理论与试验研究，目前虽然已有很多成果，但还不完善，尚缺乏成熟的分析理论和设计方法可应用于实际工程设计和规范的修订。

对于大型复杂或大跨度建筑钢结构，整体稳定性的验算尤为重要且必要。现行《钢结构设计规范》(GB 50017—2003)还没有关于大型钢结构整体稳定性验算的具体规定，仅规定了钢框架结构的稳定性验算。在验算钢框架结构的稳定性时，GB 50017—2003 采用计算长度系数法，即以单根杆件的稳定性验算代替整个钢框架结构的稳定性验算，并不进行钢框架结构的非线性整体稳定性分析。在确定单根杆件的稳定系数时，杆件的长细比按计算长度系数计算，而计算长度系数则由钢框架受到竖向节点荷载失稳时的杆件计算长度确定，与验算杆件内力的工况无关。

此种计算长度系数法，虽然简便实用，但由于理论上不完备且缺乏充分的试验验证，计算结果误差往往较大，常常给出偏于安全的理论结果，有时也会给出不安全的结果。同时，采用计算长度系数法以单根杆件的稳定性验算来代替整个空间结构的稳定性验算的方法，目前在国内外均无充分依据，只能是在没有完善的理论与试验成果可应用之前的权宜之计。

在现代大型、复杂或大跨度钢结构整体稳定性的研究中，由于钢网壳结构的广泛应用及其结构的几何形态、体系构成与受力上的特点，而得到广泛的关注和深入研究，且已获得了众多的研究成果。目前的《网壳结构设计规程》(JGJ 61—2003)，是唯一一本对结构整体稳定性设计进行具体规定的国家规范。关于其他类型的大型、复杂建筑钢结构的整体稳定性设计验算，目前没有可以参照的设计规范，工程上常用的方法是参考 JGJ 61—2003 的规定进行近似设计验算。显然，这样的近似设计验算是不准确的，有时可能是保守的且造成经济上的浪费，有时可能是不安全的。同时，虽然钢网壳结构的整体稳定性设计有规程可依，但现行规程中关于钢网壳结构整体稳定性极限承载能力的确定方法，尚没有令人信服的理论或试验依据，还需要进行深入的理论与试验研究。

目前，关于大型、复杂建筑钢结构整体稳定性分析方法与评定准则的研究，虽然已获得了部分成果，但还有很多课题需要深入研究[19]~[23]。

①关于大型建筑钢结构整体稳定性分析方法与评定准则的研究，目前多集中在钢网壳结构体系上，对其他钢结构体系整体稳定性的研究很少。

②关于大型复杂钢结构整体失稳与局部失稳间的关系，目前还没有可供工程应用的研究成果，特别是关于结构局部失稳的传播机理、分析方法，有待进行深入研究。

③关于预应力钢结构或杂交钢结构体系的整体稳定性，目前的分析理论还不成熟，也就没有可用的设计准则。

④影响钢结构体系整体稳定性的因素很多，这些因素很多是随机的，如何在结构整体稳定性分析中考虑众多因素，是一个需要研究的难题。

⑤关于多荷载参数的结构整体稳定性研究。实际工程结构均承受多种类型的荷载，而结构的临界荷载与荷载作用方式、荷载类型、荷载组合方式等密切相关，所以，理论分析应设法寻找多种可能荷载条件下的最小临界荷载。同时，荷载系数仅为一个，显然不能包含结构整体稳定的全部因素。

⑥关于大型建筑钢结构的整体动力稳定性研究，目前仅有少数的理论探讨。国内学者对网壳结构的动力失稳机理、失稳准则、动力后屈曲等问题进行了理论研究，主要研究网壳结构在强风和地震作用下的动力稳定性态，由于理论难度很大，目前研究成果还很有限。

目前，工程上对大型、复杂建筑钢结构的整体稳定性验算，常采用对结构整体进行非线性稳定分析的方法。结构构件的力学模型通常采用能考虑轴力与弯矩耦合效应的单元模拟。若采用一个单元模拟一个构件但不能考虑构件的初始挠曲时，则可将一个结构构件离散为两个或多个单元，以考虑单元本身初始挠曲的影响或二阶效应。结构的整体稳定性态则通过结构切线刚度矩阵的性态来判断。这样的非线性稳定分析，所获得的结构整体稳定临界荷载因子，理论上既包含结构的整体稳定性，又包含结构的局部稳定性和杆件的稳定性。

1.4 本书编写的宗旨和概要

近年来，我国建筑钢结构的应用发展迅速，且结构规模越来越大、结构体系越来越复杂。然而，钢结构的事故特别是钢结构整体失稳事故时有发生，直接造成人民生命财产的损失。导致钢结构整体失稳的原因很多，其中设计或使用不当是主要因素。而设计或使用不当，往往是由于设计者或使用者对理论上较为抽象的钢结构整体失稳的机理、产生整体失稳的诱因及整体失稳变形的发展过程缺乏深入透彻的理解或了解，致使对钢结构的整体稳定性往往估计过高，从而在钢结构后期的正常使用中埋下可能导致整体失稳的隐患。

造成对钢结构整体稳定性设计或使用不当的主要原因，是现行国家钢结构设计规范相对于实际钢结构工程应用的滞后。在国家规范的修订中，只有被实践证明为正确且成熟的理论或试验成果，才能作为修订条文的依据。因而，任何一本国家规范，总是滞后于理论研究及实际工程的应用发展现状。

目前，我国《钢结构设计规范》(GB 50017—2003)对大型复杂建筑钢结构整体稳定性的设计验算还没有具体明确的规定。但在实际钢结构工程中，鉴于已发生的钢结构整体失稳事故或参照其他类似工程的设计经验，设计者或使用者通常均需要进行钢结构整体稳定性的验算，以作为对钢结构设计规范规定内容的补充和结构安全性的深层次校核。

虽然目前国内外已有很多关于大型复杂建筑钢结构整体稳定性分析理论和数值计算方法的研究成果，可应用于各类具体钢结构体系的整体稳定性分析之中，但实际工程中缺乏可供工程设计应用或参考的系统的文献资料、专著或手册。根据目前国内建筑钢结构工程领域的现状，为满足实际工程中关于建筑钢结构整体稳定性分析的需要，本编写组在编委会的组织下编写本书，期望能为广泛应用且快速发展的建筑钢结构工程分析与设计提供可供参考的计算方法和理论资料。

参 考 文 献

[1] 沈祖炎等．钢结构学．北京：中国建筑工业出版社，2005.
[2] 罗永峰等．建筑钢结构施工力学原理．北京：中国建筑工业出版社，2009.
[3] 雷宏刚．钢结构事故分析与处理．北京：中国建材工业出版社，2003.
[4] 陈骥．钢结构稳定理论与设计．北京：科学出版社．2006.
[5] 洪文明．单层网壳结构失稳传播的分析．上海：同济大学，2006.
[6] Karim Abedi. G. A. R. Parke. Experimental Study of Dynamic Propagation of Local Snap-through in Single-layer Braced Domes. International Journal of Space Structures. 2001，16(2)：125-136.
[7] M. R. Sheidaii，K. Abedi. A. Behravesh. Collapse Behaviour of Double Layer Space Trusses. IASS Symposium 2001，Nagoya：220-222.

[8] Victor Gioncu. Buckling of Reticulated Shells: State-of-the-Art. International Journal of Space Structures. 1995, 10(1):1-46.

[9] K. Abedi, G. A. R. Parke. Progressive Collapse of Single-layer Braced Domes. International Journal of Space Structures, 1996, 11(3):291-306.

[10] G. E. Blandford. Progressive Failure Analysis of Inelastic Space Truss Structures. Computers & Structures, 1996, 58(5): 981-990.

[11] E Dulacska, L Kollar. Buckling Analysis of Reticulated Shells. International Journal of Space Structures, 2000, 15(2):195-203.

[12] M. R. Sheidaii, G. A. R. Parke, K. Abedi, A. Behravesh. Dynamic Snap-through Buckling of Truss-type Structures. International Journal of Space Structures, 2001, 16(2): 85-93.

[13] 钱若军,曾银枝.网壳结构稳定分析.工业建筑(增刊),2001,101－113.

[14] 曾银枝.单层球面网壳结构的稳定性能研究.上海:同济大学,2001.

[15] W. T. Koiter. On the Stability of Elastic equilibrium, Ph. D. Dissertation. Delft, Holland, 1945.

[16] B. Budiansky. Theory of Buckling and Post-buckling Behavior of Elastic Structures. Advances in Applied Mechanicas, 1974, 14.

[17] D. Bushnell, Computered Buckling Analysis of Shells. Kluwer Academic Publishers, 1985.

[18] J. M. T. Thompson, G. W. Hunt. A General Theory of Elastic Stability. New York: John Wiley & Sons Ltd. 1973.

[19] 苏慈.大跨度刚性空间钢结构极限承载力研究.上海:同济大学,2006.

[20] 敖鸿斐.临界缺陷模态法在网壳缺陷敏感性分析中的应用.上海:同济大学,2005.

[21] 王天英.结构稳定分析中基于有限元方程的突变理论建模方法.上海:同济大学,2008.

[22] 马奇,罗志兵.钢结构稳定设计的探讨.江西建材.2004,3:33-35.

[23] 谭磊.钢结构稳定问题的可靠性研究评述.陕西建筑.2006,127:16-18.

第2章　钢结构整体稳定分析理论

2.1　钢结构整体稳定性的特点和类型

2.1.1　钢结构整体稳定性的概念与特点

结构的整体稳定性概念是描述结构在承载过程中整个结构体系的稳定性态，而非结构中个别或某些构件或节点的稳定性。结构中个别或某些构件或节点的失稳，若不引起结构的整体失稳变形，则属于结构局部失稳，否则，属于结构整体失稳。局部失稳不一定引起整体失稳，但整体失稳必然包含局部失稳。

如何判断结构是否整体失稳，物理上就是观察在承载过程中，当结构某种参数（荷载、边界条件或使用环境）变化时，结构是否发生几乎整体上或者大部分区域偏离初始平衡位置的显著的几何变形或变位。如果结构参数的微小变化引起结构整体状态的变化也是微小的，则结构状态是整体稳定的；如果结构参数的微小变化引起结构整体状态的变化是显著的或不可控制的，则结构状态是整体不稳定的或整体失稳。

钢结构整体失稳的特点在物理上表现为结构的整体失稳变形特点。从工程应用方便的简单概念上（如1.2节所述），可采用两种分类方法反映整体失稳的特点。根据结构失稳时构件是否发生塑性变形，将钢结构整体失稳分为弹性失稳和弹塑性失稳；或者根据结构失稳时失稳变形波及的范围，将钢结构失稳分为整体失稳和局部失稳[1]~[5]。这里的局部失稳，虽然失稳变形范围并未扩展至整个结构，但此局部失稳会导致结构整体无法继续承载，其失稳后果与整体失稳相当。

2.1.2　钢结构整体稳定性态的类型

在一个结构系统中，通常结构整体的“轴向刚度”或“薄膜刚度”远大于其“弯曲刚度”或“扭转刚度”，因而，结构能够吸收很大的轴向变形能或薄膜应变能而不产生大的轴向变形。但若要通过弯曲变形或扭转变形吸收同样大的变形能，则相应的弯曲变形或扭转变形要大得多。因此，实际工程中，常规结构的优化设计，均期望结构整体主要以轴力或薄膜方式传力而非弯曲或扭转传力。如果结构承载之初其体系内部以轴向变形能或薄膜应变能为主,则当结构受到某种干扰而发生能量转变时,结构系统中大部分的轴向变形能将突然转变为弯曲变形能或扭转变形能。由于结构的整体“弯曲刚度”或“扭转刚度”远小于“轴向刚度”或“薄膜刚度”,则必然使结构在整体上或某个范围内产生剧烈的弯曲或扭转非线性大变形,这种剧烈的大变形过程称为结构的屈曲或失稳,即结构整体失稳。

与构件的稳定性态分类相同,结构的整体稳定性态或整体失稳模式也分为两大类[1]~[5]:即极值性稳定(屈曲)性态和分支性稳定(屈曲)性态。关于这两种稳定性态精确的数学和力学定义,很多专著和教科书均有详细论述,本书不再讨论。本节就其在钢结构整体稳定方面的特点进行说明。

结构极值性稳定(屈曲)性态,通常通过结构的非线性应力状态分析来描述。具有这种性态的结构的“弯曲”变形在荷载作用之初就存在。随着荷载的增加,结构的荷载-变形曲线沿着初始时的变形方向延伸,“弯曲”应力和变形(相对于“面内”变形)均显著增加,且结构的整体切线刚度或描述结构荷载-变形关系曲线的斜率随着荷载的增加而相应减小。当荷载达到极值点时,结构切线刚度为0(或奇异)或荷载-变形曲线的斜率为0,此时的结构状态为具有极值性稳定性态的结构的整体稳定临界状态,此荷载极值点称为结构整体稳定的临界点。极值点后的屈曲路径称为屈曲后路径。当结构处于临界状态时,微小的不利干扰将使结构产生剧烈的大变形而导致整体失稳。结构整体极值性失稳,具有跳跃(snap-through)变形的特点,极值点后的屈曲后路径是不稳定的。均布荷载作用下的浅拱结构和扁球壳(薄壳或网壳)结构,就是具有极值性失稳特点的结构。

结构的分支性稳定(屈曲)性态,通常通过对结构特征模态的分析来描述。在荷载作用初期,结构的荷载-变形曲线沿着初始变形方向延伸,结构的内力和变形以“轴向”或“面内”为主。当结构上的荷载增加至分支屈曲荷载时,或者达到结构荷载-变形关系曲线的分支点时,结构变形的增长模式将出现一个或多个性质完全不同于初始屈曲平衡路径的变形模式(称之为二次路径),此荷载点对应的结构状态为具有分支性稳定性态的结构的整体稳定临界状态,此荷载点同样称为结构整体稳定的临界点。分支点后的屈曲路径也称为屈曲后路径。屈曲后路径是否稳定,取决于分支点的性态。如果屈曲后路径具有负斜率,则屈曲后路径是不稳定的,否则,就是稳定的。均布轴压作用下的圆柱薄壳结构,就是具有分支性失稳特点的结构。需要说明的是,结构的分支性稳定(屈曲)性态仅出现在完善结构中,结构的二次路径均与初始平衡路径正交(且二次路径也相互正交),因而,在荷载未达到分支点(临界点)前,二次路径的幅值均为0或二次路径不存在,仅当达到分支点时,二次路径才有可能被激发或出现。

在实际工程结构中,不可避免地均存在着各种缺陷,而且缺陷的模式向量通常不垂直于屈曲模态或二次路径向量,这样,缺陷模式向量中与屈曲模态共线的分量,将激发完善结构中的二次屈曲路径,将理想状态的分支屈曲性态转变为极值屈曲性态。因而,实际结构的屈曲性态多为极值性而非分支性。也就是说,实际结构的荷载-变形曲线将沿着极值性屈曲性态的初始平衡路径曲线延伸,不会出现二次路径。

2.1.3 钢结构整体稳定性分析的内容

目前,工程上对钢结构进行整体稳定分析的内容主要包括:结构线性整体稳定性、结构大位移几何非线性整体稳定性、结构大位移弹塑性整体稳定性。

结构线性整体稳定性分析，是在小变形条件下对结构的弹性及几何刚度矩阵进行特征分析，得到相应的特征值和特征向量系列，其中的最小特征值 $\lambda_{min}=\lambda_1$，就是结构线性整体稳定荷载系数的临界值 λ_{cr1}。

结构大位移几何非线性整体稳定性分析，包括完善结构几何非线性整体稳定性分析和有缺陷结构几何非线性整体稳定性分析。结构整体稳定性分析仅考虑结构的弹性变形，不考虑塑性变形。通过完善结构分析得到结构的整体稳定临界荷载或系数，其对应的稳定性态可能是分支点性态，也可能是极值点性态，但该整体稳定临界荷载或临界系数，通常是非线性整体稳定性分析结果的上限。通过有缺陷结构分析得到结构的整体稳定临界荷载或系数，其对应的稳定性态是极值点性态，如果结构在整体稳定临界状态时，构件均未屈服，则该整体稳定临界荷载或临界系数就是结构的实际整体稳定临界荷载或临界系数；如果结构在整体稳定临界状态时，部分构件已屈服，则该整体稳定临界荷载或临界系数仍然高于结构的实际整体稳定临界荷载或临界系数，尚需进行结构的弹塑性整体稳定分析。

结构大位移弹塑性整体稳定性分析，同时考虑结构大位移几何非线性和构件的弹塑性效应。结构整体计算模型为有缺陷结构模型，结构的整体稳定性态为极值点性态，分析得到的结构整体稳定临界荷载或临界系数即是结构的实际整体稳定临界值。

2.2　钢结构整体稳定分析模型

由于力学理论方法和解析公式的局限性，现代大型钢结构的整体稳定性分析，已很少采用传统的拟合为连续板或连续壳结构的方法，而主要采用离散化的非线性数值迭代计算方法，其中应用最为广泛的是非线性有限元法。合理正确的有限元计算模型是精确计算结构整体稳定的基础和前提。本节分别对杆系钢结构整体稳定性分析中结构的整体几何模型和单元模型进行论述。

2.2.1　完善结构模型与有缺陷结构模型

结构整体稳定分析模型分为两类，即完善结构模型和有缺陷结构模型。

完善结构模型，是完全按照结构设计理论形态建立的数值分析计算模型。结构的节点坐标、荷载模式、边界条件、构件的材料、构件的几何形状和尺寸、构件的节点连接方式等均采用理论设计值，没有任何初始缺陷或变异。

有缺陷结构模型，根据所分析的结构对象分为两种，即理论设计有缺陷结构模型和既有结构实测模型。理论设计有缺陷结构模型，用于分析验算正在设计的结构的理论整体稳定性。该模型是在完善结构模型的基础上，根据一定的规则或准则，增加规定的缺陷后形成的数值分析计算模型，所施加的缺陷可能是物理缺陷，也可能是几何缺陷，缺陷的模式和幅值均是按照一定的理论原则确定的，而并非实际结构一定具有这种缺陷。既有结构实测模型，用于分析既有钢结构的整体稳定性。结构模型根据实测数据建立，结构实测数据中已包含了结构的实际缺陷。

目前钢结构整体稳定性分析中所涉及的结构模型缺陷，主要是针对结构的几何缺陷而言的。也就是说，完善结构模型与有缺陷结构模型的区别，仅在于结构的几何形体差异以及构件几何形状和尺寸的差异，其他参数均是相同的。

另外，现代大型建筑中，钢结构通常作为屋盖结构或地面以上结构，屋盖以下的支承结构常采用混凝土结构。这样，同一结构体系中的钢结构构件与混凝土构件相比较，往往尺度或刚度相差很大，这一差异可能造成数值迭代分析过程费时甚至可能发散。因此，在建立结构整体稳定分析模型时，需要根据主要计算目的对结构整体模型进行合理的简化。结构整体稳定分析模型的简化，可参考以下几点：

①若仅采用上部钢结构而不考虑下部混凝土结构的计算模型，则钢结构部分与混凝土结构连接处应考虑混凝土结构的刚度影响，而不能简单地将此处混凝土结构简化为刚性基础。

②若结构整体稳定计算模型同时包括钢结构与混凝土结构，则结构中部分刚度较小的钢构件相对于刚度很大的混凝土构件，在计算过程中有可能刚度被置 0，这样就可能导致计算结果不准确或不正确，甚至计算过程不收敛。如果整体稳定计算的主要对象是钢结构部分，则可通过设置刚性构件或节点耦合的方法，消除过大刚度混凝土构件的影响。

③钢结构整体稳定计算模型宜仅包括结构的主要受力构件，次要构件(如檩条、次梁或柔性板壳等)的存在，可能会过早出现构件局部屈曲，将导致结构整体失稳模态滞后出现，由此可能产生对结构整体稳定极限承载力的误判，对于进行结构整体稳定性分析的新手尤其需要注意。

④钢结构整体稳定计算模型中，细弱构件的屈曲往往先于结构的整体屈曲，这种构件屈曲在整体结构中属于局部屈曲，如果这种局部屈曲不会导致结构的整体失稳，则不能将该屈曲模式作为结构整体失稳模式。因而，若不对屈曲模态进行仔细分析，直接将产生局部屈曲的临界荷载作为结构整体稳定的临界荷载，就会低估结构的整体稳定极限承载力。若要消除杆件局部屈曲的影响，可采用一杆一单元的模拟方法。

⑤对结构整体空间计算模型中节点某自由度方向可能存在无约束的现象(如平面张弦梁结构下弦节点的平面外方向)，虽然实际结构在施工和后期承载中均安全可行，但有限元模型中结构刚度矩阵奇异，数值计算过程无法进行或发散。对这种结构刚度矩阵奇异现象，可采用在节点无约束自由度方向添加单向弱弹簧的方法，以消除结构刚度矩阵奇异现象。

2.2.2 模拟结构构件的单元模型

结构整体稳定分析需要考虑荷载作用下结构的非线性效应，这里的非线性主要包括结构大位移几何非线性和构件材料非线性。因此，结构整体稳定分析模型所采用的单元应能够考虑非线性因素的影响。目前，空间钢结构整体稳定分析有限元模型中，模拟构件的单元主要有空间杆单元、空间梁单元和空间梁-柱单元，在预应力钢结构或杂交钢结构体系中，还包括索单元。为了后续章节应用方便，本节对钢结构整体稳定分析中几种常用单元的非线性刚度矩阵进行论述。结构分析中另一个重要的非线性因素是边界条件的非线性，可通过引入非线性单元的方法进行模拟，本处不再论述。

1)结构非线性分析的增量平衡方程

在结构非线性分析中，结构的响应通常与加载历史有关，不能通过类似于线性问题求解的一步求解法获得任一荷载水平结构响应的正确解，而必须采用分段线性化方法，分段逐步求得结构的非线性反应。

若以结构在 $t=0$ 时刻的状态为以后各状态的度量基准(Total Lagrange Formulation),则结构在 $t+\Delta t$ 时刻的平衡条件可用虚功方程表示为[1]

$$\int_{v}\delta({}^{t+\Delta t}\{\varepsilon\})^{\mathrm{T}}\{{}^{t+\Delta t}\sigma\}\mathrm{d}v=\int_{v}\delta({}^{t+\Delta t}\{u\})^{\mathrm{T}}\{X\}\mathrm{d}v+\int_{s}\delta({}^{t+\Delta t}\{u\})^{\mathrm{T}}\{\overline{X}\}\mathrm{d}v \tag{2.1}$$

式中,${}^{t+\Delta t}\{\varepsilon\}$、${}^{t+\Delta t}\{\sigma\}$为 $t+\Delta t$ 时刻的应变及应力向量;${}^{t+\Delta t}\{u\}$为位移向量;$\{X\}$、$\{\overline{X}\}$为体力及面力向量。

应力、应变及位移的增量形式为

$$\left.\begin{aligned}{}^{t+\Delta t}\{\sigma\}&={}^{t}\{\sigma\}+\{\Delta\sigma\}\\{}^{t+\Delta t}\{\varepsilon\}&={}^{t}\{\varepsilon\}+\{\Delta\varepsilon\}\\{}^{t+\Delta t}\{u\}&={}^{t}\{u\}+\{\Delta u\}\end{aligned}\right\} \tag{2.2}$$

应变增量由线性与非线性两部分组成

$$\{\Delta\varepsilon\}=\{\Delta\varepsilon_{\mathrm{L}}\}+\{\Delta\varepsilon_{\mathrm{NL}}\} \tag{2.3}$$

应力-应变增量关系为

$$\{\Delta\sigma\}=[D]\{\Delta\varepsilon\} \tag{2.4}$$

将式(2.2)~式(2.4)代入式(2.1),则虚功方程可改写为

$$\begin{aligned}&\int_{v}\delta\{\Delta\varepsilon\}^{\mathrm{T}}[D]\{\Delta\varepsilon\}\mathrm{d}v+\int_{v}\delta\{\Delta\varepsilon_{\mathrm{L}}\}^{\mathrm{T}t}\{\sigma\}\mathrm{d}v+\int\delta\{\Delta\varepsilon_{\mathrm{NL}}\}^{\mathrm{T}t}\{\sigma\}\mathrm{d}v\\&=\int_{v}\delta({}^{t+\Delta t}\{u\})^{\mathrm{T}}\{X\}\mathrm{d}v+\int_{s}\delta({}^{t+\Delta t}\{u\})^{\mathrm{T}}\{\overline{X}\}\mathrm{d}v\end{aligned} \tag{2.5}$$

式(2.5)为增量形式的平衡方程。式中包含结构的非线性影响,难以直接求解,需要采用逐步线性化的增量迭代方法求解。

2)空间杆单元非线性切线刚度矩阵

(1)基本假定

①杆件节点为空间铰接点,杆件仅受轴力;

②结构位移为大位移,但杆件变形为弹性变形,且属小变形。

(2)单元的位移

空间杆元 $e(ij)$两端节点位移如图 2.1 所示。该单元初始长度为 L_0,变形后长度为 L,杆截面积为 A,材料弹性模量为 E,杆端节点坐标和位移分别为

$$\{x\}_{\mathrm{e}}=[x_i\ y_i\ z_i\ x_j\ y_j\ z_j]^{\mathrm{T}}$$

$$\{\Delta\}_{\mathrm{e}}=[u_i\ v_i\ w_i\ u_j\ v_j\ w_j]^{\mathrm{T}}$$

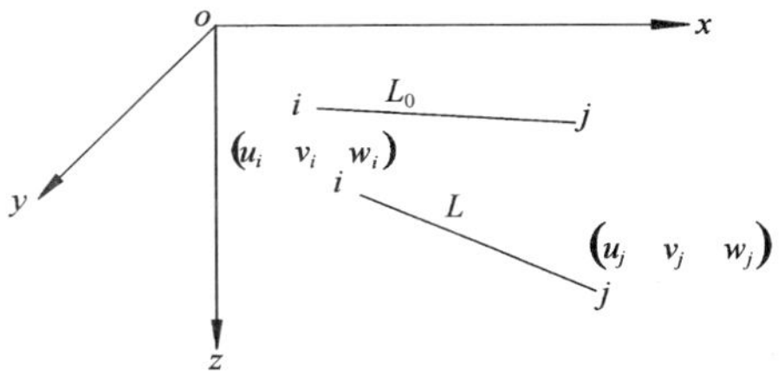

图 2.1 空间杆单元

(3)单元平衡方程及单元切线刚度矩阵[1]

由式(2.1),由于杆单元只受轴力作用,忽略体力的影响,可得空间杆单元的非线性大位移增量刚度方程为

$$[K_{\mathrm{T}}]_{\mathrm{e}}\mathrm{d}\{\Delta\}_{\mathrm{e}}-\mathrm{d}\{F\}_{\mathrm{e}}=0 \tag{2.6}$$

式中,$\{F\}_{\mathrm{e}}$为单元杆端力向量;$[K]_{\mathrm{e}}$为单元切线刚度矩阵,且

$$[K_T]_e = [K_0]_e + [K_d]_e + [K_g]_e = [K_u]_e + [K_g]_e \tag{2.7}$$

式中，$[K_0]_e$、$[K_d]_e$分别为单元弹塑性切线刚度矩阵和初位移矩阵；$[K_u]_e$为单元弹塑性切线刚度矩阵和初位移矩阵之和，且

$$[K_u]_e = \frac{E_t A_{ij}}{L_{ij}} \begin{bmatrix} \bar{l}^2 & & & & & \\ \bar{l}\bar{m} & \bar{m}^2 & & & sym. & \\ \bar{l}\bar{n} & \bar{m}\bar{n} & \bar{n}^2 & & & \\ -\bar{l}^2 & -\bar{l}\bar{m} & -\bar{l}\bar{n} & \bar{l}^2 & & \\ -\bar{l}\bar{m} & -\bar{m}^2 & -\bar{m}\bar{n} & \bar{l}\bar{m} & \bar{m}^2 & \\ -\bar{l}\bar{n} & -\bar{m}\bar{n} & -\bar{n}^2 & \bar{l}\bar{n} & \bar{m}\bar{n} & \bar{n}^2 \end{bmatrix} \tag{2.8}$$

$[K_g]_e$为单元几何刚度矩阵，且

$$[K_g]_e = \frac{\sigma' A_{ij}}{L_{ij}} \begin{bmatrix} 1 & 0 & 0 & -1 & 0 & 0 \\ 0 & 1 & 0 & 0 & -1 & 0 \\ 0 & 0 & 1 & 0 & 0 & -1 \\ -1 & 0 & 0 & 1 & 0 & 0 \\ 0 & -1 & 0 & 0 & 1 & 0 \\ 0 & 0 & -1 & 0 & 0 & 1 \end{bmatrix} \tag{2.9}$$

式中，σ'为单元初应力，迭代计算中指上次迭代结束时的单元应力。

$$\sigma' = E_t \varepsilon' \tag{2.10}$$

式中，A_{ij}、L_{ij}为单元ij的截面面积和长度；E_t为单元的切线模量。

$$\left.\begin{aligned} \bar{l} &= l + \frac{u_j - u_i}{L} \\ \bar{m} &= m + \frac{v_j - v_i}{L} \\ \bar{n} &= n + \frac{w_j - w_i}{L} \end{aligned}\right\} \tag{2.11}$$

l、m、n为杆单元杆轴在整体坐标系中的方向余弦；u_i、v_i、w_i、u_j、v_j、w_j分别为单元i端与j端在整体坐标系中的位移。

3)空间梁单元非线性切线刚度矩阵

(1)基本假定

①梁为等截面直线梁；

②不计梁截面翘曲变形；

③梁的变形属于小变形。

(2)空间梁单元的应力和应变[6]

图 2.2 所示为一典型的梁单元，图中内力或位移所示方向均为正向。单元的位移向量和节点力向量分别为

$$\{u\}_e = [u_i,\ v_i,\ w_i,\ \theta_{xi},\ \theta_{yi},\ \theta_{zi},\ u_j,\ v_j,\ w_j,\ \theta_{xj},\ \theta_{yj},\ \theta_{zj}]^T$$

$$\{F\}_e = [F_{xi},\ F_{yi},\ F_{zi},\ M_{xi},\ M_{yi},\ M_{zi},\ F_{xj},\ F_{yj},\ F_{zj},\ M_{xj},\ M_{yj},\ M_{zj}]^T$$

梁单元在非线性状态的应变向量及其增量由两部分组成，一部分为线性应变，另一部分为

由于大变形引起的非线性应变。应变增量可表示为

$$\{\Delta\varepsilon\}_e = \{\Delta\varepsilon_L\}_e + \{\Delta\varepsilon_{NL}\}_e \tag{2.12}$$

其中，$\{\Delta\varepsilon_L\}$、$\{\Delta\varepsilon_{NL}\}$分别为应变的线性分量与非线性分量。

经过复杂的几何关系推导，引入应变矩阵，则应变增量的变分形式可表示为

$$\delta\{\Delta\varepsilon\}_e = ([B_L]+[B_{NL}])\delta\{\Delta u\}_e \tag{2.13}$$

上式中，$[B_L]$、$[B_{NL}]$分别为线性和非线性应变矩阵。

梁单元的应力增量可表示为

$$\{\Delta\sigma\}_e = D\{\Delta\varepsilon\}_e = D\left([B_L]+\frac{1}{2}[B_{NL}]\right)\{\Delta u\}_e \tag{2.14}$$

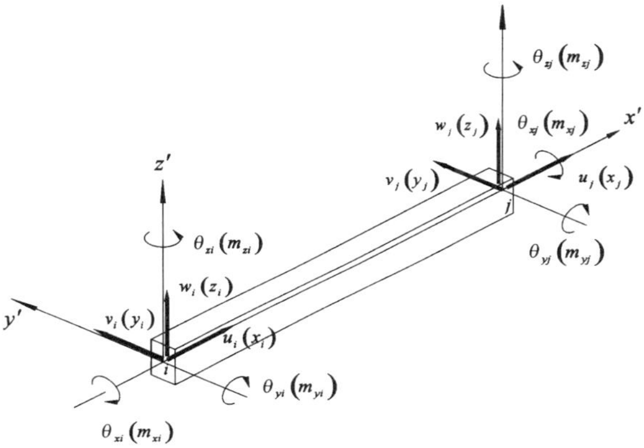

图 2.2 梁单元及坐标系

(3)空间梁单元的切线刚度矩阵[6]

将式(2.12)、式(2.13)代入虚功方程式(2.1)，推导可得梁单元在局部坐标系下的刚度方程

$$[\overline{K}_T]_e\{\Delta u\}_e = \{P\}_e + \{F\}_e \tag{2.15}$$

式中，$[\overline{K}_T]_e$为梁单元在局部坐标系下的切线刚度矩阵，且

$$[\overline{K}_T]_e = [\overline{K}_L]+[\overline{K}_{NL}]+[\overline{K}_G] \tag{2.16}$$

其中，$[\overline{K}_L]$、$[\overline{K}_{NL}]$、$[\overline{K}_G]$分别为梁单元的线性刚度矩阵、初应变矩阵、几何刚度矩阵。

将局部坐标系下梁单元的刚度矩阵经过坐标转换，可得整体坐标系下的刚度矩阵，即

$$[K]_e = [T]^T[\overline{K}]_e[T] \tag{2.17}$$

4)空间梁-柱单元非线性切线刚度矩阵

(1)基本假定

①杆件材料为理想弹塑性；

②杆件截面的翘曲及剪切变形忽略不计；

③结构节点可经历任意大的位移及转动，但单元本身的变形仍为小变形；

④外荷载为保守荷载，且作用于节点上。

(2)内力与变形的基本关系[1]

空间梁-柱单元及其杆端力向量如图 2.3 所示，xyz 为局部坐标系，x 沿杆轴方向，y、z 为杆截面两主轴方向；XYZ 为结构整体坐标系。

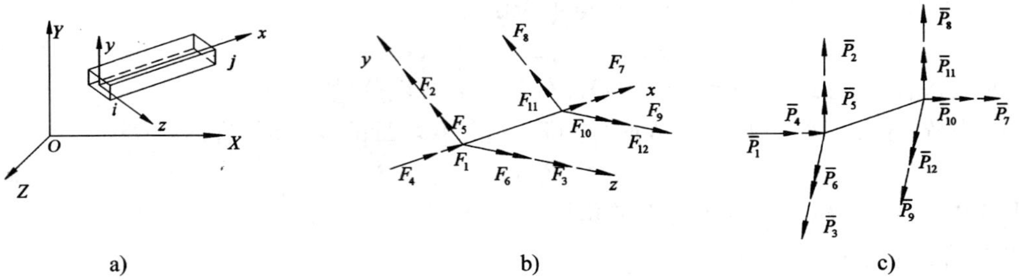

图 2.3　空间梁-柱单元

梁-柱单元在局部坐标系和结构整体坐标系下的杆端力向量分别为

$$\left.\begin{aligned}\{F\}_e &= [F_1 \quad F_2 \quad F_3 \quad F_4 \quad F_5 \quad F_6 \quad F_7 \quad F_8 \quad F_9 \quad F_{10} \quad F_{11} \quad F_{12}]^T \\ \{\bar{P}\}_e &= [\bar{P}_1 \quad \bar{P}_2 \quad \bar{P}_3 \quad \bar{P}_4 \quad \bar{P}_5 \quad \bar{P}_6 \quad \bar{P}_7 \quad \bar{P}_8 \quad \bar{P}_9 \quad \bar{P}_{10} \quad \bar{P}_{11} \quad \bar{P}_{12}]^T\end{aligned}\right\}$$

相应的位移分量为

$$\left.\begin{aligned}\{q\}_e &= [q_1 \quad q_2 \quad q_3 \quad q_4 \quad q_5 \quad q_6 \quad q_7 \quad q_8 \quad q_9 \quad q_{10} \quad q_{11} \quad q_{12}]^T \\ \{v\}_e &= [v_1 \quad v_2 \quad v_3 \quad v_4 \quad v_5 \quad v_6 \quad v_7 \quad v_8 \quad v_9 \quad v_{10} \quad v_{11} \quad v_{12}]^T\end{aligned}\right\}$$

为了考察单元的变形与内力的关系，需引入单元随动坐标系 $x_1x_2x_3$，如图 2.4 所示。

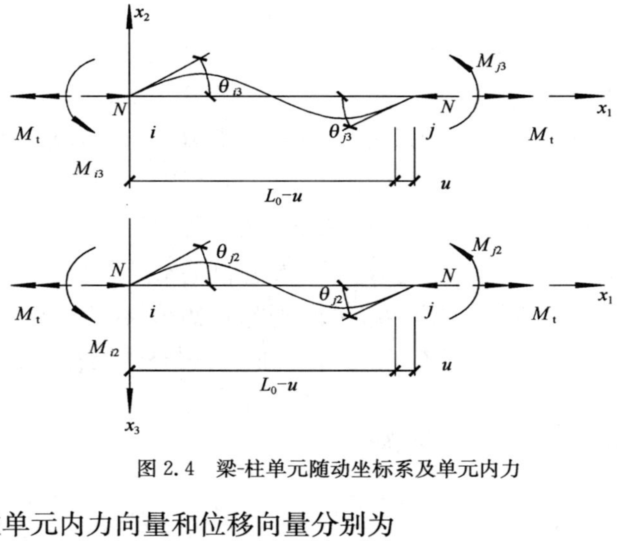

图 2.4　梁-柱单元随动坐标系及单元内力

图 2.4 中梁-柱单元内力向量和位移向量分别为

$$\{S\}_e = [M_{i3} \quad M_{j3} \quad M_{i2} \quad M_{j2} \quad M_t \quad NL_0]^T$$

$$\{u\}_e = [\theta_{i3} \quad \theta_{j3} \quad \theta_{i2} \quad \theta_{j2} \quad \phi_t \quad \mu]^T$$

其中，$\mu = \dfrac{u}{L_0}$。

而$\{S\}_e$与$\{u\}_e$间的增量关系为

$$\{\Delta S\}_e = [t]\{\Delta u\}_e \tag{2.18}$$

其中，$[t]$单元为对应于随动坐标系的切线刚度矩阵。

(3)梁-柱单元的刚度矩阵[1]

图 2.3 中单元在局部坐标系下的杆端力$\{F\}_e$、杆端位移$\{q\}_e$与图 2.4 中杆端力$\{S\}_e$、杆端位移$\{u\}_e$之间的关系可由几何及平衡条件求得

$$\{F\}_e = [B]\{S\}_e \tag{2.19}$$

$$\{\Delta u\}_e = [B]^T\{\Delta q\}_e \tag{2.20}$$

式中，$[B]$为局部坐标系下的静态矩阵，且

$$[B] = \begin{bmatrix} 0 & 0 & 0 & 0 & 0 & \frac{1}{L_0} \\ \frac{1}{L} & \frac{1}{L} & 0 & 0 & 0 & 0 \\ 0 & 0 & -\frac{1}{L} & -\frac{1}{L} & 0 & 0 \\ 0 & 0 & 0 & 0 & -1 & 0 \\ 0 & 0 & 1 & 0 & 0 & 0 \\ 1 & 0 & 0 & 0 & 0 & 0 \\ 0 & 0 & 0 & 0 & 0 & -\frac{1}{L_0} \\ -\frac{1}{L} & -\frac{1}{L} & 0 & 0 & 0 & 0 \\ 0 & 0 & \frac{1}{L} & \frac{1}{L} & 0 & 0 \\ 0 & 0 & 0 & 0 & 1 & 0 \\ 0 & 0 & 0 & 1 & 0 & 0 \\ 0 & 1 & 0 & 0 & 0 & 0 \end{bmatrix} \tag{2.21}$$

式(2.19)的增量形式为

$$\{\Delta F\}_e = [B]\{\Delta S\}_e + [\Delta B]\{S\}_e$$

上式中右边第二项可改写成

$$[\Delta B]\{S\}_e = [G]\{\Delta q\}_e$$

式中，

$$[G] = \begin{bmatrix} [g] & 0 & -[g] & 0 \\ 0 & 0 & 0 & 0 \\ -[g] & 0 & [g] & 0 \\ 0 & 0 & 0 & 0 \end{bmatrix}$$

$$[g] = \begin{bmatrix} 0 & M_{i3}+M_{j3} & -(M_{i2}+M_{j2}) \\ M_{i3}+M_{j3} & -NL_0 & 0 \\ -(M_{i2}+M_{j2}) & 0 & -NL_0 \end{bmatrix}$$

最后得到

$$\{\Delta F\}_e = [[B][t][B]^T + [G]]\{\Delta q\}_e = [K'_T]_e\{\Delta q\}_e \tag{2.22}$$

式中，$[K'_T]_e$为梁-柱单元在局部坐标系中的弹性切线刚度矩阵，即

$$[K'_T]_e = [B][t][B]^T + [G] \tag{2.23}$$

梁柱单元在整体坐标系下的切线刚度矩阵，可通过坐标转换得到[2][6]，即

$$[K_T]_e = [R][K'_T]_e[R]^T \tag{2.24}$$

其中，$[R]$为坐标转换矩阵。

5)空间直线索单元非线性切线刚度矩阵

(1)基本假定

根据索单元的受力特点，索单元分析所采用的基本假定如下：

①节点为理想无摩擦的铰节点，忽略节点对杆单元转动的影响；

②杆件受拉符合弹性定律，材料为理想的弹性体；

③杆单元仅受节点荷载的作用。

(2)索单元的应变[7]

整体坐标系 XYZ 中任一空间杆元的两端节点分别为 i 和 j，如图 2.5 所示，设定单元的局部坐标系为 ix，ix 的正向规定为由 i 到 j。

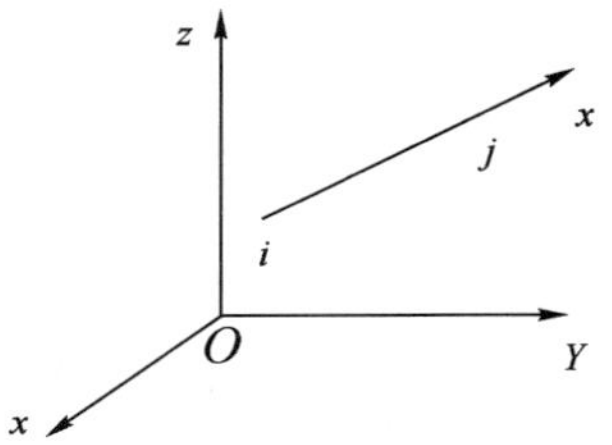

图 2.5　索单元及坐标系

单元节点 i 和 j 在整体坐标系中的坐标向量、位移向量、荷载向量为

$$\{X\} = [X_i, Y_i, Z_i, X_j, Y_j, Z_j]^T$$
$$\{u\} = [u_i, v_i, w_i, u_j, v_j, w_j u_m, v_m, w_m]^T$$
$$\{p\} = [p_{xi} \quad p_{yi} \quad p_{zi} \quad p_{xj} \quad p_{yj} \quad p_{zj}]^T$$

则单元 ij 在未受力之前的初始长度为

$$l_{ij}^0 = \sqrt{(X_i - X_j)^2 + (Y_i - Y_j)^2 + (Z_i - Z_j)^2} \tag{2.25}$$

结构在外荷载作用下产生变形时，单元 ij 也产生变形，其两端节点 i、j 在整体坐标系中的新坐标为$(X_i+u_i, Y_i+v_i, Z_i+w_i)$及$(X_j+u_j, Y_j+v_j, Z_j+w_j)$。其中 u_i、v_i、w_i、u_j、v_j、w_j 分别为节点 i、j 在整体坐标系中沿着 X、Y、Z 方向的线位移，则单元 ij 处于新平衡位置时的长度为

$$l_{ij} = [(l_{ij}^0)^2 + 2\cdot(X_j - X_i)\cdot(u_j - u_i) + 2\cdot(Y_j - Y_i)\cdot(v_j - v_i) + 2\cdot(Z_i - Z_j)\cdot(w_i - w_j) + (u_j - u_i)^2 + (v_j - v_i)^2 + (w_j - w_i)^2]^{\frac{1}{2}} \tag{2.26}$$

单元的应变 ε 为

$$\varepsilon = \frac{l_{ij} - l_{ij}^0}{l_{ij}^0} = \sqrt{1 + 2a + b} - 1 \tag{2.27}$$

上式中，

$$a = \frac{1}{l_{ij}^0}[-\cos\alpha \quad -\cos\beta \quad -\cos\gamma \quad \cos\alpha \quad \cos\beta \quad \cos\gamma]\begin{Bmatrix} u_i \\ v_i \\ w_i \\ u_j \\ v_j \\ w_j \end{Bmatrix} \tag{2.28}$$

$$b=\frac{1}{(l_{ij}^{0})^{2}}\begin{bmatrix}u_i & v_i & w_i & u_j & v_j & w_j\end{bmatrix}\begin{Bmatrix}-(u_j-u_i)\\-(v_j-v_i)\\-(w_j-w_i)\\(u_j-u_i)\\(v_j-v_i)\\(w_j-w_i)\end{Bmatrix} \tag{2.29}$$

其中，$\cos\alpha$、$\cos\beta$、$\cos\gamma$ 分别为局部坐标系 ix 对整体坐标系 XYZ 的方向余弦，即

$$\cos\alpha=\frac{X_j-X_i}{l_{ij}^{0}}\quad\cos\beta=\frac{Y_j-Y_i}{l_{ij}^{0}}\quad\cos\gamma=\frac{Z_j-Z_i}{l_{ij}^{0}}$$

将式(2.27)所示的应变表达式按 Taylor 级数展开，并略去应变表达式中 5 阶量以上的高阶项，可得单元的应变

$$\varepsilon=a+\frac{b}{2}-\frac{a^2}{2}-\frac{1}{2}ab+\frac{a^3}{2}+\frac{3}{4}a^2b-\frac{b^2}{8}-\frac{5}{8}a^4 \tag{2.30}$$

(3)索单元基本方程和切线刚度矩阵[7]

将式(2.30)代入虚功方程式(2.1)，可得整体坐标系中索单元的基本平衡方程为

$$([K]_{\mathrm{E}}+[K]_{\mathrm{G}})\{u\}_{\mathrm{e}}=\{P\}_{\mathrm{e}}^{0}+\{P\}_{\mathrm{e}}+\{R\}_{\mathrm{e}} \tag{2.31}$$

式中，$[K]_{\mathrm{E}}$为单元在整体坐标系中的弹性刚度矩阵；$[K]_{\mathrm{G}}$为单元几何刚度矩阵；$\{R\}_{\mathrm{e}}$为单元残余力向量或不平衡力向量，它反映位移高阶项的影响；$\{R\}_{\mathrm{e}}^{0}$为与单元初始力等效的节点力向量；$\{P\}_{\mathrm{e}}$为作用于单元节点的外荷载向量。

索单元的弹性刚度矩阵表达式为

$$[K]_{\mathrm{E}}=\frac{EA}{L}\begin{bmatrix}l^2 & & & & & \\ lm & m^2 & & \mathrm{Sym.} & & \\ nl & mn & n^2 & & & \\ -l^2 & -lm & -nl & l^2 & & \\ -lm & -m^2 & -mn & lm & m^2 & \\ -nl & -mn & -n^2 & nl & mn & n^2\end{bmatrix} \tag{2.32}$$

索单元的几何弹性刚度矩阵表达式为

$$[K]_{\mathrm{G}}=\frac{P^0}{L}\begin{bmatrix}1-l^2 & & & & & \\ -lm & 1-m^2 & & & \mathrm{Sym.} & \\ -nl & -mn & 1-n^2 & & & \\ l^2-1 & lm & nl & 1-l^2 & & \\ lm & m^2-1 & mn & -lm & 1-m^2 & \\ nl & mn & n^2-1 & -nl & -mn & 1-n^2\end{bmatrix} \tag{2.33}$$

索单元残余力向量为

$$\{R\}_{\mathrm{e}}=-\frac{(EA-P^0)}{L}\left[\begin{Bmatrix}-(u_j-u_i)\\-(v_j-v_i)\\-(w_j-w_i)\\(u_j-u_i)\\(v_j-v_i)\\(w_j-w_i)\end{Bmatrix}\cdot\left(a-\frac{3}{2}a^2+\frac{b}{2}\right)+\frac{L}{2}\cdot\begin{Bmatrix}-l\\-m\\-n\\l\\m\\n\end{Bmatrix}\cdot(b-3a^2-3ab+5a^3)\right] \tag{2.34}$$

拉索为柔性单元,在施加预张力后才有刚度,刚度的大小随着索中张力的增大而增大。当索单元应力为零或负时,索单元将处于失效或半失效状态,则在下一迭代步中,该单元就退出工作状态。对于二节点索单元,此时可将索的弹性模量取为一个很小的正数。

6)中部塑性铰压杆改进模型

上述几种单元是目前通用软件中常用的单元,特别是梁元和杆元,应用最为广泛。不同的单元理论,有着各自的特点,就模拟一个构件来讲,单元模型理论可能比较成熟,但应用于整体结构的非线性分析,往往存在很多缺点需要改进。

梁单元又分为欧拉-伯努利梁、铁木辛科梁和等参元梁等。轴向位移、中性轴的侧向位移和扭转位移分别采用不同的插值函数,且互相独立。梁单元计算精度高,且构造简单,容易与其他类型的单元连接,可以允许大位移和大转角,可以考虑剪切、扭转和翘曲效应。梁单元由于所采用的位移插值函数相互独立,因而不能考虑轴力和弯矩的耦合作用,在常用钢材本构关系(弹性本构、理想弹塑性本构或硬化弹塑性本构等)条件下,不能反映受压构件失稳后刚度退化的现象。

杆单元的轴力-位移关系较为简单,但在常用钢材本构关系条件下,也不能反映受压构件失稳后刚度退化的现象。

基于稳定函数理论的梁-柱单元是一种半解析有限单元,能够考虑构件轴力与弯矩的耦合作用。由梁-柱单元的基本理论可知,梁的塑性铰集中在梁的两端,与框架结构梁或柱产生的塑性铰位置一致,适合于框架结构的弹塑性分析。但是在一般的空间钢结构(如网壳)中,为了最大限度地提高构件效率,构件主要承受轴力,弯矩是次要的且很小。在这种情况下,考虑到初始缺陷的影响,构件的塑性铰将可能出现在构件的中部,与梁-柱单元的理论不一致。因此,梁-柱单元并不完全适用于空间钢结构的弹塑性整体稳定分析。

参考文献[8]根据现有单元模型的不足,对已有的 Liew 压杆模型进行改进,导出了中部塑性铰压杆的改进模型,可用于分析计算空间钢结构的整体稳定性和极限承载能力。本节介绍该压杆模型的基本理论。

(1)中部塑性铰压杆模型的概念和基本假定

中部塑性铰压杆模型如图 2.6 所示[8]。有缺陷压杆在轴向压力作用下,仅杆件中部某点(常取中点)或该点的某一范围内形成塑性铰,而其他部分仍保持为弹性,这种用于考虑压弯耦合且可模拟杆件自身稳定性态的压杆模型,称为中部塑性铰压杆模型。

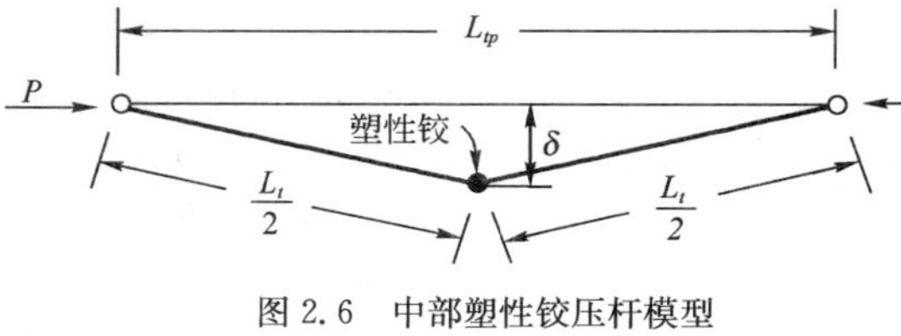

图 2.6 中部塑性铰压杆模型

中部塑性铰压杆模型的基本假定为:

①杆件为等截面;

②杆件的初始缺陷为具有半波正弦无线形状的弯曲;

③杆件内力以轴向压力为主,弯曲内力为次要内力;

④杆件由于压弯形成塑性铰时,塑性铰点位于杆件跨中附件。

(2)中部塑性铰压杆改进模型[8]

根据杆件在结构中可能的受力状态,实际杆件的受力模型可分为两部分,即压杆模型部分和拉杆模型部分(图 2.7)。拉杆模型为双折线理想弹塑性模型，屈服荷载为 P_y；中部塑性铰压杆模型在轴向压力作用下的荷载-位移曲线可以分成三个阶段，即屈曲前阶段 AB、屈曲后阶段 BC 和屈曲后卸载阶段 CD。杆件在受压力前具有一定的初始弯曲，形状为半波正弦曲线。

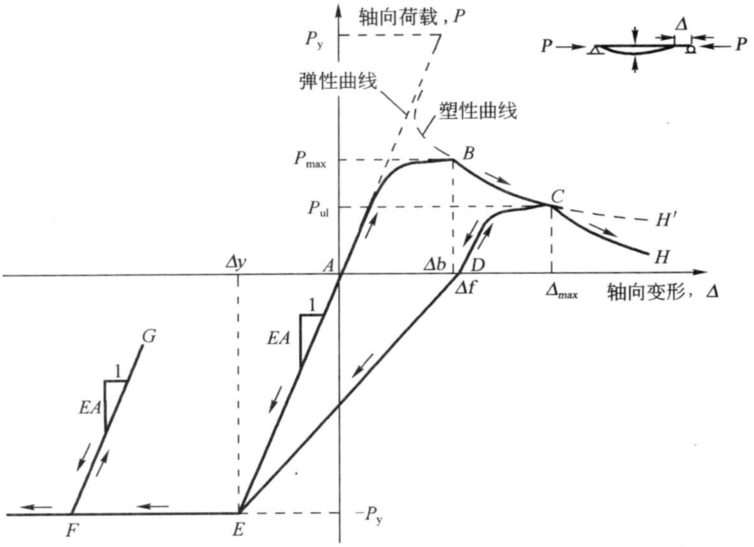

图 2.7　杆件轴向荷载-变形曲线

①屈曲前阶段 AB(阶段一)

轴向压力荷载-位移曲线的第一阶段 AB 是屈曲前阶段。在此阶段，杆件完全处于弹性变形状态，弹性轴向位移 Δ_e 由两部分组成：一部分是由于压杆轴向应变引起的压缩变形；另一部分是由于压杆的弯曲而产生的轴向缩短变形。

在 t 时刻，由于压杆轴向应变引起压缩变形，此时的杆长 L_t 应为

$$L_t = L_0\left(1 - \frac{P}{EA}\right) \tag{2.35}$$

式中，P 为杆件所受压力；E 为材料的弹性模量；A 为压杆的截面积；L_0 为杆件原始长度。

对于具有半波正弦曲线初始缺陷的压杆，在某一时刻 t，压杆的变形曲线为

$$w(x) = \delta_t \sin\frac{\pi x}{L_{tP}} \tag{2.36}$$

式中，δ_t 为压杆某一时刻 t 的最大侧向变形；L_{tP} 为 t 时刻的杆长 L_t 在杆轴上的投影长度(即弦长)。

若记 δ_0 为压杆的初始最大侧向变形，则有

$$\delta_t = \frac{\delta_0}{1 - \dfrac{P}{P_e}} \tag{2.37}$$

式中，P_e 为压杆欧拉屈曲荷载。

由式(2.36)可以得到杆件在 t 时刻的实际长度 L_t

$$L_t = \int_0^{L_{tP}} \sqrt{1 + w'^2(x)}\,\mathrm{d}x \tag{2.38}$$

将 $1+w'(x)^2$ 用泰勒级数展开式展开，并忽略二次项后，再代入式(2.38)，积分后得杆件的实际长度 L_t 的表达式

$$L_t = L_{tP}\sqrt{1+\frac{\delta_t^2\pi^2}{L_{tP}^2}} \tag{2.39}$$

从而有

$$L_{tP} = \sqrt{L_t{}^2-\delta_t{}^2\pi^2} \approx L_t\left[1-\frac{\pi^2}{2}\left[\frac{\delta_0}{L_t\left(1-\dfrac{P}{P_e}\right)}\right]^2\right] \tag{2.40}$$

由上式令 $P=0$ 可得压杆的初始投影长度 L_{0P}

$$L_{0P} = L_0\left[1-\frac{\pi^2}{2}\left(\frac{\delta_0}{L_0}\right)^2\right] \tag{2.41}$$

因此，杆件 t 时刻由于弯曲引起的轴向变形 Δ_e^g 为

$$\Delta_e^g = L_{0P}-L_{tP} = L_0\left[1-\frac{\pi^2}{2}\left(\frac{\delta_0}{L_0}\right)^2\right]-L_t\left[1-\frac{\pi^2}{2}\left[\frac{\delta_0}{L_t\left(1-\dfrac{P}{P_e}\right)}\right]^2\right] \tag{2.42}$$

把式(2.35)代入上式，整理后得

$$\Delta_e^g = L_0\left[\frac{P}{EA}+\frac{\pi^2}{2}\left(\frac{\delta_0}{L_0}\right)^2\left[\frac{1}{\left(1-\dfrac{P}{EA}\right)\left(1-\dfrac{P}{P_e}\right)^2}-1\right]\right] \tag{2.43}$$

②屈曲后阶段 BC(阶段二)

在压杆承载力达到极限状态时，杆件中部出现塑性铰，杆件的塑性变形全部集中在塑性铰上。在荷载-位移曲线的下降段(BC 段)，轴向变形 Δ_p 主要由杆件因塑性变形引起的轴向变形 Δ_p^p 和由于整根构件的弹性压缩以及弯曲而共同产生的轴向缩短变形 Δ_p^g 组成，压杆弹性轴向缩短变形 Δ_p^g 远小于塑性轴向变形 Δ_p^p。

在屈曲后阶段 BC，杆件中点的侧向位移 δ 由下式计算

$$\delta = \frac{\dfrac{M_{pc}}{M_p}}{\dfrac{P}{P_y}}\cdot\frac{Z}{A} \tag{2.44}$$

式中，M_p 为截面全塑性承载力；M_{pc} 为截面在轴力 P 作用下的塑性弯矩承载力；P_y 为截面轴向强度；A 为截面面积；Z 为截面塑性模量。

由图 2.6 可知，由于杆件几何变形引起的轴向压缩变形 Δ_p^p 可写成

$$\Delta_p^p = L_t\left[1-\sqrt{1-\left(\frac{2\delta}{L_t}\right)^2}\right] \tag{2.45}$$

因此，总的轴向压缩变形为

$$\Delta_p = \Delta_p^g+\Delta_p^p = \Delta_p^g+L_t\left[1-\sqrt{1-\left(\frac{2\delta}{L_t}\right)^2}\right] \tag{2.46}$$

把式(2.44)和(2.45)代入式(2.46)可得

$$\Delta_p = \Delta_p^g+\Delta_p^p = \Delta_p^g+L_0\left(1-\frac{P}{EA}\right)\left(1-\sqrt{1-\left[\frac{\dfrac{M_{pc}}{M_p}}{\dfrac{P}{P_y}}\cdot\frac{Z}{AL_0\left(1-\dfrac{P}{EA}\right)}\right]^2}\right) \tag{2.47}$$

在式(2.47)中，表达式$\frac{M_{pc}}{M_p}$取决于截面的具体形式，它与杆件轴力的关系共同形成了塑性铰屈服面。对于圆管截面，塑性铰屈服面为

$$\frac{M_{pc}}{M_p} = \cos\frac{\pi}{2}\frac{P}{P_y} \tag{2.48}$$

压杆弹性轴向缩短变形 Δ_p^g的确定步骤为：

a. 首先假定压杆的初始最大侧向变形 δ_0，通常取 $\delta_0=\left(\frac{L_0}{500}\sim\frac{L_0}{1000}\right)$范围内；

b. 根据已知的截面特性、杆件长度和材料性能，按规范的压杆稳定公式计算压杆的极限稳定承载力 P_{max}；

c. 将 P_{max}代入式(2.43)和(2.47)可以求得 Δ_{emax}和 Δ_{pmax}，在极值点 Δ_{emax}与 Δ_{pmax}相等，所以求出 Δ_p^g

$$\Delta_p^g = \Delta_{emax} - \Delta_p^p \big|_{P=P_{max}} \tag{2.49}$$

d. 将 Δ_p^g的值代入式(2.47)，得到杆件的后屈曲过程曲线的控制方程。

至此，可以完全确定屈曲前阶段和屈曲后阶段的变形-荷载关系。

③屈曲后卸载阶段 CD(阶段三)

图 2.7 中 CD 段是构件屈曲后的弹性卸载阶段。如果杆件在弹性范围 AB 段内卸载，则卸载曲线与 AB 一致；否则，卸载曲线为 CD 段。本文假定曲线 CD 为曲线 AB 平移形成，C 点对应于 B 点。

由上述可知，压杆的承载力 P_{max}可以根据 GB 50017—2003 的计算公式计算得到，可推广应用于具有任何截面形式和材料的杆件。图 2.8 为钢管杆件模型的应力-应变曲线，材料为 Q235，杆件长细比从 50 变化到 200。

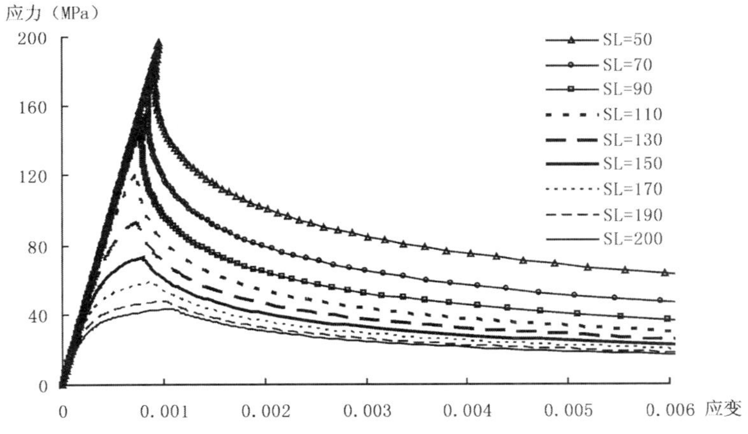

图 2.8 塑性铰压杆模型的应力-应变曲线

(3)拉杆模型[8]

拉杆模型为双折线理想弹塑性模型，屈服荷载为 P_y，如图 2.7 所示，计算公式为

$$P = \frac{EA}{L}|\Delta|, \qquad |\Delta| \leqslant |\Delta_y| \tag{2.50}$$

$$P=\frac{EA}{L}|\Delta_y|, \qquad |\Delta|>|\Delta_y| \tag{2.51}$$

2.2.3 结构整体稳定性分析模型单元的划分

目前，中部塑性铰压杆模型还很少被通用结构非线性分析程序采用，因此，在结构整体稳定性的非线性分析中，仍然采用常规的杆件有限元模型。这样就给结构工程师带来了一个比较棘手的问题，即在结构整体稳定分析中，采用何种单元划分方法，能够在计算得到结构的整体稳定性态的同时也得到各构件以及节点的稳定性态，能够确保结构整体稳定的同时所有主要构件及节点也是稳定的。本节给出可以借鉴的单元划分方法和节点模拟方法。

1)杆件单元的划分——一杆多单元模型

如果结构整体稳定计算模型采用一个单元模拟一根杆件的方法，且所采用的单元模型不能考虑或反映构件失稳后的刚度退化，则结构整体稳定计算结果不能涵盖构件的稳定性。这是因为在非线性理论分析中，当构件内力达到其稳定临界荷载后，常用的杆件单元模型(如空间非线性梁单元和空间非线性杆单元)均不具有单元刚度随着荷载增加而退化的特性，因而，无论内力或荷载增加到多大，这类单元始终保持其初始几何状态。因此，当非线性理论计算证明结构整体稳定满足要求时，未必结构体系中的构件均满足稳定要求，此时所得到的整体稳定理论计算结果可能是不安全的。

为此，当所能够采用的单元模型均不具有考虑或反映构件失稳后刚度退化的特性时，结构整体分析模型应采用将一根杆件划分为多个单元的模拟方法，即“一杆多单元模型”，这样就可以在杆件的内部设置节点，通过这些内部节点引入几何缺陷，考虑杆件的二阶效应(P-δ 效应)，从而在结构整体非线性分析的同时分析构件的稳定性。这种采用“一杆多单元模型”的结构整体稳定计算结果，可得到结构整体非线性稳定的计算结果，同时也包含了构件的稳定性结果。

采用“一杆多单元模型”的模拟方法，最常用也可能是效果最佳的方法是“一杆二单元模型”，即将一根杆件划分为两个单元。事实上，为了较为准确地模拟构件的刚度退化特性，采用“一杆多单元模型”时，应尽可能在杆件长度的中点设置一个节点。

采用“一杆多单元模型”模拟方法的缺点是：结构整体模型节点数量和杆件数量均很多，建立模型工作量大、难度大，结构非线性更明显且结构变形模态更为复杂，同时分析所需存储量大、计算时间长、计算效率低。

2)节点域的模拟

钢结构的节点均是具有一定几何形体、尺寸及一定刚度的零件或部件，实际结构中的节点均对所连接的构件具有一定的约束作用，这种约束作用直接影响到构件的承载特性和稳定性，也就影响到结构的整体稳定性。同时，由于节点体的实际存在，构件的连接均有可能出现偏差或偏心，这种偏心往往会劣化构件的受力性能，因此，在结构整体稳定非线性分析中，应该考虑节点存在所产生的影响。目前，关于节点刚度或刚性对结构整体稳定的影响已有很多研究成果[9][10]，其中有采用刚臂的模拟方法，也有采用弹性弹簧的模拟方法，本节介绍较为简单的刚臂模拟方法。

图 2.9 为一带刚臂梁单元或梁-柱单元[9]，A、B 为其几何端点，A_s、B_s 为其弹性域端点，即

AA_s、BB_s均为节点体涵盖的范围。单元的弹性段 A_sB_s，可按一般的梁单元或梁-柱单元求得其切线刚度矩阵，并用$[\overline{K}_T^s]$表示。

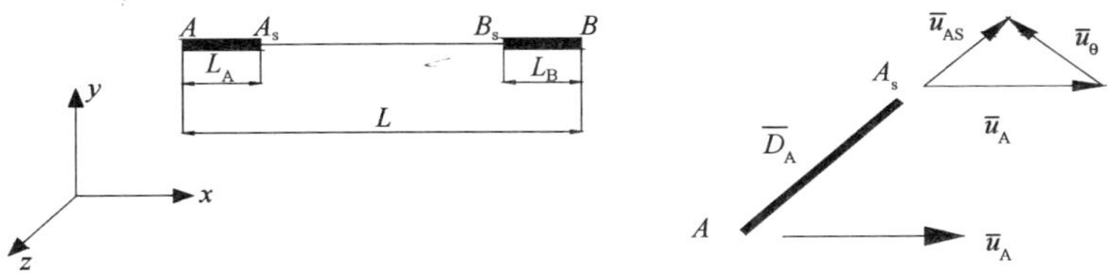

a)带刚臂梁单元　　b)A 端节点位移关系

图 2.9　带刚臂梁单元及其位移关系

令点 A_s的杆端力增量及杆端位移增量分别为

$$\{\Delta F_A^s\} = [\Delta X_A^s \quad \Delta Y_A^s \quad \Delta Z_A^s \quad \Delta M_{xA}^s \quad \Delta M_{yA}^s \quad \Delta M_{zA}^s]$$

$$\{\Delta q_A^s\} = [\Delta u_A^s \quad \Delta v_A^s \quad \Delta w_A^s \quad \Delta\theta_{xA}^s \quad \Delta\theta_{yA}^s \quad \Delta\theta_{zA}^s]$$

相应的点 A 的杆端力增量及杆端位移增量分别为

$$\{\Delta F_A\} = [\Delta X_A \quad \Delta Y_A \quad \Delta Z_A \quad \Delta M_{xA} \quad \Delta M_{yA} \quad \Delta M_{zA}]$$

$$\{\Delta q_A\} = [\Delta u_A \quad \Delta v_A \quad \Delta w_A \quad \Delta\theta_{xA} \quad \Delta\theta_{yA} \quad \Delta\theta_{zA}]$$

根据几何关系可得两组位移增量间的关系为

$$\{\Delta q_A^s\} = [T_A^s]\{\Delta q_A\}$$

其中，$[T_A^s]$为杆元 A 端位移增量变换矩阵，且

$$[T_A^s] = \begin{bmatrix} 1 & 0 & 0 & 0 & D_{zA} & -D_{yA} \\ 0 & 1 & 0 & -D_{zA} & 0 & D_{xA} \\ 0 & 0 & 1 & D_{yA} & -D_{xA} & 0 \\ 0 & 0 & 0 & 1 & 0 & 0 \\ 0 & 0 & 0 & 0 & 1 & 0 \\ 0 & 0 & 0 & 0 & 0 & 1 \end{bmatrix} \tag{2.52}$$

式中，D_{xA}、D_{yA}、D_{zA}分别为刚臂沿 x、y、z 轴方向的分量。

力增量间的关系为

$$\{\Delta F_A^s\} = [T_{FA}^s]\{\Delta F_A\} \tag{2.53}$$

其中，$[T_{FA}{}^s]$为杆单元 A 端力增量转换矩阵。

利用虚功原理可证明

$$[T_{FA}^s] = ([T_A^s]^{-1})^T \tag{2.54}$$

同理，可得单元 B 端的位移增量转换矩阵$[T_B^s]$。

由$[T_A^s]$、$[T_B^s]$可形成带刚臂单元 AB 的转换矩阵$[T_s]$，即

$$[T_s] = \begin{bmatrix} [T_A^s] & \\ & [T_B^s] \end{bmatrix} \tag{2.55}$$

用此矩阵即可修正常规杆单元的刚度矩阵，得到带刚臂单元的切线刚度矩阵，即

$$[\overline{K}_T] = [T_s]^T[\overline{K}_T^s][T_s] \tag{2.56}$$

相应的增量有限元方程为

$$\{\Delta F\} = [\overline{K}_{\mathrm{T}}]\{\Delta q\} \tag{2.57}$$

以上理论推导中，单元两端均有刚臂，如果仅一端有刚臂，则仅需将无刚臂端的转换矩阵用单位矩阵[E]代替即可。

2.3 钢结构整体稳定性分析方法

钢结构整体稳定非线性理论分析，主要包括两大内容，即结构整体稳定临界点的搜索计算和非线性屈曲平衡路径全过程的跟踪计算。

2.3.1 结构整体稳定临界点的计算方法

1)经典解析理论方法

(1)结构平衡性态与临界状态的确定

设结构系统[11][12]由广义坐标 $Q_i(i=1,2\cdots n)$确定，荷载参数为 Λ，势能函数为 V，当结构体系位于平衡状态 E 时，状态描述参数如下

$$Q_i = Q_i^{\mathrm{E}} \quad \Lambda = \Lambda^{\mathrm{E}}$$

由势能驻值原理可得，结构平衡状态方程为

$$V_i(Q_i^{\mathrm{E}},\Lambda^{\mathrm{E}}) = 0 \tag{2.58}$$

式中，$V_i(i=1,2\cdots n)$的下标表示势能函数对相应坐标 Q_i 的偏导，以下均同。

为了了解结构体系平衡状态的稳定性态，在荷载不变的情况下，考虑平衡状态的某一邻域，即结构位形发生微小变化，则相应的结构位形状态及势能函数为

$$Q_i = Q_i^{\mathrm{E}} + q_i \quad V = V^{\mathrm{E}} + v$$

其中，V^{E}表示结构原基本平衡状态，即 $V^{\mathrm{E}}=V(Q_i^{\mathrm{E}},\Lambda^{\mathrm{E}})$；$v$ 为势能增量。

将势能增量 v 在该邻域内展开为广义位移增量 q_i 的级数，并由式(2.58)整理，即有

$$v = \frac{1}{2}V_{ij}^{\mathrm{E}}q_iq_j + \frac{1}{6}V_{ijk}^{\mathrm{E}}q_iq_jq_k + \cdots = v_2 + v_3 + \cdots \tag{2.59}$$

其中，$V_{ij}^{\mathrm{E}} \equiv V_{ij}(Q_k^{\mathrm{E}},\Lambda^{\mathrm{E}})$ 。上式中右端的下标为哑标，满足求和约定。

由式(2.59)可知，结构平衡状态是否稳定取决于方程右端的第一项，即

$$v_2 = \frac{1}{2}V_{ij}^{\mathrm{E}}q_iq_j \tag{2.60}$$

为了分析方便起见，可采用一新的线性坐标系统将 v_2 转化为无耦合项的标准二次型，所采用的新、旧坐标间的关系为

$$q_i = \alpha_{ij}u_j, |\alpha_{ij}| \neq 0$$
$$u_i = \beta_{ij}q_j, |\beta_{ij}| \neq 0$$

则，在新坐标系中，式(2.60)可转化为

$$v_2 = \frac{1}{2}C_iu_i^2 \tag{2.61}$$

式中，C_i 由 V_{ij}^{E} 确定，且为常数。

由 v_2 的二次型变换可知，v_2 的特性可由 C_i 的特性来表示，而与转换过程无关。通常将 C_i

称为稳定系数，u_i称为主坐标系[11]。

由此可以得到用新坐标表示的平衡状态某一邻域的势能函数 D，即

$$D(u_i, \Lambda^E) \equiv V(Q_i + \alpha_{ij} u_j, \Lambda^E) \tag{2.62a}$$

或写为

$$D = D^E + d \tag{2.62b}$$

式中，$D^E \equiv D(0, \Lambda^E)$ 表示结构的平衡状态。

同样，在原基本平衡状态的邻域展开势能增量 d 为坐标 u_i的级数[11]，即

$$d = \frac{1}{2} D^E_{ii} u_i^2 + \frac{1}{6} D^E_{ijk} u_i u_j u_k + \cdots = d_2 + d_3 + \cdots \tag{2.63}$$

比较式(2.61)和式(2.63)，可以得到

$$C_i = D^E_{ii} = D_{ii}(0, \Lambda^E) \tag{2.64}$$

以及行列式

$$|\alpha_{ij}|^2 \cdot |V^E_{ij}| = |D^E_{ij}| = C_1 C_2 C_3 \cdots C_n \tag{2.65}$$

由式(2.61)和式(2.65)可知，如果某个稳定系数 C_i是正的，则结构平衡状态在坐标 u_i方向是稳定的；如果某个稳定系数 C_i是负的，则结构平衡状态在坐标 u_i方向是不稳定的；如果某个稳定系数 C_i是 0，则结构平衡状态在坐标 u_i方向处于临界平衡状态，此时，行列式$|V_{ij}|$和$|D_{ij}|$奇异或为 0。

因此，通过稳定系数 C_i的性态，可以判定结构平衡状态的稳定性态。具体判断准则为：如果最小稳定系数 C_{min}是正的，即 v_2(或 d_2)的二次型正定，则结构平衡状态在任何坐标方向均是稳定的；如果最小稳定系数 C_{min}是负的，即 v_2的二次型负定，则结构平衡状态在某个或某些坐标方向是不稳定的；如果最小稳定系数 C_{min}为 0，即 v_2的二次型半正定，则结构平衡状态在某个或某些坐标方向处于临界平衡状态(记为状态 C)，而在其余坐标方向是稳定的，此时，行列式$|V_{ij}|=|D_{ij}|=0$。

关于结构临界平衡状态 C 的稳定性，由于在临界平衡状态 v_2(或 d_2)的奇异性而无法判定，故此，需要进一步通过 v(或 d)的高次展开项如 v_3(或 d_3)或更高次展开项的特性来判断。

不失一般性，分析 $C_1=0$、$C_s>0(s\neq1)$的情形，此时二次型 v_2半正定，则在临界坐标方向前述结构位型增量 u_s为 0，即

$$u_s = \beta_{sj} q_j \ (s=1)$$

为了分析临界平衡状态邻域势能函数 V 的变化，固定荷载参数 $\Lambda=\Lambda^C$不变，将初始广义坐标 Q_i用参数 s 表示，即

$$Q_i = Q_i(s)$$

式中，s 为任一合适的广义参数，在临界点处 $s=0$。

势能函数 V 沿着路径 $Q_i(s)$的增量为[11]

$$v(s) = V[Q_i(s), \Lambda^C] - V^C \tag{2.66}$$

将势能增量 $v(s)$展开为参数 s 的级数

$$v(s) = \dot{v}^C s + \frac{1}{2} \ddot{v}^C s^2 + \frac{1}{6} \dddot{v}^C s^3 + \cdots \tag{2.67}$$

其中，一阶导数　$\dot{v} = \dfrac{dv}{ds} = V_i \dot{Q}_i$　(2.68a)

在临界平衡状态 C，由平衡条件可知

$$\dot{v}^C = 0 \tag{2.68b}$$

则二阶导数 $\ddot{v} = V_{ij}\dot{Q}_i\dot{Q}_j + V_i\ddot{Q}_i$ (2.69a)

在临界平衡状态 C，将式(2.68b)代入可得

$$\ddot{v}^C = V_{ij}^C\dot{Q}_i^C\dot{Q}_j^C \tag{2.69b}$$

在临界平衡状态，$\ddot{v}^C$ 属于半正定的，因而，需要分析势能增量 v 的更高阶导数，才能判定临界平衡状态的稳定性。

三阶导数 $\dddot{v} = V_{ijk}\dot{Q}_i\dot{Q}_j\dot{Q}_k + 3V_{ij}\ddot{Q}_i\dot{Q}_j + V_i\dddot{Q}_i$ (2.70)

在临界平衡状态 C，利用平衡条件和半正定条件，可得

$$\dddot{v}^C = V_{ijk}^C\dot{Q}_i^C\dot{Q}_j^C\dot{Q}_k^C \tag{2.71}$$

根据式(2.71)，如果 $\dddot{v}^C \neq 0$，则临界平衡状态是不稳定的；如果 $\dddot{v}^C = 0$，则无法由此判定临界平衡状态的稳定性，需要进一步通过 v 的更高阶导数来判定。

为了进一步说明，以下将上述广义参数 s 用式(2.61)所采用的主坐标系中的临界主坐标 u_1 代替，则相应的结构位型增量 u_i 变为

$$u_i = u_i(u_1)$$

主坐标的导数可表示为

$$u_i^{(1)} = \frac{\mathrm{d}u_i}{\mathrm{d}u_1}, u_i^{(2)} = \frac{\mathrm{d}^2 u_i}{\mathrm{d}u_1^2}$$

势能函数沿着临界主坐标的增量可表示为(为了区别起见，此处以 D 代替上面的 V)

$$d(u_1) = D[u_i(u_1), \Lambda^C] - D^C \tag{2.72}$$

同样，将势能增量 $d(u_1)$ 展开为 u_1 的级数

$$d(u_1) = d_1^C u_1 + \frac{1}{2}d_{11}^C u_1^2 + \frac{1}{6}d_{111}^C u_1^3 + \cdots \tag{2.73}$$

其中，$d_1^C = \left.\frac{\mathrm{d}d}{\mathrm{d}u_1}\right|^C$。

一阶导数 $d_1 = D_i u_i^{(1)}$ (2.74a)

在临界平衡状态 C，由平衡条件可知

$$d_1^C = 0 \tag{2.74b}$$

二阶导数 $d_{11} = D_{ij}u_i^{(1)}u_j^{(1)} + D_i u_i^{(2)}$ (2.75a)

在临界平衡状态 C，$D_{11}^C = 0$，则

$$d_{11}^C = \sum_{i=2}^{n} D_{ii}^C (u_i^{(1)C})^2 \tag{2.75b}$$

在临界平衡状态 C，由于 d_{11}^C 半正定，$u_i^{(1)C} = 0\ (i \neq 1)$，同样，需要分析势能增量 $d(u_1)$ 的更高阶导数，来判定临界平衡状态 C 的稳定性。

三阶导数 $d_{111} = D_{ijk}u_i^{(1)}u_j^{(1)}u_k^{(1)} + 3D_{ij}u_i^{(2)}u_j^{(1)} + D_i u_i^{(3)}$ (2.76)

在临界平衡状态 C，利用平衡条件和半正定条件，可得

$$d_{111}^C = D_{111}^C \tag{2.77}$$

根据式(2.77)，如果 $d_{111}^C \neq 0$，则临界平衡状态是不稳定的；如果 $d_{111}^C = 0$，则无法由此判定临界平衡状态的稳定性，同样，需要进一步通过 d 的更高阶导数来判定。

求四阶导数，得到

$$d_{1111}=D_{ijkl}u_i^{(1)}u_j^{(1)}u_k^{(1)}u_l^{(1)}+6D_{ijk}u_i^{(2)}u_j^{(1)}u_k^{(1)}+4D_{ij}u_i^{(3)}u_j^{(1)}+3D_{ij}u_i^{(2)}u_j^{(2)}+D_iu_i^{(4)} \tag{2.78}$$

在临界平衡状态 C，利用平衡条件和半正定条件，可得

$$d_{1111}^C=D_{1111}^C+6\sum_{i=2}^{n}D_{i11}^C u_i^{(2)C}+3\sum_{i=2}^{n}D_{ii}^C(u_i^{(2)C})^2 \tag{2.79a}$$

或

$$d_{1111}^C=D_{1111}^C-3\sum_{i=2}^{n}\frac{(D_{i11}^C)^2}{D_{ii}^C}+3\sum_{i=2}^{n}D_{ii}^C\left[u_i^{(2)C}+\frac{D_{i11}^C}{D_{ii}^C}\right]^2 \tag{2.79b}$$

由上式可看出，d_{1111}^C 是 $n-1$ 个 $u_i^{(2)C}$ $(i\neq1)$的函数。通过求极值可得到，当 $u_i^{(2)C}=-\dfrac{D_{i11}^C}{D_{ii}^C}$ $(i\neq1)$时，d_{1111}^C 有最小值，即

$$\widetilde{D}_{1111}^C=(d_{1111}^C)_{\min}=D_{1111}^C-3\sum_{i=2}^{n}\frac{(D_{i11}^C)^2}{D_{ii}^C} \tag{2.80}$$

根据式(2.80)，如果 $\widetilde{D}_{1111}^C$ 正定，则临界平衡状态 C 是稳定的；如果 $\widetilde{D}_{1111}^C$ 负定，则临界平衡状态 C 是不稳定的；如果 $\widetilde{D}_{1111}^C=0$，则无法由此判定临界平衡状态的稳定性，同样，需要进一步通过 d 的更高阶导数来判定。

(2)结构临界点类型的判定

本节以单临界点为例[11][12]，讨论临界点类型的判定方法。设 $C(Q_i^C,\Lambda^C)$为结构的临界平衡状态位形，在主坐标系 u_i 中，结构的势能函数 D 可表示为

$$D(u_i,\Lambda)\equiv V(Q_i^C+\alpha_{ij}u_j,\Lambda) \tag{2.81}$$

根据势能驻值原理，结构体系平衡方程为

$$D_i(u_i,\Lambda)=0 \tag{2.82}$$

不失一般性，假定 u_1 为结构临界平衡状态 C 的临界主坐标方向(即 $C_1=0$)，而其他坐标方向未进入临界状态[即 $C_i\neq0(i=2,3\cdots n)$]。以 u_1 为独立变量，描述结构位形在临界平衡状态 C 附近邻域的坐标增量 u_i 及相应的荷载参数，即

$$u_i=u_i(u_1),\Lambda=\Lambda(u_1) \tag{2.83}$$

将式(2.83)代入式(2.82)，通过对 u_1 的微分可得到以下平衡方程

$$D_{ii}u_i^{(1)}+D'_i\Lambda^{(1)}\,|^C=0 \tag{2.84}$$

$$D_{ijk}u_j^{(1)}u_k^{(1)}+2D'_{ij}u_j^{(1)}\Lambda^{(1)}+D_{ii}u_i^{(2)}+D''_i(\Lambda^{(1)})^2+D'_i\Lambda^{(2)}\,|^C=0 \tag{2.85}$$

上式中，字母 D 上的撇“$'$”表示对 Λ 的导数；$u_i^{(1)}=\dfrac{du_i}{du_1}$，$u_i^{(2)}=\dfrac{d^2u_i}{du_1^2}$ …，表示广义坐标 $u_i(i=1,2,\cdots,n)$对 u_1 的各阶导数，且 $u_1^{(1)}=1$，$u_1^{(2)}=0$。

为判别临界点的类型，引入稳定行列式，即

$$\Delta(u_k,\Lambda)\equiv|D_{ij}(u_k,\Lambda)| \tag{2.86}$$

稳定行列式的值沿着平衡路径变化，在主坐标 u_1 方向，稳定行列式为

$$\psi(u_1)=\Delta[u_i(u_1),\Lambda(u_1)] \tag{2.87}$$

稳定行列式的导数为

$$\psi^{(1)} = \frac{\mathrm{d}\psi}{\mathrm{d}u_1} = \Delta u_1^{(1)} + \Delta' \Lambda^{(1)} \tag{2.88}$$

在临界平衡状态 C

$$\psi^{(1)C} = (D_{i11} u_1^{(1)} + D'_{11} \Lambda^{(1)}) D_{22} D_{33} \cdots D_{nn} \mid^C \tag{2.89}$$

式(2.89)也可用于测试结构系统平衡路径的稳定性。

①极值点(Limit Point)判定

式(2.84)的含义为结构总势能的二阶导数为 0,表示结构状态为临界平衡状态 C。

当 $D_1'|^C \neq 0$ 时,在临界点 C 处,由于临界状态有 $D_{11}{}^C=0$,而 $D_{ss}{}^C \neq 0(s\neq 1)$,则由式(2.84)可得到

$$\Lambda^{(1)C} = 0$$
$$u_s^{(1)C} = 0 \quad (s \neq 1)$$

将以上结果代入式(2.85)得到

$$\Lambda^{(2)C} = -\frac{D_{111}}{D'_1}\bigg|^C$$

$$u_s^{(2)C} = \frac{D_{111} D'_s - D_{s11} D'_1}{D_{ss} D'_1}\bigg|^C \quad (s \neq 1)$$

且式(2.89)变为

$$\psi^{(1)C} = D_{111} D_{22} D_{33} \cdots D_{nn} \mid^C \tag{2.90}$$

由上式可知,若 $D_{111}\neq 0$,即 $\Lambda^{(2)C}\neq 0$ 而 $\Lambda^{(1)C}=0$,则该临界点 C 为极值点(图 2.10a)),即 $D_i'|^C\neq 0$ 为极值点性态判定条件。在本节的假定条件下(仅一个主坐标方向达到临界状态),通过该极值点的平衡路径只有唯一一条,该平衡路径在极值点的切线与主坐标轴 u_1 平行。

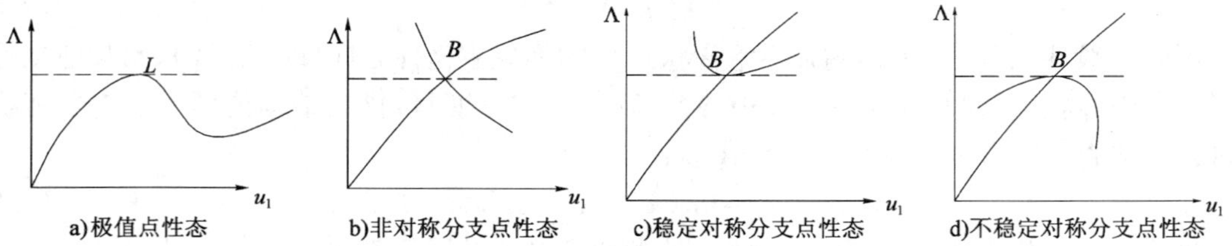

图 2.10　临界点的性态

无论从数学意义上还是实际结构应用上,极值性失稳是结构系统最常见的失稳模式。

②分支点(Bifurcation Point)判定

在临界点 C,当 $D_1'|^C=0$ 时,$D_{11}|^C=0$,$D_{ss}|^C\neq 0(s\neq 1)$,则结构临界平衡状态为分支平衡形态。由式(2.84)可得

$$D_{11} u_1^{(1)} + D'_1 \Lambda^{(1)} \mid^C = 0 \tag{2.91}$$

则,$\Lambda^{(1)C}$任意,即不一定为 0。令 $i=s\neq 1$,由式(2.84)得到

$$u_s^{(1)C} = -\frac{D'_s}{D_{ss}} \Lambda^{(1)} \mid^C \quad (s \neq 1) \tag{2.92}$$

对于 $i=1$,由式(2.85)可得到

$$D_{111}+2\sum_{s=2}^{n}D_{11s}u_s^{(1)}+\sum_{s=2}^{n}\sum_{k=2}^{n}D_{1ks}u_k^{(1)}u_s^{(1)}+2D'_{11}\Lambda^{(1)}+2\Lambda^{(1)}\sum_{s=2}^{n}D'_{1s}u_s^{(1)}+D''_1(\Lambda^{(1)})^2\Big|^C=0 \tag{2.93}$$

将 $u_s^{(1)C}$ 代入上式，得到

$$A(\Lambda^{(1)})^2+B\Lambda^{(1)}+C\big|^C=0 \tag{2.94}$$

其中，

$$\begin{aligned} A&=D''_1-2\sum_{s=2}^{n}\frac{D'_{1s}D'_s}{D_{ss}}+\sum_{s=2}^{n}\sum_{k=2}^{n}\frac{D_{1ks}D_sD_k}{D_{ss}D_{kk}}\Bigg|^C \\ B&=2D'_{11}-2\sum_{s=2}^{n}\frac{D_{11s}D'_s}{D_{ss}}\Bigg|^C \\ C&=D_{111}\big|^C \end{aligned} \tag{2.95}$$

式(2.94)是结构在临界点关于 $\Lambda^{(1)}$ 的二次代数方程，求解该方程，可以得到结构临界状态的分支点及其分支路径。本节仅讨论方程有两个实根的情况(包括 $A=0$ 时的线性解)，即有两条平衡路径相交的分支点。

a. 非对称分支点(Asymmetric Point of Bifurcation)

当系数 $C=D_{111}^C\neq 0$ 时，则 $\Lambda^{(1)}\neq 0$，方程(2.94)的两个根都不为 0，说明经过临界点的两条平衡路径的斜率均不为 0，即分支点无水平切线。这种分支性临界点称为非对称分支点(图 2.10b))。由于 $D_{111}^C\neq 0$，因而，非对称分支点的平衡是不稳定的。

考察其他主坐标 $u_s(s\neq 1)$ 随荷载参数的 Λ 变化，u_s 的参数表达式为

$$u_s(u_1)=u_s[\Lambda(u_1)]$$

上式对 u_1 求导可得，

$$u_s^{(1)}=u'_s\Lambda^{(1)}$$

由于 $\Lambda^{(1)}\neq 0$，则由此可得到其他主坐标平衡路径 $u_s(s\neq 1)$ 在临界点处的切线斜率为

$$u'^{c}_s=\frac{u_s^{(1)}}{\Lambda^{(1)}}\Bigg|^C$$

或根据平衡方程 $D_i=0$，也可得到相应的切线斜率

$$u'^{c}_s=-\frac{D'_s}{D_{ss}}\Bigg|^C$$

b. 对称分支点(Symmetric Point of Bifurcation)

当系数 $C=D_{111}^C=0$ 时，方程(2.94)有一个解 $\Lambda^{(1)C}=0$ 和一个非零解 $\Lambda^{(1)C}\neq 0$，说明经过临界点的一条临界平衡路径在临界点的斜率为零(具有水平切线)，而另一条临界平衡路径在临界点的斜率不为零。这种分支性临界点称为对称分支点。由于 $\Lambda^{(1)C}=0$ 为方程(2.94)的解，由式(2.92)可知，任一非临界主坐标 u_s 经过对称分支点的路径均有水平切线，且临界点的水平切线平行于主坐标 u_1。

对称分支点平衡状态的稳定性，取决于式(2.80) $\widetilde{D}_{1111}^C$ 的性态。如果 $\widetilde{D}_{1111}^C>0$，则分支点平衡状态是稳定的，该分支点为稳定对称分支点(Stable-symmetric Point of Bifurcation)(图 2.10c))；如果 $\widetilde{D}_{1111}^C<0$，则分支点平衡状态是不稳定的，该分支点为不稳定对称分支点(Unstable-symmetric Point of Bifurcation)(图 2.10d))。

需要说明的是，结构在某个自由度方向失稳，在几何上仅表现为该自由度方向的位移失控，而其他自由度方向未必也一定失稳。某个自由度方向的失稳是否导致结构整体失稳，则要

看该失稳自由度的失控位移是否扩散。

2)有限元数值分析方法

(1)结构平衡性态与临界状态的确定

在荷载作用下,结构平衡状态的稳定性态可通过结构切线刚度矩阵的性态来判定,具体判定方法为:

当结构切线刚度矩阵的行列式 det[K_T]>0 时,即结构切线刚度矩阵[K_T]正定,结构系统中的能量 Π 为极小值,则结构平衡状态在任何方向均是稳定的;

当结构切线刚度矩阵的行列式 det[K_T]<0 时,即结构切线刚度矩阵[K_T]负定,结构系统中的能量 Π 为极大值,则结构平衡状态在某个或某些方向是不稳定的;

当结构切线刚度矩阵的行列式 det[K_T]=0 时,即结构切线刚度矩阵[K_T]奇异,结构系统中的能量 Π 达到驻值状态,则结构平衡状态处于临界状态,该临界状态的稳定性,还需要通过[K_T]的微分或特征分析判定。

结构平衡状态的临界点可通过临界点测试函数来确定。当临界点测试函数值为零时,相应的结构平衡点即为临界点,对应的平衡状态即为临界状态。目前有 3 种常用的临界点测试函数,可用于结构非线性整体稳定分析临界状态和临界点的测试与确定。

①结构切线刚度矩阵[K_T]的行列式 det([K_T])

当结构切线刚度矩阵[K_T]的行列式 det([K_T])值等于 0 或[K_T]奇异时,相应的结构平衡点即为临界点,对应的荷载 P 为临界荷载 P_{cr},即

$$\det([K_T]) = 0 \tag{2.96}$$

在结构非线性数值分析中,当荷载步(或荷载大小)远离临界点时,det([K_T])的值将很大,通常只需要根据 det([K_T])的正负号判定是否越过临界点。在 det([K_T])的值接近于 0 或[K_T]接近于病态时,由于数值计算漂移的原因,需要为 det([K_T])=0 设置门槛值或阀值。

②结构切线刚度矩阵[K_T]的特征值 λ_i

当结构切线刚度矩阵[K_T]的特征值 λ_i 使得[K_T]{ϕ_i}={0}满足,则最小特征值 λ_{min} 对应的平衡点即为临界点,对应的荷载 P 为临界荷载 P_{cr},即满足

$$[K_T]\{\phi_i\}=\{0\} \tag{2.97}$$

在结构非线性数值分析中,须提前测试特征值 λ_i,因而计算过程较为费时。

③结构切线刚度矩阵[K_T]的主元 d_{ii}

将结构切线刚度矩阵[K_T]进行对角化分解,当[K_T]的最小主元 d_{ii} 为 0 时,则相应的结构平衡点即为临界点,对应的荷载 P 为临界荷载 P_{cr},即

$$\begin{gathered}[K_T] = [L][D][L]^T \\ [D] = \begin{bmatrix} \ddots & & \\ & d_{ii} & \\ & & \ddots \end{bmatrix} \\ d = \min(d_{ii}) = 0 \end{gathered} \tag{2.98}$$

同样,为求得 $d_{ii}=0$,需要设置门槛值或阀值。

(2)临界点性质的判定

结构非线性有限元增量平衡方程为

$$[K_T]\{\Delta u\} = \{\Delta P\} \tag{2.99}$$

在单参数荷载条件下，可表示为

$$[K_T]\{\Delta u\} = \Delta\lambda\{P_0\} \tag{2.100}$$

其中，$[K_T]$为结构切线刚度矩阵。

结构在临界状态的特征方程为

$$[K_T][\Phi] = [0] \tag{2.101}$$

其中，$[\Phi]$为特征向量组成的矩阵，且

$$[\Phi] = [\{\phi_1\}\{\phi_2\}\cdots\{\phi_n\}]$$

由式(2.101)，可求得结构切线刚度矩阵$[K_T]$的特征值 $\lambda_i(i=1,2\cdots n)$和相应的特征向量$\{\phi_i\}$，且

$$\lambda_1 \leqslant \lambda_2 \leqslant \cdots \leqslant \lambda_i \cdots \leqslant \lambda_n$$

则，$\lambda_{cr}=\lambda_1$为最小临界荷载系数。

由特征向量的性质可知

$$[K_T]\{\phi_i\}=\{0\} \tag{2.102}$$

将式(2.102)转置

$$\{\phi_i\}^T[K_T]=\{0\}^T \tag{2.103}$$

上式右乘$\{\Delta u\}$得到

$$\{\phi_i\}^T[K_T]\{\Delta u\}=0 \tag{2.104}$$

或

$$\Delta\lambda\{\phi_i\}^T\{P_0\}=0 \tag{2.105}$$

式(2.105)中，若$\{\phi_i\}^T\{P_0\}\neq 0$，则 $\Delta\lambda=0$，该临界点为极值点。如果此时$\{\phi_i\}$是该特征方程的唯一特征向量，则该极值点为单极值点；如果符合特征方程(2.102)的$\{\phi_i\}$有多个($\geqslant 2$)，则该极值点为重极值点。

式(2.105)中，若$\{\phi_i\}^T\{P_0\}=0$，则 $\Delta\lambda$ 任意，该临界点为分支点。如果此时$\{\phi_i\}$是该特征方程的唯一特征向量，则该极值点为单分支点；如果符合特征方程(2.102)的$\{\phi_i\}$有多个($\geqslant 2$)，则该极值点为分支点。

(3)临界点的搜索计算方法

目前，结构的非线性数值分析均采用分步线性化增量迭代计算方法，荷载因子增量大小的设定，常受人为因素影响较大。步长过小会导致计算量增加，步长过大可能导致计算不收敛。同时，不合理的步长可能导致计算过程跳过希望求得的临界点，因而，如何保证分析得到的临界点就是最低临界点，如何保障数值分析不遗漏地计算临界点，就需要合理的控制数值计算过程。本节根据结构切线刚度矩阵$[K_T]$的性质以及在分支点与极值点处结构非线性平衡路径的特点[13]，论述在非线性计算过程中临界点的搜索、识别与计算方法。

①结构的临界平衡状态[13]

与 2.3.1 节中 1)类似，考虑一保守结构系统，其总势能为

$$V(\{u\},\lambda) = U(\{u\}) - \lambda B(\{u\}) \tag{2.106}$$

其中，$\{u\}$、λ 为位移向量和荷载因子；U 为变形能；B 为广义挠度，即参考荷载向量所做的功，可表示为

$$B(\{u\}) = \int_V \{\overline{p}\}^{\mathrm{T}}\{u\}\mathrm{d}V + \int_A \{\bar{t}\}^{\mathrm{T}}\{u\}\mathrm{d}A = \{F\}^{\mathrm{T}}\{q\} \tag{2.107}$$

式中，$\{\overline{p}\}$、$\{\bar{t}\}$ 为参考体力和面力；$\{F\}$为对应的荷载向量；$\{q\}$为广义位移。如果$\{F\}$中有 n 个非零元素，亦可引入“平均广义挠度” $b = \dfrac{B}{n\sqrt{\{F\}^{\mathrm{T}}\{F\}}}$，即加载点广义位移的加权平均值，标量 B 或 b 为 λ 的共轭变量度量系统的变形。

若$(\{u\},\lambda)$为平衡路径上的一点，任一运动许可的临界状态$(\{u\}+\{\zeta\},\lambda+\Delta\lambda)$对应的位能增量为 v。将 v 对附加位移 ζ 展开，有

$$v = v_2(\{\zeta\},\lambda) - \Delta\lambda B(\{\zeta\}) + O(\{\zeta\}^3,\{\zeta\}^2,\Delta\lambda) \tag{2.108}$$

式中，v_2为 v 的二阶变分，可用切线刚度矩阵表示为 $v_2(\{\zeta\},\lambda)=\{\Delta q\}^{\mathrm{T}}[K_{\mathrm{T}}]\{\Delta q\}$。

由上节论述可知，平衡状态$(\{u\},\lambda)$稳定的充分条件是 v_2正定；临界点的充要条件是 v_2半正定，即存在$\{\zeta_1\}$(对应的广义位移$\{q_1\}$)，使

$$v_2(\{\zeta_I\},\lambda_{\mathrm{cr}}) = \{q_I\}^{\mathrm{T}}[K_{\mathrm{T}}]\{q_I\} = \min = 0\ (I=1\cdots M) \tag{2.109}$$

式中，λ_{cr}为临界荷载因子，$\{q_I\}$为特征向量。

本节仅讨论单模态($M=1$)屈曲的情况。由式(2.109)可得到 $\det([K_{\mathrm{T}}])=0$，若$(\{u\},\lambda_{\mathrm{cr}})$是临界点，由式(2.108)可得该点附近的平衡条件为

$$\delta(v)\big|_{\zeta\to0,\Delta\lambda\to0} = p_{II}(\{\delta u\},\{\zeta\}) - \mathrm{d}\lambda B(\{\delta u\}) = 0 \tag{2.110}$$

其中，p_{II}为 v_2的双线性形式。

令式(2.110)中$\{\delta u\}=\zeta_I$，注意到 $\delta v_2 = p_{II}(\zeta_I,\delta u)\big|_{\delta u=\zeta} = 0$，所以在临界点处有

$$\mathrm{d}\lambda B(\zeta_1) = 0 \tag{2.111}$$

式(2.111)给出分支点与极值点的判定方法：

若下式(2.112)的条件满足，则临界点为分支点

$$B(\zeta_I) = \{F\}^{\mathrm{T}}\{q_I\} = 0, \mathrm{d}\lambda \neq 0 \tag{2.112}$$

若下式(2.113)的条件满足，则临界点为极值点

$$B(\zeta_I) = \{F\}^{\mathrm{T}}\{q_I\} \neq 0, \mathrm{d}\lambda = 0 \tag{2.113}$$

采用式(2.112)、式(2.113)识别分支点和极值点时，由于数值计算的特点，应避免求解精确的特征向量，以便于应用。

②分支点和极值点的识别[13]

在结构非线性平衡路径跟踪计算中，在每一增量步之初首先形成切线刚度阵$[K_{\mathrm{T}}]$，然后进行三角化分解$[K_{\mathrm{T}}]=[L][D][L]^{\mathrm{T}}$，则$[K_{\mathrm{T}}]$的性质取决于对角阵$[D]$。通常可通过观察$[D]$的元素 D_{ii} $(i=1,2\cdots n)$符号变化，确定平衡状态的稳定性和搜索临界点。若在本荷载步所有的 $D_{ii}>0$，则$[K_{\mathrm{T}}]$(即 v_2)正定，则该平衡点为稳定平衡；若在本荷载步至少有一个 $D_{ii}=0$，其余均大于 0，则$[K_{\mathrm{T}}]$(即 v_2)半正定，则该平衡点为临界点；若在本荷载步至少存在一个 $D_{ii}<0$，则该平衡点为不稳定平衡。

在数值计算中，无法预先将所计算的荷载步正好设定为临界点，因此，临界点通常需要采用特殊的数值计算技术搜索确定。一般说来，如果在两个相邻的荷载步，矩阵$[D]$的元素从全正变为至少有一个负值，则两个荷载步间必然存在临界点或奇异点，利用 $\det([K_{\mathrm{T}}])$插值可以搜索确定临界点近似值。

在 λ-B 空间中，极值点处 $\mathrm{d}\lambda=0$，分支点处 $\mathrm{d}\lambda\neq0$。根据结构屈曲平衡路径的这一特点，通常综合考虑图 2.11 中的几种可能情况，可按以下方法较方便的识别临界点的类型。

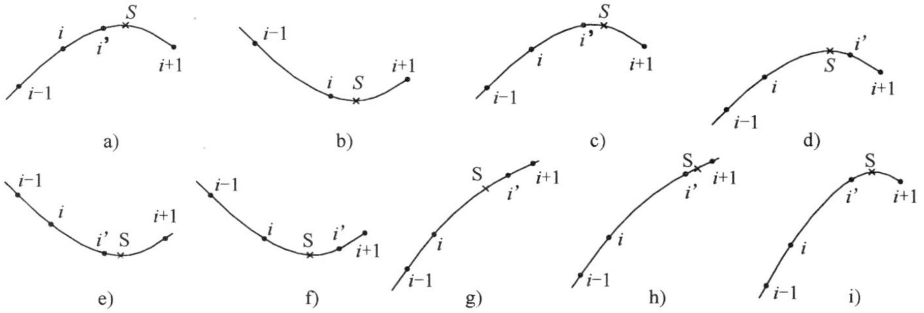

图 2.11　极值点与分支点的识别

设非线性增量迭代分析过程中，存在两个相邻的荷载步(或计算点)i、$i+1$，已知第 i 步和 $i+1$ 步之间存在未知的临界(或奇异)点 S，则局部路径各种可能的形态如图 2.11 所示，令

$$\Delta\lambda_{i-1}=\lambda_i-\lambda_{i-1},\Delta\lambda_i=\lambda_{i+1}-\lambda_i \tag{2.114}$$

若 $\Delta\lambda_{i+1}\cdot\Delta\lambda_i\leqslant0$，则 S 为极值点(图 2.11a)、图 2.11b))；

若 $\Delta\lambda_{i+1}\cdot\Delta\lambda_i>0$，则有形态 c)到形态 i)的多种可能，此时，可以在点 i 和点 $i+1$ 之间靠近点 $i+1$ 处，增加一个新的计算点 i'，且令 $\Delta\lambda_{i'}=\lambda_{i'}-\lambda_i$。为了准确反映 S 点附近 λ-B 曲线斜率的变化，点 i'应尽量接近点 i-1。

若 $|\Delta\lambda_{i'}|\geqslant|\Delta\lambda_i|$，则 S 为极值点(图 2.11c)～图 2.11f))；

若 $|\Delta\lambda_{i'}|\leqslant|\Delta\lambda_i|$，而且 i'点矩阵[D]存在负元素，则 i'位于不稳定上升路径，S 为分支点(图 2.11g))；

若 $|\Delta\lambda_{i'}|\leqslant|\Delta\lambda_i|$，而且 i'点[D]矩阵元素皆正，即 i'位于稳定路径，此时，根据 i'到 $i+1$ 间割线斜率与 i 到 i'间割线斜率的变化，可识别分支点和极值点，即

若 $k=\dfrac{\dfrac{\lambda_{i+1}-\lambda_{i'}}{B_{i+1}-B_{i'}}}{\dfrac{\lambda_{i'}-\lambda_i}{B_{i'}-B_i}}<<1$，则 S 为极值点(图 2.11i))；

若 $k\approx1$，则 S 为分支点(图中 2.11h))。

③初始临界点(分支点、极值点)的判定[13]

在结构非线性屈曲平衡路径上，如果有两个相邻的临界点(分支点或极值点)相距较近，或者屈曲路径在临界点前后的走向相似，则数值分析计算过程很有可能遗漏某个临界点(特别是第一临界点)。如果这个漏掉的临界点是初始临界点，会人为导致对结构稳定承载能力的误判，有时甚至会出现安全方面的失误。因此，确认初始临界点尤为重要。

在非线性屈曲平衡路径跟踪计算过程中，当越过临界点时，无论是分支点还是极值点，刚度矩阵的特性都会发生变化，如果是分支点，则[K_{T}]的导数的行列式$|[K_{\mathrm{T}}]'|$会发生变号；如果是极值点，则[K_{T}]的行列式$|[K_{\mathrm{T}}]|$会变号。令

$$|K'|=|[K_{\mathrm{T}}]'|$$

$$|[K_{\mathrm{T}i}]|=\frac{|[K_i]|-|[K_{i-1}]|}{w_i-w_{i-1}}$$

$$|K''| = |[K_T]''|$$

其中，w_i、w_{i-1}分别为第 i 荷载步和 $i-1$ 荷载步该平衡路径方向的位移。

由以上关系式可推得

$$\begin{aligned}|K'_{Ti}| &= \frac{|K'_i| - |K'_{i-1}|}{w_i - w_{i-1}} \\ &= \frac{1}{\Delta w_i}\left(\frac{|K_i| - |K_{i-1}|}{w_i - w_{i-1}} - \frac{|K_{i-1}| - |K_{i-2}|}{w_{i-1} - w_{i-2}}\right) \\ &= \frac{1}{\Delta w_i}(|K_{Ti}| - |K_{Ti-1}|)\end{aligned} \tag{2.115}$$

根据上式，可以如下判断临界点：

若在平衡路径的屈曲前阶段，满足 $|K_{T0}|\cdot|K_{Ti}|>0$，而当荷载增加到 $|K_{T0}|\cdot|K_{Ti}|=0$ 时出现临界点，则此临界点为极值点。若再增加荷载，有 $|K_{T0}|\cdot|K_{Ti}|<0$，则平衡路径已跳跃过极值点。

若在平衡路径的屈曲前阶段，满足 $|K'_{T0}|\cdot|K'_{Ti}|>0$，而当荷载增加到 $|K'_{T0}|\cdot|K'_{Ti}|=0$ 时出现临界点，则此临界点为分支点。若再增加荷载，有 $|K'_{T0}|\cdot|K'_{Ti}|<0$，则平衡路径已跳跃过分支点。

从以上论述可以看出，只要计算过程每次跳跃过临界点，结构切线刚度矩阵及其导数的特性就会发生变化。因此，只要在计算过程中随时观察结构切线刚度矩阵及其导数的性态，就不会遗漏临界点，特别是不会遗漏初始临界点。

2.3.2 结构非线性屈曲平衡路径全过程跟踪的数值计算方法

1)结构非线性平衡方程

根据势能原理，可得到结构在任一时刻 t 的非线性平衡方程为

$$\{R\}_t - \{F\}_t = 0 \tag{2.116}$$

其中，$\{R\}_t$为外荷载向量；$\{F\}_t$为内力向量。

在 $t+\Delta t$ 时刻，当外荷载增加(或有残余力)时，系统将不再保持不平衡，则相应的增量平衡方程为

$$[K_T]_{t+\Delta t}\{\Delta u\}_{t+\Delta t} = \{\Delta P\}_{t+\Delta t} \tag{2.117}$$

此时，外荷载增量为

$$\{\Delta P\}_{t+\Delta t} = \{R\}_{t+\Delta t} - \{F\}_t$$

或称为残余力向量

$$\{\psi\}_{t+\Delta t} = \{\Delta P\}_{t+\Delta t} = \{R\}_{t+\Delta t} - \{F\}_t$$

式中，$[K_T]_{t+\Delta t}$、$\{\Delta u\}_{t+\Delta t}$、$\{\Delta P\}_{t+\Delta t}$分别为结构在 $t+\Delta t$ 时刻的切线刚度矩阵、节点位移向量增量、节点荷载向量增量。

式(2.117)是一组非线性方程，其中切线刚度矩阵$[K_T]_{t+\Delta t}$与节点位移相关，需采用增量迭代法求解，获得结构非线性屈曲平衡路径。

在结构静力非线性增量迭代求解过程中，常以荷载增量步 i 代替时刻 $t+\Delta t$，则相应的迭代求解增量平衡方程为

$$[K_T]_i\{\Delta u\}_i = \{\Delta P\}_i \tag{2.118a}$$

或

$$[K_T]_i\{\Delta u\}_i = \{\Delta P\}_i = \{R\}_i - \{F\}_{i-1} = \{\psi\}_i \tag{2.118b}$$

对于单荷载参数比例加载结构系统，上式可写为

$$[K_T]_i\{\Delta u\}_i = \lambda_i\{P_0\} - \{F\}_{i-1} = \Delta\lambda_i\{P_0\} \tag{2.119}$$

式中，$\{P_0\}$为参考荷载向量，是外荷载的模式向量；$\Delta\lambda_i$为第 i 次荷载增量因子。

2)结构非线性分析的增量迭代计算方法

目前，结构大位移非线性增量平衡方程的求解方法，均采用增量迭代方法，大多以牛顿-拉夫森(Newton-Raphson)法或修正的牛顿-拉夫森法为基本方法，通过设定不同的增量迭代计算过程控制参数，达到满意的计算精度、收敛速度，并求得结构平衡路径曲线上一系列离散的平衡点。

早期采用的牛顿-拉夫森法或修正的牛顿-拉夫森法，以控制荷载增量步长的大小来控制非线性迭代求解过程，这种方法在结构平衡路径为线性或接近于线性时，计算效率和效果均很好。但当结构平衡路径非线性较强，特别是结构平衡路径具有极值点时，在极值点附近，结构切线刚度矩阵可能出现病态或奇异，将导致计算过程不收敛或发散。另外，如果需要跟踪结构的后屈曲平衡路径，牛顿-拉夫森法也无法实现。历史上曾有很多学者对牛顿-拉夫森法进行改进研究，提出了很多改进计算方法，如人工弹簧法、位移控制法、当前刚度参数法、弧长法等，但目前最为有效的方法是采用弧长参数控制迭代过程的牛顿-拉夫森增量法。在弧长控制法中，引入结构非线性屈曲平衡路径的广义弧长为迭代计算过程的控制参数，而将荷载因子参数作为变量。为此，增加一个弧长约束方程，以保证荷载-位移的 $n+1$ 维方程组可解，且能有效跟踪计算结构的后屈曲平衡路径。

3)结构非线性平衡路径跟踪的弧长法

由于在弧长法中，荷载因子参数为变量，因此，弧长法的关键是如何确定增量迭代计算过程中荷载增量与弧长增量间的关系，以求得每个荷载增量步的合理步长以及迭代过程中荷载因子的修正方法，保证迭代计算过程收敛，且可跟踪计算结构的后屈曲平衡路径。

在结构非线性有限元法增量迭代求解过程中，包含残余力向量的增量方程为[1]

$$[K_T]_i\{\Delta u\}_i^{(j)} = \{\Delta P\}_i^{(j)} + \{R\}_i^{(j-1)} \tag{2.120}$$

式中，i 为第 i 次荷载增量步；$j-1$ 和 j 为在第 i 荷载增量步中的迭代次数；$\{\Delta P\}_i^{(j)}$为第 j 次迭代时的荷载增量；$\{R\}_i^{(j-1)}$为第 j 次迭代开始时的残余力向量；$[K_T]_i$为第 i 次荷载增量步开始时也即第 $i-1$ 次荷载增量步计算结束时的结构切线刚度矩阵；$\{\Delta u\}_i^{(j)}$为节点位移向量在第 j 次迭代时相对于第 $j-1$ 次的增量。

若作用于结构上的荷载为单参数比例荷载，则式(2.120)可改写为

$$[K_T]_i\{\Delta u\}_i^{(j)} = \Delta\lambda_i^{(j)}\{P_0\} + \{R\}_i^{(j-1)} \tag{2.121}$$

式中，$\{P_0\}$为参考荷载向量，是外荷载的模式向量；$\Delta\lambda_i^{(j)}$为第 j 次迭代时的荷载因子增量(见图 2.12)。

由式(2.121)，可求得第 i 次荷载增量步第 j 次迭代时的位移向量增量为

$$\{\Delta u\}_i^{(j)}=\Delta\lambda_i^{(j)}\{\Delta u^{\mathrm{I}}\}_i+\{\Delta u^{\mathrm{II}}\}_i^{(j)} \tag{2.122}$$

式中，

$$\left.\begin{aligned}\{\Delta u^{\mathrm{I}}\}_i&=[K_{\mathrm{T}}]_i^{-1}\{P_0\}\\ \{\Delta u^{\mathrm{II}}\}_i^{(j)}&=[K_{\mathrm{T}}]_i^{-1}\{R\}_i^{(j-1)}\end{aligned}\right\} \tag{2.123}$$

在任一次荷载增量步 i 中，第 j 次迭代后的本荷载增量步内位移增量总和及相应的荷载因子增量总和可分别表示为

$$\{u\}_i^{(j)}=\{u\}_i^{(j-1)}+\{\Delta u\}_i^{(j)}=\sum_{k=1}^{j}\{\Delta u\}_i^{(k)} \tag{2.124}$$

$$\lambda_i^{(j)}=\lambda_i^{(j-1)}+\Delta\lambda_i^{(j)}=\sum_{k=1}^{j}\Delta\lambda_i^{(k)} \tag{2.125}$$

其几何意义详见图 2.12 所示。

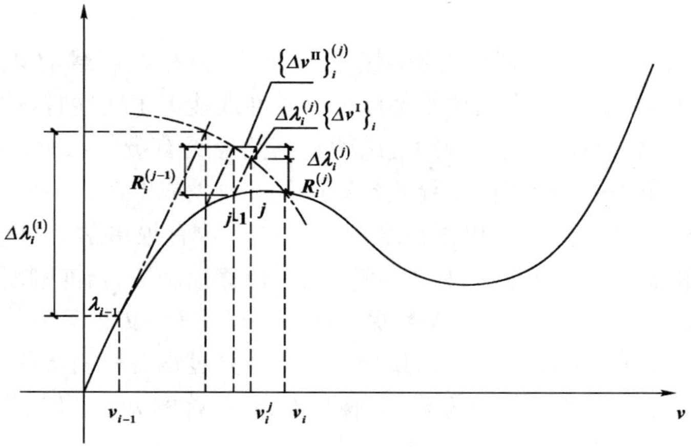

图 2.12 弧长法控制迭代过程示意图

在弧长法中，主要有三种描述广义弧长与节点位移、荷载因子间关系的方程，分别为球面方程、柱面方程、椭球面方程，该方程即为弧长法的约束方程。相应的弧长控制方法分别称为球面弧长法、柱面弧长法和椭球面弧长法。三种方法的约束方程分别为

球面弧长法

$$\{u\}_i^{(j)\mathrm{T}}\{u\}_i^{(j)}+(\lambda_i^{(j)})^2=\Delta l_i^2 \tag{2.126a}$$

柱面弧长法

$$\{u\}_i^{(j)\mathrm{T}}\{u\}_i^{(j)}=\Delta l_i^2 \tag{2.126b}$$

椭球面弧长法

$$\{u\}_i^{(j)\mathrm{T}}\{u\}_i^{(j)}+S_{Pi}(\lambda_i^{(j)})^2=\Delta l_i^2 \tag{2.126c}$$

合起来可表示为

$$\{u\}_i^{(j)\mathrm{T}}\{u\}_i^{(j)}+\eta(\lambda_i^{(j)})^2=\Delta l_i^2 \tag{2.126d}$$

$$\eta=\begin{cases}1 & \text{球面法}\\ 0 & \text{柱面法}\\ S_{Pi} & \text{椭球面法}\end{cases}$$

式中，$\{u\}_i^{(j)}$、$\lambda_i^{(j)}$ 分别为第 i 荷载增量步内直到第 j 次迭代后的位移增量及荷载因子增量

总和；Δl_i为第 i 荷载增量步的弧长参数增量；S_{Pi}为当前刚度参数，根据定义，有

$$S_{Pi}=\frac{S_{Pi}^*}{S_{P1}^*} \tag{2.127}$$

式中，S_{P1}^*和 S_{Pi}^*分别为结构在第 1 荷载步和第 i 荷载步的刚度，且

$$S_{P1}^*=\frac{\|\{P\}_1\|^2}{\{u\}_1^{\mathrm{T}}\{P\}_1} \tag{2.128}$$

$$S_{Pi}^*=\frac{\|\{P\}_i^{(j)}\|^2}{\{u\}_i^{(j)\mathrm{T}}\{P\}_i^{(j)}} \tag{2.129}$$

将式(2.122)、式(2.124)和式(2.125)代入式(2.126d)，就可求得弧长法中的关键参数第 i 荷载增量步第 j 迭代次的荷载因子增量 $\Delta\lambda_i^{(j)}$ 为

$$\Delta\lambda_i^{(j)}=\frac{-B\pm\sqrt{B^2-4AC}}{2A} \tag{2.130}$$

式中，

$$\left.\begin{aligned}
A&=\{\Delta u^{\mathrm{I}}\}_i{}^{\mathrm{T}}\{\Delta u^{\mathrm{I}}\}_i+\eta\\
B&=2[(\{\Delta u^{\mathrm{II}}\}_i^{(j)}+\{u\}_i^{(j-1)})^{\mathrm{T}}\{\Delta u^{\mathrm{I}}\}_i+\eta\lambda_i^{(j-1)}]\\
C&=(\{u\}_i^{(j-1)}+\{\Delta u^{\mathrm{II}}\}_i^{(j)})^{\mathrm{T}}(\{u\}_i^{(j-1)}+\{\Delta u^{\mathrm{II}}\}_i^{(j)})+\eta(\lambda_i^{(j-1)})^2-\Delta l_i^2
\end{aligned}\right\} \tag{2.131}$$

式(2.130)若出现虚根，则应减小弧长 Δl_i重新计算；若 $\Delta\lambda_i^{(j)}$为两个不相等的实根，则选取使$\{u\}_i^{(j)}$与$\{u\}_i{}^{(j-1)}$的夹角为最小锐角者。

在每一新的荷载增量步 i 的开始，增量弧长 Δl_i由下式计算

$$\Delta l_i=\sqrt{\frac{N_1}{N_2}}\Delta l_{i-1} \tag{2.132}$$

其中，N_2、N_1分别为预先指定的迭代收敛时的期望迭代次数和上步收敛时的迭代次数。

在初始增量步($i=1$)，初始弧长参数为

$$\Delta l_1=\sqrt{\{\Delta u^{I}\}_1^{\mathrm{T}}\{\Delta u^{\mathrm{I}}\}_1+\eta\Delta\lambda_1^2} \tag{2.133}$$

式中，$\Delta\lambda_1$为初始设定的荷载因子增量；$\{\Delta u^{\mathrm{I}}\}_1$由式(2.123)的第一式确定。

在每一荷载增量步 i 中，第一次($j=1$)迭代时荷载因子增量 $\Delta\lambda_i^{(1)}$ 为

$$\Delta\lambda_i^{(1)}=\frac{\pm\Delta l_i}{\sqrt{\{\Delta v^{\mathrm{I}}\}_i^{\mathrm{T}}\{\Delta v^{\mathrm{I}}\}_i+\eta}} \tag{2.134}$$

式中，正负号表明结构处于加载或卸载状态，与结构切线刚度矩阵$[K_{\mathrm{T}}]_i$的性态有关。

通常采用当前刚度参数 $S_{\mathrm{P}i}$来确定$\Delta\lambda_i^{(1)}$的正负号，即 $\Delta\lambda_i{}^{(1)}$与 $S_{\mathrm{P}i}$同号；当 $S_{\mathrm{P}i}=0$ 时，说明计算点位于曲线的峰点或谷点，则由 $S_{\mathrm{P}i-1}$判断，若 $S_{\mathrm{P}i-1}$为正，则 $\Delta\lambda_i^{(1)}$取负，反之取正。

4）结构非线性分析增量迭代计算步骤

在结构大位移非线性分析增量迭代计算的每一次增量过程中，需经过多次迭代，才能求得结构荷载-位移曲线上的一个平衡点。计算经验表明，跟踪计算屈曲前平衡路径时，采用沿法平面方向迭代的弧长法即可，若要跟踪计算后屈曲平衡路径，特别是跟踪计算有回退跳跃(Snap-back)现象的平衡路径的下降段（当结构承载曲线在下降段时，尽管有杆件退出工作，但结构仍几何不变），则需采用沿球面（或柱面）迭代的弧长法控制迭代过程。

采用弧长法进行增量迭代求解的主要步骤如下：

(1)赋初值

选择初始荷载向量即参数荷载向量$\{P_0\}$和初始荷载因子增量$\lambda_1=\Delta\lambda_1^{(1)}$,一般可取$\Delta\lambda_1^{(1)}=1.0$。

(2)计算初始位移增量$\{\Delta u\}_1$和初始弧长因子增量Δl_1

$$\{\Delta u\}_1=[K_\mathrm{T}]_1^{-1}\Delta\lambda^{(1)}\{P_0\}$$

$$\Delta l_1=\sqrt{\{\Delta u\}_1^\mathrm{T}\cdot\{\Delta u\}_1+(\Delta\lambda_1^{(1)})^2}$$

式中,$[K_\mathrm{T}]_1$为初始切线总刚矩阵,在第一级荷载时($i=1$)的总刚矩阵,$[K_\mathrm{T}]_1$通常为线性刚度矩阵。然后转步(4)。

(3)计算第i荷载增量步的第一次($j=1$)迭代位移增量及荷载因子增量

$$\{\Delta u^\mathrm{I}\}_i=[K_\mathrm{T}]_i^{-1}\{P_0\}$$

$$\Delta\lambda_i^{(1)}=\frac{\pm\Delta l_i}{\sqrt{1+\{\Delta u^\mathrm{I}\}_i^\mathrm{T}\{\Delta u^\mathrm{I}\}_i}}$$

$$\{\Delta u\}_i^{(1)}=\Delta\lambda_i^{(1)}\{\Delta u^\mathrm{I}\}_i$$

(4)求第i荷载步第一次迭代步时的荷载向量$\{P\}_i^{(1)}$和位移向量$\{u\}_i^{(1)}$

$$\{P\}_i^{(1)}=\{P\}_{i-1}+\Delta\lambda_i^{(1)}\{P_0\}$$

$$\{u\}_i^{(1)}=\{u\}_{i-1}+\{\Delta u\}_i^{(1)}$$

当$i=1$时,$\{P\}_{i-1}=\{u\}_{i-1}=0$。

(5)由位移向量$\{u\}_i^{(1)}$,计算修正切线刚度矩阵$[K_\mathrm{T}]_i$

(6)求第i荷载步第j次迭代步时的位移增量$\{\Delta u^\mathrm{I}\}_i^{(j)}$和$\{\Delta u^\mathrm{II}\}_i^{(j)}$

$$\{\Delta u^\mathrm{I}\}_i^{(j)}=[K_\mathrm{T}]_i^{-1}\cdot\{P_0\}$$

$$\{\Delta u^\mathrm{II}\}_i^{(j)}=[K_\mathrm{T}]_i^{-1}\cdot\{R\}_i^{(j-1)}$$

(7)求第i荷载步第j次迭代步的荷载增量因子$\Delta\lambda_i^{(j)}$

①沿法平面迭代

$$\Delta\lambda_i^{(j)}=-\frac{\{\Delta u\}_i^{(1)\mathrm{T}}\cdot\{\Delta u^\mathrm{II}\}_i^{(j)}}{\{\Delta u\}_i^{(1)\mathrm{T}}\cdot\{\Delta u^\mathrm{I}\}_i^{(j)}+\Delta\lambda_i^{(1)}}=-\frac{\{\Delta u^\mathrm{I}\}_i^{(j)\mathrm{T}}\cdot\{\Delta u^\mathrm{II}\}_i^{(j)}}{1+\{\Delta u^\mathrm{I}\}_i^\mathrm{T}\cdot\{\Delta u^\mathrm{I}\}_i}$$

②沿球面迭代

$$\Delta\lambda_i^{(j)}=\frac{-B\pm\sqrt{B^2-4AC}}{2A}$$

式中,

$$A=\{\Delta u^\mathrm{I}\}_i^{(j)\mathrm{T}}\{\Delta u^\mathrm{I}\}_i^{(j)}$$

$$B=2[(\{\Delta u^\mathrm{II}\}_i^{(j)}+\{u\}_i^{(j-1)})^\mathrm{T}\{\Delta u^\mathrm{I}\}_i^{(j)}]$$

$$C=(\{u\}_i^{(j-1)}+\{\Delta u^\mathrm{II}\}_i^{(j)})^\mathrm{T}(\{u\}_i^{(j-1)}+\{\Delta u^\mathrm{II}\}_i^{(j)})-\Delta l_i^2$$

(8)第j迭代步时位移向量$\{u\}_i^{(j)}$和荷载向量$\{P\}_i^{(j)}$

$$\{\Delta u\}_i^{(j)}=\Delta\lambda_i^{(j)}\{\Delta u^\mathrm{I}\}^{(j)}+\{\Delta u^\mathrm{II}\}^{(j)}$$

$$\{u\}_i^{(j)}=\{u\}_i^{(j-1)}+\{\Delta u\}^{(j)}$$

$$\{P\}_i^{(j)}=\{P\}_i^{(j-1)}+\Delta\lambda_i^{(j)}\{P_0\}$$

(9)求各节点不平衡力

$$\{R\}_i^{(j)}=\{P\}_i^{(j)}-[K_\mathrm{P}]_i\cdot\{u\}_i^{(j)}$$

(10)迭代过程收敛判断

当结构分析为弹性几何非线性分析时，通常以残余力向量的模 $\delta=\dfrac{\|\{R\}_i^{(j)}\|}{\|\Delta\lambda_i^{(1)}\{P_0\}\|}$ 控制迭代过程的收敛；当结构分析为弹塑性非线性分析时，通常以内力功 $\delta=\dfrac{\|\{\Delta u\}_i^{(j)\mathrm{T}}\{R\}_i^{(j)}\|}{\|\{\Delta u\}_i^{(1)\mathrm{T}}\Delta\lambda_i^{(1)}\{P_0\}\|}$ 控制迭代过程的收敛。

即当 $\delta>\varepsilon$（允许的精度要求，常取 10^{-3}）时，表明未收敛，进入第 $j+1$ 步，转(7)继续迭代；当 $\delta\leqslant\varepsilon$ 时，表明已收敛，且可得

$$\{P\}_i=\{P\}_i^j,\{u\}_i=\{u\}_i^{(j)}$$

随后进入第 $i+1$ 荷载步，求 $[K_\mathrm{T}]_{i+1}$，且令 $\Delta l_{i+1}=\Delta l_i\sqrt{\dfrac{n_i}{n_0}}$，转第(3)步计算下一级荷载 $\{P\}_{i+1}^{(1)}$ 及对应的 $\{u\}_{i+1}^{(1)}$。

(11)在第(10)步中，当第 i 荷载步的迭代次数 j 超过某限值时，如 $j\geqslant N_{\max}$，一般取 $N_{\max}=$ 50 次，若不收敛，则可用 $n_\mathrm{k}=\sqrt{\dfrac{N_1}{N_2}}$（当 $n_\mathrm{k}>1$ 时，取 $n_\mathrm{k}=\dfrac{1}{n_\mathrm{k}}$）乘以 Δl_i 来修正弧长，重新转第(3)步计算（N_1 为上次收敛时迭代次数，N_2 为预定迭代次数）。

通过连续增量迭代运算，可得出结构荷载-位移曲线上的一系列平衡点。

5)求解结构非线性屈曲平衡路径上预定荷载点的弧长法

普通弧长控制迭代技术，可求得结构屈曲平衡路径上一系列平衡点，但不能求得结构在某一预先给定荷载水平的变形及应力状态，而预定荷载水平的获得往往是设计或研究中非常需要甚至必要的数据。为此，利用“广义弧长”概念，通过控制弧长参数增量的方法，获取预定荷载水平的数值解[1]。

定义广义弧长为

$$l=\sum_{k=1}^{i}\Delta l_k \tag{2.135}$$

式中，Δl_k 为第 k 荷载增量步的弧长增量，而广义弧长 l 是荷载参数 λ 的非线性函数，即

$$l=l(\lambda) \tag{2.136}$$

设 $\lambda=\lambda_\mathrm{s}$ 为预先指定需要求得的预定荷载水平，在 $\lambda<\lambda_\mathrm{s}$ 之前，增量迭代求解可按常规弧长法进行，若已求得 λ_i，且 $\lambda_i<\lambda_\mathrm{s}$ 但 λ_i 接近 λ_s，为了求得 $\lambda=\lambda_\mathrm{s}$ 这一预定荷载水平，将式(2.136)中的 $l=l_\mathrm{s}(\lambda_\mathrm{s})$ 在 $\lambda=\lambda_i$ 点附近展开

$$l_\mathrm{s}=l_\mathrm{s}(\lambda_\mathrm{s})=l_\mathrm{s}(\lambda_i+\Delta\lambda_\mathrm{s})=l_i+\frac{\mathrm{d}l_i}{\mathrm{d}\lambda_i}\Delta\lambda_\mathrm{s}+\frac{1}{2!}\frac{\mathrm{d}^2l_i}{\mathrm{d}\lambda_i^2}\Delta\lambda_\mathrm{s}^2+\cdots \tag{2.137}$$

式中，

$$\Delta\lambda_\mathrm{s}=\lambda_\mathrm{s}-\lambda_i \tag{2.138}$$

忽略式(2.137)中关于 $\Delta\lambda_\mathrm{s}$ 的二次以上项，可得由 $\lambda=\lambda_i$ 迭代收敛到 $\lambda=\lambda_\mathrm{s}$ 的弧长增量 Δl_s 为

$$\Delta l_\mathrm{s}=l_\mathrm{s}-l_i\approx\frac{\mathrm{d}l_i}{\mathrm{d}\lambda_i}\Delta\lambda_\mathrm{s}+\frac{1}{2}\frac{\mathrm{d}^2l_i}{\mathrm{d}\lambda_i^2}\Delta\lambda_\mathrm{s}^2 \tag{2.139}$$

上式即为从已知点 λ_i 迭代收敛到预定荷载水平 λ_s 所需的弧长增量。其中的导数难以求解，可用差分的方法近似求解，即

$$\frac{\mathrm{d}l_i}{\mathrm{d}\lambda_i}=\frac{l_i-l_{i-1}}{\lambda_i-\lambda_{i-1}}=\frac{\Delta l_i}{\Delta\lambda_i} \tag{2.140}$$

$$\frac{\mathrm{d}^2 l_i}{\mathrm{d}\lambda_i^2}=\frac{\dfrac{\mathrm{d}l_i}{\mathrm{d}\lambda_i}-\dfrac{\mathrm{d}l_{i-1}}{\mathrm{d}\lambda_{i-1}}}{d\lambda_i}=\left(\frac{\Delta l_i}{\Delta\lambda_i}-\frac{\Delta l_{i-1}}{\Delta\lambda_{i-1}}\right)\frac{1}{\Delta\lambda_i} \tag{2.141}$$

在增量迭代求解中，预定荷载水平 λ_s 的求解，往往需要 2～3 次反复应用以上公式，才能收敛到精确值。

2.4 钢结构的缺陷敏感性

2.4.1 钢结构缺陷的成因和类型

任何结构系统在施工完成后都不可避免地存在各种各样的缺陷，这种缺陷常称为初始缺陷。结构系统中初始缺陷的存在将可能改变结构在临界平衡点的稳定性态，甚至显著影响结构的稳定性承载能力。特别是大跨度刚性空间钢结构如单层网壳结构或连续薄壳结构，其整体稳定性态及稳定承载能力常常对缺陷是非常敏感的。因此，结构的整体稳定性分析必须合理且完备的考虑和模拟最不利缺陷的影响。

钢结构体系的初始缺陷主要来自于钢材材料的冶炼与辊轧、钢构件的加工制作、结构构件的安装以及维护结构与辅助设备的安装，钢结构的主要初始缺陷可分为以下几类：

(1)材料缺陷

钢材材料缺陷，在材料的冶炼与辊轧及构件加工过程中产生，主要包括夹渣、裂纹、分层、缩孔以及冷作硬化等。

(2)几何缺陷

钢结构的几何缺陷，在构件制作、结构安装过程中产生，主要包括杆件初弯曲、杆件截面畸变、节点连接偏心、结构节点几何坐标偏差或结构几何形状偏差等。

(3)物理缺陷

钢结构的物理缺陷，在构件制作、结构安装过程中产生，主要包括由于焊接、矫形、强迫就位安装等在构件中形成的残余应力，以及支座构造安装中所形成的边界约束缺陷。

(4)荷载缺陷

荷载缺陷是实际作用荷载与理论设计荷载间的差异，主要包括荷载作用位置、分布模式和数值大小等。

关于钢结构体系初始缺陷更多更详细的描述，可参见参考文献[5]。

2.4.2 初始几何缺陷对钢结构整体稳定性态的影响

初始缺陷的存在，使得实际结构不再是理论设计的理想完善结构，而是一种有缺陷的结构。有缺陷结构的整体稳定性态和完善结构稳定性态间存在着某种规律性的联系，这种规律性的关系，既与完善结构本身的稳定性态有关，又与初始缺陷的模式或分布有关。

假设结构中的初始缺陷可用一个参数 ε 来表示，则一个具体的 ε 就代表着具有相应初始缺陷的一个结构，因而，由变化 ε 就形成了一簇缺陷结构或一个与 ε 有关的系统。当 $\varepsilon=0$ 时，所对应的结构即为完善结构。因此，可以认为完善结构是有缺陷结构簇中的一个特例。

将初始缺陷参数 ε 引入到结构的总势能函数式(2.81)中，就可得到有初始缺陷结构的总势能函数为[11][12]

$$D(u_i,\Lambda,\varepsilon)\equiv V(Q_i^C+\alpha_{ij}u_j,\Lambda,\varepsilon) \tag{2.142}$$

根据势能驻值原理，可得有缺陷结构的平衡方程为

$$D_i[u_j(\varepsilon),\Lambda(\varepsilon),\varepsilon]=0 \tag{2.143}$$

相应的临界点判别式(2.86)应为

$$\Delta[u_k(\varepsilon),\Lambda(\varepsilon),\varepsilon]\equiv|D_{ij}[u_k(\varepsilon),\Lambda(\varepsilon),\varepsilon]|=0 \tag{2.144}$$

定义结构荷载-坐标空间的点($u_j{}^M$, Λ^M)为有缺陷结构临界点附近的一点，则相应的平衡方程和临界点判别式分别为

$$D_i[u_j^M(\varepsilon),\Lambda^M(\varepsilon),\varepsilon]=0 \tag{2.145a}$$

$$\Delta[u_j^M(\varepsilon),\Lambda^M(\varepsilon),\varepsilon]=0 \tag{2.145b}$$

关于式(2.130)及式(2.131)对缺陷参数 ε 求导，可得

$$D_{ij}\dot{u}_j^M+D'_i\dot{\Lambda}^M+\dot{D}_i=0 \tag{2.146a}$$

$$\Delta_i\dot{u}_i^M+\Delta'\dot{\Lambda}^M+\dot{\Delta}=0 \tag{2.146b}$$

上式中，字母上的点表示对 ε 的导数，撇表示对 Λ 的导数。

1)初始几何缺陷对极值点稳定性态的影响

在完善结构系统的临界点，有 $u_i{}^M=0$，$\Lambda^M=\Lambda^C$，$\varepsilon=0$，则可由式(2.146)求得 $\dot{\Lambda}^{MC}$ 和 $\dot{u}_i^{MC}$。同样，不失一般性，假定 u_1 为结构临界平衡状态的临界主坐标方向，即取 $i=1$，并将临界状态条件 $D_{ij}=0$ 代入式(2.146)，可得到临界状态方程为

$$D_1'\dot{\Lambda}^{MC}+\dot{D}_1|^C=0 \tag{2.147}$$

因为，在极值点 $D_1'|^C\neq0$，由上式可得

$$\dot{\Lambda}^{MC}=-\frac{\dot{D}_1}{D'_1}\bigg|^C \tag{2.148}$$

式(2.148)说明，如果初始缺陷 ε 直接作用在临界主坐标 u_1 方向，且 $D_1'^C\neq0$，则结构极值点的荷载因子 Λ^{MC} 随着缺陷 ε 的幅值基本呈线性变化，如图 2.13 右图所示，且 Λ^{MC}-ε 曲线变化平滑，在临界点 Λ_{cr}处既无零曲率又非奇异，说明结构的稳定性态对缺陷不甚敏感。事实上，分析表明，结构屈曲平衡路径曲线的形状也未因 ε 的产生或大小而改变(如图 2.13 左图所示)，也就是说，结构的稳定性态没有因 ε 的产生或大小而发生质的变化，所以这种稳定性态对初始几何缺陷不敏感。

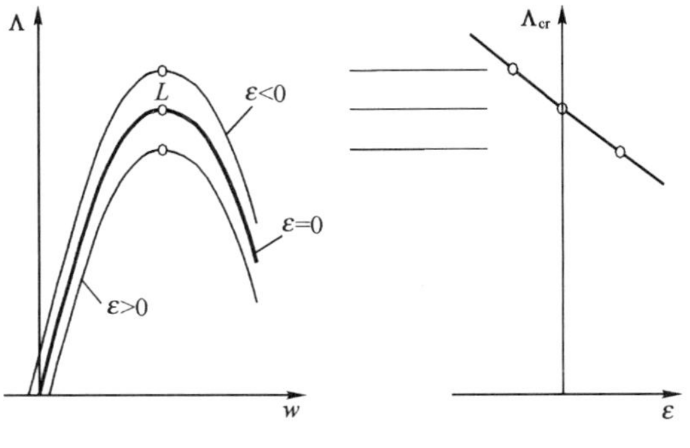

图 2.13　极值点稳定性态随初始缺陷的变化

2)初始几何缺陷对分支点(Bifurcation Point)稳定性态的影响

式(2.142)给出了有缺陷结构的势能函数为 $D(u_i,\Lambda,\varepsilon)$,此处,同样假定结构缺陷直接作用在主坐标上,则相应于式(2.86)的稳定行列式变为

$$\Delta(u_k,\Lambda,\varepsilon)\equiv|D_{ij}(u_k,\Lambda,\varepsilon)| \tag{2.149}$$

在临界点处,稳定行列式 Δ 对缺陷 ε 的导数为

$$\dot{\Delta}^C=\dot{D}_{11}D_{22}D_{33}\cdots D_{nn}|^C \tag{2.150}$$

令$(u_j{}^M,\ \Lambda^M)$表示在荷载-位置(坐标)空间中有缺陷结构临界点的邻域,则在该邻域内主坐标和荷载关于缺陷 ε 的参数形式可表示为

$$u_j=u_j^M(\varepsilon),\Lambda=\Lambda^M(\varepsilon) \tag{2.151}$$

同样,不失一般性,可将第一主坐标 u_1 作为主参数来表达其他主坐标 $u_j(j\neq1)$、荷载因子 Λ 以及初始缺陷 ε,即

$$u_j^M=u_j^M(u_1^M),\Lambda^M=\Lambda^M(u_1^M),\varepsilon^M=\varepsilon^M(u_1^M) \tag{2.152a}$$

当缺陷 ε 趋于0时,缺陷结构趋于完善结构,即对应于完善结构,有

$$u_j^M=0,\Lambda^M=\Lambda^C,\varepsilon^M=0 \tag{2.152b}$$

根据平衡条件及临界状态特征方程,应有

$$\left.\begin{aligned}D_i[u_j^M(u_1^M),\Lambda^M(u_1^M),\varepsilon^M(u_1^M)]=0\\ \Delta[u_j^M(u_1^M),\Lambda^M(u_1^M),\varepsilon^M(u_1^M)]=0\end{aligned}\right\} \tag{2.153}$$

对上式关于第一主坐标 u_1 微分可得

$$\left.\begin{aligned}D_{ij}u_j^{M(1)}+D'_i\Lambda^{M(1)}+\dot{D}_i\varepsilon^{M(1)}=0\\ \Delta_ju_j^{M(1)}+\Delta'\Lambda^{M(1)}+\dot{\Delta}\varepsilon^{M(1)}=0\end{aligned}\right\} \tag{2.154}$$

上式中,字母上的点"·"表示对缺陷 ε 的导数;撇"′"表示对荷载因子 Λ 的导数;上标中括号里的数字表示对第一主坐标 u_1 的导数;其他符号意义同前。

由式(2.152b)对第一主坐标 u_1 求导,可得在临界点处

$$\left.\begin{aligned}\varepsilon^{M(1)C}&=0\\ u_j^{M(1)C}&=0\quad(j\neq1)\end{aligned}\right\} \tag{2.155}$$

代入式(2.154),以及同时对式(2.154)关于 u_1 求导,可得

$$\Lambda^{M(1)C}=-\frac{\Delta_1}{\Delta'}\bigg|^C=-\frac{D_{111}}{D'_{11}}\bigg|^C \tag{2.156}$$

在临界点,缺陷结构与完善结构临界荷载因子一阶导数的关系为

$$\Lambda^{M(1)C}=2\Lambda^{(1)C} \tag{2.157}$$

其中,$\Lambda^{(1)C}$为完善结构临界荷载因子关于第一主坐标 u_1 的一阶导数[11]。

对式(2.153)关于第一主坐标 u_1 进行二次微分,并简化推导可得

$$\left.\begin{aligned}\varepsilon^{M(2)C}&=\frac{D_{111}}{\dot{D}_1}\bigg|^C\\ u_j^{M(2)C}&=-\frac{D_{111}\dot{D}_j+D_{j11}\dot{D}_1}{D_{jj}\dot{D}_1}\bigg|^C\quad(j\neq1)\end{aligned}\right\} \tag{2.158a}$$

以及

$$\Lambda^{M(2)C}=-\frac{1}{\Delta'}\left[\Delta_{11}-2\Delta_1'\frac{D_{111}}{D_{11}'}-\sum_{j=2}^{n}\Delta_j\frac{D_{111}\dot{D}_j+D_{j11}\dot{D}_1}{D_{jj}\dot{D}_1}+\Delta''\left(\frac{D_{111}}{D_{11}'}\right)^2+\dot{\Delta}\frac{D_{111}}{\dot{D}_1}\right]\Bigg|^C \tag{2.158b}$$

由于荷载因子 Λ^M 与初始缺陷 ε^M 有关，即 Λ^M 是缺陷 ε^M 的函数，如式(2.151)所示，同时，Λ^M 和 ε^M 又是广义坐标增量 q_1^M 的函数，将 Λ^M 和 ε^M 展开为广义坐标增量 q_1^M 的级数，并利用以上导数，可得到缺陷结构在临界点的荷载因子[11][12]，即

$$\Lambda^M=\Lambda^C\pm(D_{111}^C)^{\frac{1}{2}}\frac{[2\dot{D}_1^C\varepsilon]^{\frac{1}{2}}}{D_{11}'^C} \tag{2.159}$$

当 $D_{111}^C\neq 0$ 时，分支点为非对称分支点(Asymmetric Point of Bifurcation)，即式(2.159)为非对称分支点性态结构稳定临界荷载因子与初始缺陷 ε 的关系式，荷载因子 Λ 与初始缺陷 ε 为二次抛物线关系，且在 $\varepsilon=0$ 处有竖直切线，如图 2.14 所示。

由式(2.159)和图 2.14 可知，缺陷 ε 对 Λ 的影响除 ε 本身外，还与能量函数 D 的变分有关。总体而言，某些类型或形式的缺陷，将导致非对称分支点性态结构临界荷载因子显著减小，结构稳定极限承载能力的急剧下降，因此，具有非对称分支点性态的结构，其稳定性对缺陷是非常敏感的。同时，缺陷的存在，改变了结构平衡路径的性态或性质，即缺陷结构的稳定性态表现为极值性特征。

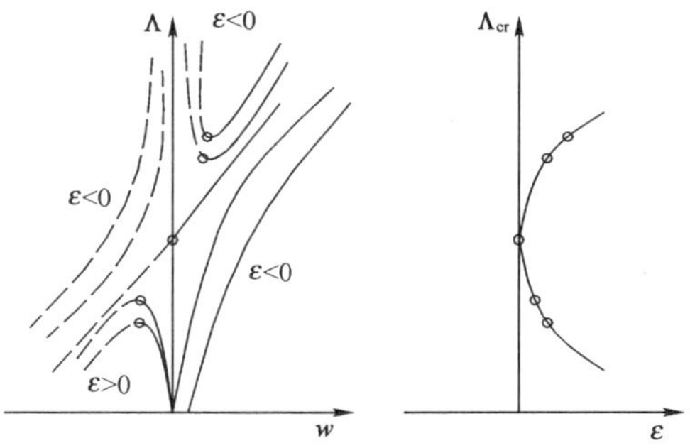

图 2.14　非对称分支点稳定性态随初始缺陷的变化

当 $D_{111}^C=0$ 时，分支点为对称分支点(Symmetric Point of Bifurcation)，式(2.159)不能反映缺陷的影响。需进一步考察能量函数 D 的高阶导数。由式(2.156)和式(2.158a)可得

$$\left.\begin{aligned}\Lambda^{M(1)C}&=0\\ \varepsilon^{M(2)C}&=0\\ u_j^{M(2)C}&=-\frac{D_{j11}}{D_{jj}}\Bigg|^C\quad(j\neq 1)\end{aligned}\right\} \tag{2.160a}$$

且由稳定行列式 Δ 的导数可得

$$\Lambda^{M(2)C}=-\frac{\widetilde{D}_{1111}}{D_{11}'}\Bigg|^C \tag{2.160b}$$

式中，

$$\widetilde{D}_{1111}^C=D_{1111}-3\sum_{j=2}^{n}\frac{(D_{j11})^2}{D_{jj}}\Bigg|^C$$

在临界点，缺陷结构与完善结构临界荷载因子二阶导数的关系为

$$\Lambda^{M(2)C}=3\Lambda^{(2)C} \tag{2.161}$$

其中，$\Lambda^{(2)C}$ 为完善结构临界荷载因子关于第一主坐标 u_1 的二阶导数[11]。

通过对式(2.153)进行关于第一主坐标 u_1 的三次微分，且经过简化进一步可得

$$\varepsilon^{M(3)C}=\frac{2\widetilde{D}_{1111}}{\dot{D}_1}\bigg|^{C} \tag{2.162}$$

同样，根据荷载因子 Λ^M 与缺陷 ε^M 间的函数关系，通过将二者展开为广义坐标增量 q_1^M 的级数，并利用以上导数进行简化，可得到具有对称分支点性态的缺陷结构在临界点的荷载因子[11][12]，即

$$\Lambda^M=\Lambda^C-\frac{1}{2}(\widetilde{D}_{1111}^C)^{\frac{1}{3}}\frac{[3\dot{D}_1^C\varepsilon]^{\frac{2}{2}}}{D'^C_{11}} \tag{2.163}$$

当 $D_{111}^C=0$ 且 $\widetilde{D}_{1111}^C\neq0$ 时，分支点为对称分支点(Symmetric Point of Bifurcation)，即式(2.163)为对称分支点性态结构稳定临界荷载因子与初始缺陷 ε 的关系式，荷载因子 Λ 与初始缺陷 ε 为 $\frac{2}{3}$ 次幂的曲线关系，且在 $\varepsilon=0$ 处有竖直切线，如图 2.15 和图 2.16 所示。

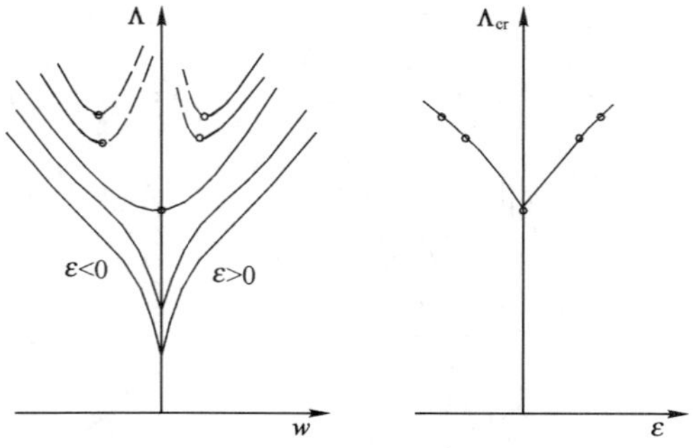

图 2.15　稳定对称分支点稳定性态随初始缺陷的变化

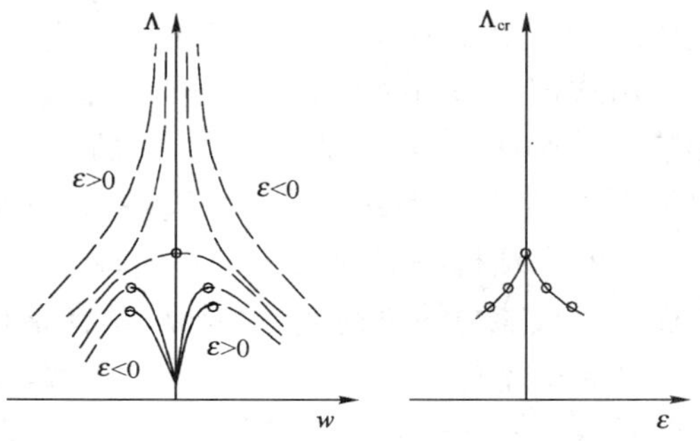

图 2.16　不稳定对称分支点稳定性态随初始缺陷的变化

对于稳定对称分支点(Stable-symmetric Point of Bifurcation)性态，由式(2.163)和图 2.15 可知，由于 $\widetilde{D}_{1111}^C>0$ 且 $D'^C_{11}<0$，缺陷 ε 的存在，使式(2.163)的第二项为正值，则 $\Lambda^M>\Lambda^C$，即缺陷的存在使得分支点邻域结构的稳定极限承载能力增加，即结构具有更高的屈曲后承载能力，具有这种稳定对称分支点性态的结构，对缺陷是不敏感的。然而，同样，缺陷的存在改变了结构屈曲平衡路径的性态或性质，即缺陷结构的稳定性态表现为极值性特征。

对于不稳定对称分支点(Unstable-symmetric Point of Bifurcation)性态，由式(2.163)和图 2.16 可知，由于 $\widetilde{D}_{1111}^C<0$ 且 $D'^C_{11}<0$，缺陷 ε 的存在，使式(2.163)的第二项为负值，则 $\Lambda^M<\Lambda^C$，由于荷载因子 Λ 与初始缺陷 ε 为 $\frac{2}{3}$ 次幂关系，缺陷的存在使得分支点邻域结构的稳定极限承载能力大幅下降，即结构稳定极限承载能力的急剧下降，因此，具有不稳定对称分支点性态结构，其稳定性对缺陷是非常敏感的。同样，缺陷的存在，改变了结构平衡路径的性态或性质，即缺陷结构的稳定性态表现为极值性特征。

2.4.3　钢结构整体稳定分析中初始缺陷的引入方法

由 GB 50017—2003 可知，上述初始缺陷中的杆件初弯曲、杆件残余应力、节点初偏心、残余应力冷作硬化等，如果其幅值或效应在规范容许的范围内，则这类缺陷的影响已在规范中关于杆件的截面选择与设计验算方法中考虑[14]，因此，结构整体稳定性分析无需再考虑其影响。

另外，关于结构上的荷载缺陷和边界约束缺陷，可通过模拟相应的荷载模式和边界约束来考虑其影响。因而，目前在钢结构整体稳定性分析中主要考虑结构几何缺陷的影响，包括结构节点几何坐标偏差或结构几何形状偏差的影响，以及局部杆件屈曲和（或）局部节点屈曲对整体稳定性态的影响。

关于钢结构整体稳定分析中初始几何缺陷的确定与引入方法，目前，国内外均限于在网壳结构体系中的研究与应用，且相应的设计规范已规定了具体的计算方法和准则，而其他钢结构体系还没有规范方法，实际工程中则参照《网壳结构技术规程》(JGJ 61—2003)规定执行。

结构整体稳定分析考虑初始几何缺陷影响包含两方面的内容：一是初始几何缺陷的确定，包括缺陷模态和缺陷幅值；二是初始几何缺陷的引入方法。目前，常用的结构初始几何缺陷模态有三种，即随机缺陷模态、一致缺陷模态和缺陷模态迭代[12]。缺陷的幅值 δ 可根据规范规定确定，《网壳结构技术规程》(JGJ 61—2003)规定的最大缺陷幅值为结构短向跨度的 $\frac{1}{300}$（即 $\delta=\frac{L_2}{300}$），其他钢结构也可取结构短向跨度（大跨度结构）或高度（其他空间结构）的 $\frac{1}{300}$ 或者结构施工安装的最大容许误差。在结构初始几何缺陷确定后，可将结构初始几何缺陷直接迭加于结构的几何坐标，便形成了用于缺陷结构整体稳定分析的计算模型。

根据结构整体稳定分析所采用的初始几何缺陷模态的不同，目前，缺陷结构的整体稳定性分析方法分为三种，即随机缺陷模态法、一致缺陷模态法和缺陷模态迭代法。

1）随机缺陷模态法

结构的初始几何缺陷在施工过程中形成，因而，缺陷的分布是随机的。由于施工目标和验收规范的限定，结构的实际几何构形又总是与理想的理论位形接近，因而，随机分布的初始几何缺陷应近似服从正态分布。随机缺陷模态法认为，结构的初始几何缺陷是一个多维随机变量，其样本空间的每一个样本都对应着结构的一种初始几何缺陷模态[14]。

随机缺陷模态法取一定容量（如 N 个）的随机几何缺陷样本，采用同样的缺陷幅值，进行缺陷结构整体稳定分析，跟踪计算结构的荷载-位移全过程曲线，求得结构整体稳定极限荷载的一些统计性样本数字特征，依此来评价缺陷结构的整体稳定承载能力[14]。由 N 个随机缺陷模态样本分析中得到的最小极限荷载作为结构整体稳定的临界荷载或极限荷载。

随机缺陷模态法虽能较为真实地涵盖实际结构的缺陷分布模式，但需要根据不同缺陷分布对结构进行反复计算，计算量大，难以适于工程应用。另外，如果所选用的 N 个随机缺陷模态样本不能确保包含对结构整体稳定最不利的缺陷模态，则由该方法得到的计算结果是不可靠且不安全的。

2）一致缺陷模态法

将结构整体线性屈曲分析得到的最低阶（即第一阶）屈曲模态，作为结构初始几何缺陷的模态，进行缺陷结构整体稳定性分析的方法，称为一致缺陷模态法[12][14]。该方法是目前应用最广的方法，且已被《网壳结构技术规程》(JGJ 61—2003)采用。

设 $\{\phi_1\}$ 为结构整体线性屈曲的第一阶模态，d_1 为 $\{\phi_1\}$ 中绝对值最大的元素，即

$$d_1 = \max(\phi_{11},\ \phi_{12} \cdots \phi_{1n}) \tag{2.164}$$

则，一致缺陷模态法中结构的初始几何缺陷 $\{\Delta_{imp}\}$ 为

$$\{\Delta_{\text{imp}}\} = \frac{\delta}{d_1}\{\varphi_1\} \tag{2.165}$$

需要特别说明的是，如果结构的第一临界点为重临界点，则对应的屈曲模态应有两个或多个，因此，采用一致缺陷模态法进行缺陷结构整体稳定性分析，相应地也应为两次或多次，则所得到的最小荷载因子为缺陷结构的整体稳定临界荷载因子。另外，同一结构在不同的荷载组合模式的作用下，结构整体线性屈曲的第一阶模态将可能不同，因此，对于不同的荷载组合模式，均应进行相应的缺陷结构整体稳定性分析。

一致缺陷模态法采用的缺陷模态是结构线性屈曲分析得到的模态，而大跨度空间钢结构或大型钢结构在失稳前可能已产生很强的几何非线性甚至材料非线性，导致结构在发生整体失稳时的变形模式已不同于第一阶线性屈曲模态，因此，由一致缺陷模态法分析得到的结构整体稳定临界荷载是否为结构的最小临界荷载，尚需进行进一步的理论验证。

3)缺陷模态迭代法[12][15]

已有的研究成果表明，在确定缺陷幅值的条件下，总存在一种可能的缺陷模式，与结构整体稳定的最小临界荷载相对应。在缺陷幅值相同的条件下，结构后屈曲平衡路径越陡峭，则其整体稳定临界荷载越小。当结构的缺陷模态与其最陡峭的后屈曲平衡路径一致时，相应的临界荷载为最小临界荷载，也就是结构整体稳定的临界荷载或极限承载力。

根据上述研究结论，参考文献[15]认为，在结构非线性平衡路径的线性化迭代计算过程中，如果后一次迭代计算中结构的缺陷模式与前一次迭代计算中结构的后屈曲模式一致，则后一次迭代计算所得的临界荷载应不大于前一次计算所得结果。由此，构造出一种迭代算法，即缺陷模态迭代法[15]。缺陷模态迭代法的具体计算方法为：

①在结构非线性屈曲平衡路径跟踪计算的每个荷载步，进行整体稳定屈曲模态计算，求得该计算步的屈曲模态；

②将计算所得整体稳定屈曲模态作为一种初始缺陷模态，根据预定的缺陷幅值，形成结构整体初始几何缺陷；

③将结构整体初始几何缺陷施加于理想完善结构上，形成缺陷结构体系；

④进行有缺陷结构非线性分析，得到相应的整体稳定临界荷载或极限承载力；

⑤重复以上步骤，直至预定总步数，得到一个整体稳定临界荷载系列；

⑥考察临界荷载系列，取其中的最小值作为结构整体稳定临界荷载或极限承载力。

2.5 钢结构的失稳传播

2.5.1 结构失稳传播现象

结构的失稳，是处于高位能的结构由平衡的临界状态随着能量的释放向低位能稳定平衡状态运动的过程。当结构的局部构件或节点失稳时，失稳构件应力可能急剧下降，与其相邻的构件就必须承担本由失稳构件承担的荷载，从而使结构内力发生重分布。若相邻构件能承担重分布的后内力，则结构平衡状态将保持稳定，不再出现新的构件失稳或失稳范围不再扩大，否则，结构平衡状态将不能保持稳定，将有新的构件或节点失稳，导致失稳范围扩大，而且这一扩大过程可能是动态的。

当结构由于局部区域构件或节点的失稳，导致屈曲构件卸载或节点动态跳跃，失稳范围扩大，产生较强的动力效应，引起更大范围或整个结构的失稳甚至破坏，这种现象称为失稳传播(Progressive Collapse)[16][17]。

由于结构从临界状态的稳定平衡，运动到另一个新的平衡状态，经历了一个不稳定平衡的运动过程，且经历时间通常非常短，因而，失稳传播分析必须考虑这一动力效应。

2.5.2 结构失稳传播的分析方法

1)失稳传播动力学方程

结构失稳传播的动力方程与普通动力学方程相同，即

$$[M]\{\ddot{u}\}+[C]\{\dot{u}\}+[K]\{u\}=\{F(t)\} \tag{2.166}$$

其中，$[M]$为结构质量矩阵；$[C]$为结构阻尼矩阵；$[K]$为结构刚度矩阵；$\{F(t)\}$为随时间变化的荷载函数；$\{u\}$为节点位移矢量；$\{\dot{u}\}$为节点速度矢量，$\{\ddot{u}\}$为节点加速度矢量。

2)失稳传播的初速度

失稳节点的运动初速度，通常根据能量法确定。在确定运动初速度前，首先需要通过非线性分析，求得结构稳定的临界点、屈曲模式(单节点或多节点屈曲)、失稳传播(或不稳定平衡)运动过程中释放的能量、多节点屈曲时各节点速度间的关系。

(1)单节点屈曲失稳的初速度

图 2.17 所示为用弧长法跟踪计算得到的单节点屈曲失稳的荷载-位移曲线[16][17]。图中面积 A 代表结构应变能和由于塑性变形产生的能量耗散之和，面积 B 代表结构体系失稳传播动态跳跃的动能 K_e。正是该能量的存在，使得结构体系在极值点处位于高位能而不稳定，由此导致动态跳跃的失稳传播。

需要说明的是，图 2.17a)只是为了更好地说明体系在动态跳跃过程的能量变化而求得的理论荷载-位移曲线。结构在实际承载中，荷载-位移曲线如图 2.17b)所示。

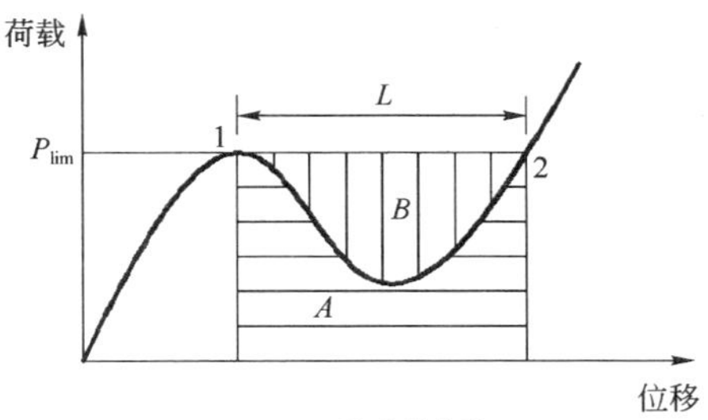

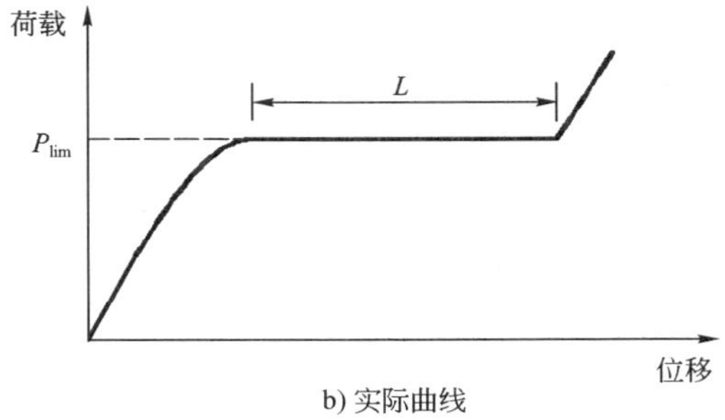

图 2.17 单节点屈曲失稳的荷载-位移曲线

结构体系在动态跳跃过程中获得的动能 K_e，对整个失稳过程起着重要作用，决定着屈曲失稳初速度的大小。定义系数 α，来度量失稳传播产生的动力效应，其表达式为[16][17]

$$\alpha=\frac{K_e}{P_{lim}L} \tag{2.167}$$

上式中，P_{lim}为极值点荷载；L 为发生失稳传播时节点跳跃的位移或长度。

α 越大，表明结构体系动态失稳传播的动力效应越大；$\alpha=0$，表明结构体系未发生失稳传播。

在结构体系刚达到临界点 1 时，失稳节点的运动速度为 0，但达到临界点后，经过一个短暂的不稳定运动，达到新的稳定平衡状态 2 的时刻，其速度为 v_0，由动能定理可得[16][17]

$$\frac{1}{2}mv_0^2 = K_e \tag{2.168}$$

则

$$v_0 = \sqrt{\frac{2K_e}{m}} \tag{2.169}$$

式中，m 为与临界荷载 $P_{\lim}$ 有关的等效质量（忽略结构自重），且

$$m = \frac{P_{\lim}}{g} \tag{2.170}$$

式中，g 为重力加速度。

由式(2.169)和(2.170)可得

$$v_0 = \sqrt{2\alpha \cdot g \cdot L} \tag{2.171}$$

(2)多节点屈曲失稳的初速度

图 2.18 所示为一节点受集中荷载 P 作用的球面网壳结构，网壳结构的失稳模式为顶部多节点失稳。

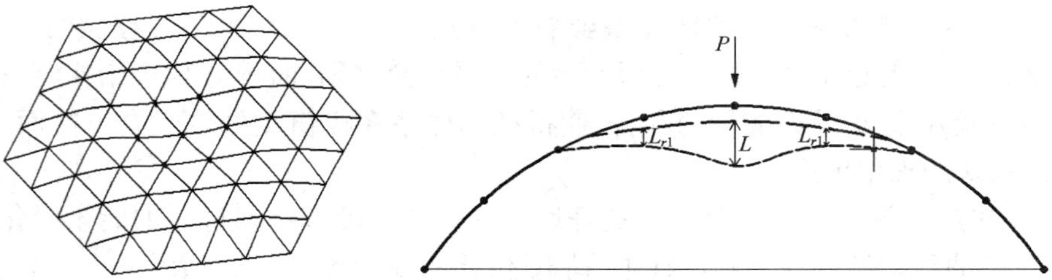

图 2.18　单节点屈曲失稳的荷载-位移曲线

由结构系统的内力平衡与变形协调关系可知，失稳节点在动态跳跃过程中的持续时间是相同的，且初速度是相关联的。设结构达到临界荷载时，经过一个不稳定的平衡运动达到新的稳定平衡状态，球顶节点的位移为 L，速度为 v_0，与顶点相邻的第一圈节点的位移和速度分别为 L_{r1} 和 v_{r1}。在竖向荷载 P 作用下，节点水平方向位移可以忽略，则由平衡条件和位移协调性要求，可得出[16][17]

$$v_{r1} = v_0\left(\frac{L_{r1}}{L}\right) \tag{2.172}$$

同理，可求得其他失稳节点的速度。

3)失稳传播分析方法

在获得了结构失稳传播动态跳跃的初速度后，可通过求解动力方程(2.166)，得到结构体系的失稳传播效应，即结构位于新的平衡位形时的内力与变形。关于结构动力方程的求解，可参见结构动力学相关专著，本节不再赘述。

(1)失稳传播分析步骤

①由结构非线性整体屈曲分析，得到结构非线性屈曲平衡路径，求得结构屈曲临界点荷载以及屈曲模态，确定结构屈曲失稳节点的位置及数量；

②确定结构屈曲失稳传播的能量，计算失稳节点动态跳跃的初速度；

③动力响应分析，确定失稳动态传播后的结构平衡位形及变形。

(2)失稳传播性态的评定

若动力响应分析得到，结构体系失稳变形范围扩大，则说明发生失稳传播，否则，未发生失稳传播。

结构体系发生失稳传播后是否导致整体失稳，首先需要判断失稳变形范围是否扩展到结构整体范围或结构的大部分区域，然后再计算确定结构的稳定极限承载能力是否达到极限。

结构体系发生失稳传播后是否导致结构的失稳倒塌，需要根据结构屈曲后的性能确定。

2.6 钢结构系统整体稳定性验算与评定方法

目前，关于大型复杂钢结构系统的整体稳定性验算及其极限承载能力评定，还不能像《钢结构设计规范》(GB 50017—2003)验算钢压杆稳定性那样，具有规范规定的、且有明确意义的解析公式或经验公式。事实上，现代大型复杂钢结构通常规模庞大、形状奇异、体系复杂，而且其荷载系统特别是风荷载难以准确预测或模拟。因而，根据现阶段的理论研究水平，还难以甚至无法从理论上针对每一种钢结构体系提出相应的结构整体稳定临界荷载因子计算公式，也就无法从理论上获得其极限承载能力的计算公式。因此，现代大型复杂钢结构的整体稳定性临界荷载及其极限承载能力，只能通过对结构进行非线性数值分析的方法得到一系列数值分析结果，进而根据相应结构设计规范或参照类似标准进行判定或评定。

关于钢结构系统整体稳定性验算，目前在我国仅有现行《网壳结构技术规程》(JGJ 61—2003)给出了具体的规定，其他结构设计规范或没有涉及或者仅给出验算要求而没有具体方法、公式和评定标准，如《钢结构设计规范》(GB 50017—2003)仅在8.6.5条中提出了计算要求，但没有具体的验算方法和评定标准。然而，在实际工程中，目前技术人员均参照现行《网壳结构技术规程》(JGJ 61—2003)的验算方法和评定标准，进行各类空间钢结构系统的整体稳定性验算。本节参照我国现行《网壳结构技术规程》(JGJ 61—2003)，论述钢结构系统整体稳定性验算方法与评定标准。

如2.1.3节所述，目前，工程上关于钢结构整体稳定性态分析验算，分为3个主要的类型及步骤，即结构线性整体稳定性、结构大位移几何非线性整体稳定性、结构大位移弹塑性整体稳定性。

2.6.1 线性整体稳定性分析

本节所谓的线性整体稳定性分析的基础，是指在外荷载作用下结构构件的变形在弹性范围内，构件的内力和变形由线性弹性理论分析得到，在结构或构件屈曲引起的无限小位移过程中，构件的轴向内力或薄膜内力均保持不变。

若采用经典解析理论计算结构的线性整体稳定临界荷载因子，可直接通过式(2.65)的行列式$|D_{ij}^{E}|=C_1C_2C_3\cdots C_n=0$，进而求得满足该条件的最小荷载因子$\Lambda_{\min}$(或$\lambda_{\min}$)，即为结构的

线性整体稳定临界荷载因子 Λ_{crl} 或 λ_{crl}。然而，实际工程中，由于结构体系、结构形状、荷载条件以及边界条件的复杂性，很少有实际结构的状态能够满足有解析解的条件，因此，经典解析理论无法解决实际工程结构的大多数稳定计算问题，也就无法推广应用。

数值方法，特别是有限元法，是现代结构稳定分析最为有效且应用最广的方法。在有限元法中，根据势能原理，可得到结构平衡方程，即式(2.116)，或进一步写为

$$[K_T]\{U\}=\{P\} \tag{2.173}$$

式中，$[K_T]$为结构系统在平衡位置$\{U\}$时的切线刚度矩阵，其值与结构平衡位置$\{U\}$以及此时作用于结构系统的荷载$\{P\}$有关。$[K_T]$由结构弹性刚度矩阵$[K_E]$和几何刚度矩阵$[K_G]$组成[3]，即

$$[K_T]=[K_E]+[K_G] \tag{2.174}$$

在实际结构分析中，为了方便起见，常采用单参数函数的荷载，即引入一个荷载因子 λ 来表征荷载数值大小的变化，而引入参考荷载向量$\{P_{ref}\}$来表征荷载分布及其各元素间的比例关系，则荷载$\{P\}$可表示为

$$\{P\}=\lambda\{P_{ref}\} \tag{2.175}$$

同时，假定几何刚度矩阵$[K_G]$也服从单参数变化规则，即

$$[K_G]=\lambda[K_{G0}] \tag{2.176}$$

式中，$[K_{G0}]$表示对应于参考荷载向量$\{P_{ref}\}$的几何刚度矩阵。

在临界平衡状态，结构切线刚度矩阵$[K_T]$奇异，即

$$\det[K_T]=\det([K_E]+[K_G])=\det([K_E]+\lambda[K_{G0}])=0 \tag{2.177}$$

式(2.177)在数学上是一个特征值问题，求解式(2.177)，可得到一系列特征值和相应的特征向量($\lambda_1,\lambda_2\cdots\lambda_n$)。通常 $\lambda_1\leqslant\lambda_2\leqslant\cdots\leqslant\lambda_i\cdots\leqslant\lambda_n$，其中的最小特征值 $\lambda_{min}=\lambda_1$，即为结构线性整体稳定的临界荷载因子 λ_{crl}，即

$$\lambda_{crl}=\lambda_{min} \tag{2.178}$$

相应的临界荷载为

$$\{P_{crl}\}=\lambda_{crl}\{P_{ref}\} \tag{2.179}$$

与最小特征值 λ_{min}对应的特征向量，定义为结构线性整体稳定的最低阶屈曲模态$\{\phi_1\}$，其余特征向量，称为高阶屈曲模态。结构线性整体失稳的屈曲模态，仅表示失稳时结构的变形模式，其元素间的关系为相对比例关系，不表征屈曲变形的大小。

结构线性整体稳定性分析，是在小变形条件下的弹性分析，没有考虑结构大变形几何非线性、结构和构件的初始缺陷以及构件可能出现的塑性变形的影响。因此，线性整体稳定临界荷载是结构整体稳定临界荷载的上限，仅可作为结构稳定极限承载能力的参考，不能作为结构整体稳定承载能力的判定准则，否则，将是不安全的。

2.6.2 大位移几何非线性整体稳定性分析

结构大位移几何非线性整体稳定性分析，仍然仅限于结构的弹性变形范围，构件的内力和变形由弹性几何非线性理论分析得到，考虑结构的几何大变形非线性效应，即考虑构件的轴向内力或薄膜内力在构件弯曲变形上的二次效应或 p-δ 效应。结构大位移几何非线性整体稳定性分析，分为两个计算内容，即完善结构几何非线性整体稳定性分析和有缺陷结构几何非线性

整体稳定性分析。

所谓的完善结构是指结构的几何形式、构件规格、节点构造等，与理论设计的理想状态完全一致，不存在任何类型的缺陷。而有缺陷结构是指结构中已存在由于构件加工制作、安装施工所造成的误差和缺陷。这里的缺陷目前仅涉及制作安装所产生的几何缺陷或误差，包括结构节点坐标偏差、杆件初始挠曲变形，不包括荷载或使用环境等方面的缺陷。

1)完善结构几何非线性整体稳定性分析

完善结构的几何非线性整体稳定性分析，以结构理论设计的理想形态为基础建立理论计算模型，考虑结构的几何大变形非线性效应进行增量迭代求解。结构整体稳定的临界点，可参照式(2.96)，根据非线性迭代求解中结构切线刚度矩阵$[K_T]_i$的奇异性来确定，即

$$\det([K_T]_i)=0 \tag{2.180}$$

上式中的结构切线刚度矩阵$[K_T]_i$不同于式(2.174)的$[K_T]$，$[K_T]_i$中的刚度元素已计入了结构大变形的影响，其中i为增量迭代计算中的荷载增量步。

由式(2.180)，可求得完善结构几何非线性整体稳定临界荷载因子λ_{crn}，进而求得临界荷载$\{P_{crn}\}$。这是目前应用较多的方法。

完善结构整体稳定临界点的性态可能是极值点性态，也可能是分支点性态，通过结构切线刚度矩阵$[K_T]_i$的奇异，可跟踪计算得到的临界点，包括：极值点、稳定对称分支点和不稳定对称分支点，但无法得到非对称分支点。另外，结构非线性数值分析，目前均采用增量迭代方法，不合理的步长设定，可能导致计算过程跳过某些临界点特别是初始临界点。为了保证非线性数值分析不遗漏临界点，且能够得到最低临界点，可采用2.3.1节2)的方法，合理控制增量迭代数值计算过程。

完善结构几何非线性整体稳定临界荷载因子λ_{crn}应不大于其相应的线性整体稳定临界荷载因子λ_{crl}。当数值分析得到的完善结构整体稳定临界荷载因子λ_{crn}高于其线性整体稳定临界荷载因子λ_{crl}时，应检查数值分析过程是否遗漏更低的临界点，特别是非对称分支点。

由于没有考虑结构缺陷对其整体稳定性的影响，完善结构几何非线性分析得到的整体稳定临界荷载因子λ_{crn}仍然是非线性整体稳定性的上限。

2)有缺陷结构几何非线性整体稳定性分析

有缺陷结构的几何非线性整体稳定性分析，在完善结构理论模型的基础上，引入初始几何缺陷，修正结构计算模型的节点坐标(包括杆件中间节点)，形成缺陷结构的计算模型，考虑结构的几何大变形非线性效应进行增量迭代求解。结构的初始几何缺陷常采用一致缺陷模态，具体形成方法见2.4.3节。结构整体稳定的临界点，同样根据式(2.180)计算确定。

由2.4.2节的理论分析可知，有缺陷结构临界点的性态均为极值点性态，因此，只要在数值分析过程中合理控制荷载增量步长，迭代计算不遗漏临界点，则根据式(2.180)即可求得所期望的临界点λ_{crn}^{imp}。

通过有缺陷结构非线性分析得到结构的整体稳定临界荷载或系数λ_{crn}^{imp}，对应的稳定性态是极值点性态，对应于结构屈曲平衡路径的第一个峰值点。如果在此临界状态，结构构件均未屈服，则该整体稳定临界荷载系数λ_{crn}^{imp}就是结构的实际整体稳定临界荷载系数；否则，如果结构的部分主要构件已屈服，则该临界荷载系数仍然高于结构的实际整体稳定临界荷载或临界系数，需要进行大位移弹塑性整体稳定分析。

2.6.3 大位移弹塑性整体稳定性分析

结构大位移弹塑性整体稳定性分析，同时考虑结构初始几何缺陷、结构大位移几何非线性和构件的弹塑性变形效应，结构的整体计算模型与缺陷结构几何非线性整体稳定分析的计算模型相同。构件的塑性变形通常采用塑性铰来模拟，很多商用软件已带有相应的单元模型库，如 M 铰、P-M 铰等，本书不再赘述。

有缺陷结构整体稳定的临界点，同样根据式(2.180)计算确定。满足式(2.180)的最小荷载因子即为缺陷结构弹塑性整体稳定临界荷载因子 λ_{crp}^{imp}。

2.6.4 整体稳定性评定方法

我国现行《网壳结构技术规程》(JGJ 61—2003)规定了大跨度网壳结构整体稳定性的评定方法[18]，具体规定为：带有初始几何缺陷的结构在荷载标准组合作用下，由弹性大位移几何非线性分析得到的最小(或第一个)整体稳定临界荷载系数 λ_{crni} 应不小于 5.0(新规范报批稿为 4.2)，即缺陷结构的整体稳定极限承载能力不小于容许承载力(标准值)的 5 倍(新规范报批稿为 4.2)。

其他类型的钢结构，由于没有相应的设计规范或规定，目前技术人员均参照现行《网壳结构技术规程》(JGJ 61—2003)的验算方法和评定标准，进行钢结构系统的整体稳定性验算。

虽然《网壳结构技术规程》(JGJ 61—2003)规定，当缺陷结构的最小整体稳定临界荷载系数不小于 5.0(新规范报批稿为 4.2)时，即认为结构整体稳定性满足要求。实际上，对于整体刚度比 $i(i=i_b, i_a)$ 相对较小的大跨度钢结构，即结构整体刚度(面外弯曲刚度 EI 及面内轴向刚度 EA)与结构跨度 L 之比 $\left(i_b=\dfrac{EI}{L}, i_a=\dfrac{EA}{L}\right)$ 相对较小的大跨度钢结构，由于结构相对较柔，在荷载作用下表现出强烈的大位移几何非线性特征，且在达到其整体稳定临界荷载前主要构件均未进入塑性变形状态，则这样的判定准则是准确的、合适的、安全的。然而，对于整体刚度比 $i(i=i_b, i_a)$ 相对较大的钢结构系统，在荷载作用下其几何非线性特征不明显，当荷载达到其按弹性几何非线性理论计算得到的整体稳定临界荷载[如 5.0(新规范报批稿为 4.2)倍标准组合])之前，结构中的部分主要构件已进入塑性变形状态。显然，按弹性几何非线性理论计算得到的整体稳定临界荷载已没有安全保障的意义，因此，对此类钢结构系统，仍然采用弹性几何非线性分析的结果进行整体稳定性评定是不安全的。

目前，关于整体刚度比 i 相对较大的钢结构系统的整体稳定性评定，现行国家设计规范没有明确的规定，而在实际工程中，均要求进行缺陷结构的双非线性，即同时考虑大位移几何非线性和弹塑性的整体稳定性分析验算，如 2.6.3 节所述。在求得缺陷结构弹塑性整体稳定临界荷载因子 λ_{crp}^{imp} 后，进行钢结构系统的整体稳定性评定。现阶段工程上常用或默认的评定标准为：按大位移弹塑性整体稳定性分析得到的缺陷结构整体稳定临界荷载因子 λ_{crp}^{imp} 应不小于 2.0。

对于大型复杂钢结构，由于其体量庞大、体系复杂、构件众多，经常会出现结构整体稳定性分析得到的最初几阶、几十阶甚至上百阶屈曲模态可能是局部失稳模态的现象，而这些出现局部失稳的区域或构件，通常虽属结构体系的组成部分，但为结构的次要构件，即使发生失稳，也不会导致结构整体失稳。此时，如果不对结构进行改进，直接按局部失稳模态进行结构整体稳定性分析和整体稳定承载能力判定，显然是保守的、不经济的。实际上，当由整体稳定性分析得到的最初几阶屈曲模态为结构的整体失稳变形模式时，由此进行的整体稳定性分析和整体稳定承载能力判定，才是正确合理的、经济的。因此，如果由整体稳定分析得到的最初几阶或几十阶屈曲模态是局部失稳模态，则应对结构体系进行改进或对结构计算模型进行修正。可采用的方法有：加强出现局部失稳的区域或构件，或者在计算模型中取消出现局部失稳的构件。

特别需要说明的是，对于同一结构体系，当由不同的分析人员建模并进行计算时，由于每个人对有限元方法的理解、所采用的结构及杆件简化方法、单元类型、材料本构关系和方程求解算法不相同，可能会得到有差异的结构整体稳定临界荷载非线性数值计算结果，有时差异可能很大。因此，为了保证计算结果的准确可靠，通常需要有经验的工程师对结构模型和计算结果进行审查判定[8]。

2.6.5 整体稳定性计算步骤

钢结构系统整体稳定性理论分析的主要步骤包括：

(1)建立完善结构力学模型

按理论设计结构构型建立完善结构计算模型，包括确定结构几何模型、构件单元模型、构件规格尺寸、构件材料特性、结构边界条件等。

(2)确定整体稳定性验算的荷载组合

荷载组合常采用标准组合。对于活荷载需要按不同的分布模式分别进行组合；对于风荷载需要按不同的风向分别进行组合。

(3)结构线性整体稳定性分析

对每一种荷载组合，通过对稳定特征方程的分析，分别计算结构线性整体稳定的临界荷载因子 $\lambda_{crli}(i=1,\cdots,n)$ 及相应的屈曲模态矩阵 $[\Phi]=[\{\phi_1\},\cdots,\{\phi_n\}]$。

(4)确定结构的初始几何缺陷模型

对每一种荷载组合，确定相应的初始几何缺陷模式及幅值，可采用“一致缺陷模态法”模拟。若第一临界点为重临界点，应选用与临界荷载因子 λ_{crl} 相应的所有模态。对于第一临界点附近频率密集的结构，应多选用几个模态。

(5)结构大位移几何非线性整体稳定性分析

包括完善结构和有缺陷结构分析，获得相应的整体稳定最小临界荷载因子 λ_{crn} 和 λ_{crn}^{imp}。

(6)判断构件是否出现屈服变形现象

判断在几何非线性分析过程中，当荷载达到整体稳定最小临界荷载因子 λ_{crn}^{imp} 之前，主要构件是否屈服，若未屈服，则转第(8)步，进行结构整体稳定性评定，否则，进入第(7)步。

(7)结构大位移弹塑性整体稳定性分析

分析缺陷结构的弹塑性整体稳定性，获得相应的整体稳定最小临界荷载因子 λ_{crp}^{imp}。

(8)结构整体稳定性判定

根据第(5)或第(7)步的数值计算结果，按 JGJ 61—2003 或常用方法，分别判定不同荷载组合条件下结构的整体稳定性，并确定结构整体稳定的设计最大荷载因子 λ_{min}。

2.7 钢结构的动力稳定性分析

稳定是钢结构应用中的一个主要问题，有时甚至是控制设计的关键问题。目前，由于分析理论及计算方法尚不成熟，同时由于建筑钢结构主要承受静力荷载，仅有较少的某些短时低频动力荷载，因此，建筑工程领域常常较多注意钢结构的静力稳定性态，而较少注意其动力稳定性态。实际中，钢结构受到地震、脉动风、波浪、设备运转、设备振动或某种动力冲击等作用，将产生动力效应，这种动力效应在某些情况下，可能引起结构大幅振动甚至振动发散，使得原本在静荷载作用下不屈曲失稳的结构或其某些构件，在承受相同幅值的动荷载时屈曲失稳，从而降低结构的整体稳定性，最终导致结构动力失稳甚至引起倒塌。

结构的失稳是结构由高位能向低位能快速转变的过程，这种位能的快速转变，伴随着结构位型的动态变化，因而，结构的失稳均具有动态特征，也即结构的失稳是动态的。所谓的静力失稳，仅仅作用的荷载是静态的，而失稳过程是动态的。因此，结构的动力失稳具有广泛的意义，而静力失稳只是其中的特殊情况。

结构的动力稳定性是一个非线性动力问题，其动力屈曲性态与结构几何形状与体系、结构规模或跨度、初始缺陷、构件材料特性、结构阻尼、结构上的恒荷载、动力外荷载作用模式（包括频率、幅值及持续时间）密切相关。关于结构动力稳定性的分析方法及评定标准，无论在理论上还是工程应用上，目前均还不成熟。本节对现有的理论方法进行简要论述。

2.7.1 结构非线性动力增量平衡方程

结构在动力荷载作用下的动力微分方程为[1][19]

$$[M]\{\ddot{v}_t\}+[C]\{\dot{v}_t\}+[K]\{v_t\}=-[M]\{\ddot{a}_g\}+\{P\} \tag{2.181}$$

其中，$[M]$为质量矩阵；$[C]$为阻尼矩阵；$[K]$为刚度矩阵；$\{\ddot{v}_t\}$、$\{\dot{v}_t\}$和$\{v_t\}$分别为结构节点的位移、速度和加速度；$\{\ddot{a}_g\}$为外激励加速度；$\{P\}$为节点静力荷载向量。

利用纽马克法，速度和位移的增量形式可表示为

$$\{\dot{v}_{t+\Delta t}\}=\{\dot{v}_t\}+[(1-\delta)\{\ddot{v}_t\}+\delta\{\ddot{v}_{t+\Delta t}\}]\Delta t \tag{2.182a}$$

$$\{v_{t+\Delta t}\}=\{v_t\}+\{\dot{v}_t\}\Delta t+\left[\left(\frac{1}{2}-\alpha\right)\{\ddot{v}_t\}+\alpha\{\ddot{v}_{t+\Delta t}\}\right]\Delta t^2 \tag{2.182b}$$

其中，α、δ为参数，通常取$\delta\geqslant 0.5$，$\alpha\geqslant 0.25(0.5+\delta)^2$。当$\delta=\frac{1}{2}$，$\alpha=\frac{1}{4}$时，上两式为平均加速度法；当$\delta=\frac{1}{2}$，$\alpha=\frac{1}{6}$时，上两式为普通线加速度法。

在$t+\Delta t$时刻，动力微分方程式(2.181)应为

$$[M]\{\ddot{v}_{t+\Delta t}\}+[C]\{\dot{v}_{t+\Delta t}\}+[K]\{v_{t+\Delta t}\}=-[M]\{\ddot{a}_g\}+\{P\} \tag{2.183}$$

利用式(2.182)，从式(2.183)中消去$\{\ddot{v}_{t+\Delta t}\}$、$\{\dot{v}_{t+\Delta t}\}$，可得

$$[K]\{v_{t+\Delta t}\}=\{P_{t+\Delta t}\}-(a_0[M]+a_1[C])\{v_{t+\Delta t}\} \tag{2.184}$$

式中，

$$\{P_{t+\Delta t}\}=-[M]\{\ddot{a}_g\}+\{P\}+[M](a_0\{v_t\}+a_2\{\dot{v}_t\}+a_3\{\ddot{v}_t\})$$

$$+[C](a_1\{v_t\}+a_4\{\dot{v}_t\}+a_5\{\ddot{v}_t\}) \tag{2.185}$$

式中，$[C]$为瑞利阻尼，且

$$\left.\begin{aligned}[C]&=C_1[M]+C_2[K]\\ C_2&=\frac{2(\omega_i\xi_i-\omega_j\xi_j)}{\omega_i^2-\xi_j^2}\\ C_1&=2\omega_i\xi_i-C_2\omega_i^2\end{aligned}\right\} \tag{2.186}$$

上式中，ω_i、ω_j为第 i、j 模态的圆频率；ξ_i、ξ_j为第 i、j 模态的临界阻尼比。

$$a_0=\frac{1}{\alpha\Delta t^2},a_1=\frac{\delta}{\alpha\Delta t},a_2=\frac{1}{\alpha\Delta t},a_3=\frac{1}{2\alpha}-1,a_4=\frac{\delta}{\alpha}-1,a_5=\frac{\Delta t}{2}\left(\frac{\delta}{\alpha}-2\right)$$

式(2.184)为结构的非线性动力方程组，在第 i 增量步的初始迭代步形式为

$$[K_{dt}]_i\{v\}_i^{(1)}=\Delta\lambda_i^{(1)}\{\bar{P}_{t+\Delta t}\}_i \tag{2.187}$$

式中，$[K_{dt}]_i$为第 i 增量步开始时的等效切线刚度矩阵，且

$$[K_{dt}]_i=[K_t]_i+\Delta\lambda_i^{(1)}(a_0[M]+a_1[C]) \tag{2.188}$$

$$\{\bar{P}_{t+\Delta t}\}_i=\{P_{t+\Delta t}\}-(a_0[M]+a_1[C])\{v_{t+\Delta t}\}_i-\{F_t\} \tag{2.189}$$

式中，$[K_T]_i$为结构切线刚度矩阵；$\{F_t\}$是 t 时刻动力方程平衡时对应的结构节点力。

2.7.2 结构非线性动力稳定平衡路径的迭代算方法

比较结构动力增量方程(2.187)和静力增量方程(2.121)可知，两方程形式完全相同，但方程中各量的物理含义或方程的意义却不同。从数学上两者完全可用相同的方法求解。因此，2.3.2 节所述的弧长控制增量迭代技术可用于动力增量方程(2.187)的求解，以跟踪计算动力荷载作用下结构的屈曲平衡路径[1]。

方程(2.121)的右端项为静力荷载向量$\{P_0\}$，而方程(2.187)的右端项$\{\bar{P}_{t+\Delta t}\}_i$与$\{P_0\}$相对应，具有相同的物理意义，因而在结构动力分析中，可将$\{\bar{P}_{t+\Delta t}\}_i$称为时刻 $t+\Delta t$ 时第 i 增量步的等效动力荷载。

式(2.187)为时刻 $t+\Delta t$ 第 i 荷载增量步的初始迭代(即第 $j=1$ 次迭代)步的增量平衡方程。初步荷载因子增量 $\Delta\lambda_i^{(1)}$ 可根据式(2.134)计算，但式中的$\{\Delta v^{\mathrm{I}}\}_i$按式(2.190)计算

$$[K_T]_i\{\Delta v^{\mathrm{I}}\}_i=\{\bar{P}_{t+\Delta t}\}_i \tag{2.190}$$

初次迭代步的位移向量分别为

$$[K_T]_0\{v\}_1^{(1)}=\Delta\lambda_1^{(1)}\{\bar{P}_{t+\Delta t}\}_1 \tag{2.191}$$

$$[K_T]_i\{v\}_i^{(1)}=\Delta\lambda_i^{(1)}\{\bar{P}_{t+\Delta t}\}_i \tag{2.192}$$

式中，$[K_T]_0$和$[K_T]_i$为初始时刻和 $t+\Delta t$ 时刻在第 i 荷载增量步第一次迭代时的切线刚度矩阵；$\{\bar{P}_{t+\Delta t}\}_1$、$\Delta\lambda_1^{(1)}$和$\{\bar{P}_{t+\Delta t}\}_i$、$\Delta\lambda_i^{(1)}$为初始时刻第 1 次增量步和 $t+\Delta t$ 时刻第 i 增量步时的等效动力荷载矢量及荷载因子增量。

在非线性动力平衡增量方程的第 i 荷载增量步第 $j(\neq 1)$次迭代中，增量平衡方程为

$$[K_T]_i^{(j-1)}\{\Delta u\}_i^{(j)}=\Delta\lambda_i^{(j)}\{\bar{P}_{t+\Delta t}\}_i+\{R\}_i^{j-1} \tag{2.193}$$

式中，$\{\bar{P}_{t+\Delta t}\}_i$ 的求解方法与式(2.189)相同。

$$\{R\}_i^{j-1}=\lambda_i^{(j)}\{\bar{P}_{t+\Delta t}\}_i+\{F_{t+\Delta t}\}_i^j-\{F_{t+\Delta t}\}_i^{j-1} \tag{2.194}$$

式中，$\lambda_i^{(j)}$为第 i 荷载增量步中从 $j=1$ 到第 j 次迭代时的荷载因子增量累积；$\{F_{t+\Delta t}\}_i^j$、$\{F_{t+\Delta t}\}_i^{j-1}$为本时刻第 j 和第 $j-1$ 次迭代结束后的节点内力荷载向量。

式(2.193)中的荷载因子增量 $\Delta\lambda_i^{(j)}$，可用式(2.130)求得，其中

$$\left.\begin{aligned}\{\Delta u^{\mathrm{I}}\}_i &= [K_{\mathrm{T}}]_i^{-1}\{\bar{P}_{t+\Delta t}\}_i\\ \{\Delta u^{\mathrm{II}}\}_i^{(j)} &= [K_{\mathrm{T}}]_i^{-1}\{R\}_i^{j-1}\\ \{\Delta u\}_i^{(j)} &= \Delta\lambda_i^{(j)}\{\Delta u^{\mathrm{I}}\}_i+\{\Delta u^{\mathrm{II}}\}_i^{(j)}\end{aligned}\right\}\tag{2.195}$$

每一个荷载增量步迭代收敛的准则为

$$\frac{\{\Delta u\}_i^{(j)\mathrm{T}}(\Delta\lambda_i^{(j)}\{\bar{P}_{t+\Delta t}\}_i-\{R\}_i^{j-1})}{\Delta\lambda_i^{(1)}\{\Delta u\}_i^{(1)\mathrm{T}}\{\bar{P}_{t+\Delta t}\}_i}\leqslant\varepsilon\tag{2.196}$$

式中，ε 为收敛控制精度，常取 10^{-3}。

2.7.3 结构动力稳定判定准则

结构的动力失稳，是指结构在某一动力荷载作用下，结构刚度出现非正定，结构动力位移或变形显著增长甚至不收敛，导致结构局部或整体稳定承载能力显著降低或丧失稳定承载能力。结构在动力荷载作用下的这种现象，称为动力失稳[19][20]。结构的动力稳定特性远比静力稳定复杂，长期以来人们对结构静力稳定性研究较多较深入，但对动力稳定性的本质及机理却知之较少，目前的研究成果尚不足以满足工程应用的需要。本节就已有的成果进行简单论述。

1)结构动力稳定性判定准则

借助于对结构非线性静力稳定性的分析理论，可研究探索结构动力稳定性的实质和失稳机理。结构动力稳定判定准则，可以结构静力稳定判定准则为基础，进行修正完善。常用的结构动力稳定判定基本准则有[19][20]：

(1)能量准则

承受某种动力荷载作用的结构，在动力荷载状态的任一平衡点施加一扰动，如果此时结构系统的应变能增量大于外力(指等效动力荷载)在这一扰动上所做的功，则结构的动力平衡状态是稳定的；如果此时结构应变能增量等于外力在此扰动上所做的功，则结构的动力平衡状态为随遇平衡状态或临界平衡状态；如果此时结构应变能增量小于外力在这一扰动上所做的功，则动结构的力平衡状态是不稳定的。

(2)静力准则

在结构动力稳定分析中，如果在某一时域，结构体系处于一种特定的平衡状态，即此时结构有一系列无限接近的平衡位置，在当前的动力状态下结构都能维持平衡，则该状态为随遇平衡状态或临界平衡状态。

(3)动力准则

承受某种动力荷载的结构体系，在某一动力平衡位置或状态，若结构仍能在此位置附近做固有振动，则结构处于动力稳定平衡状态；若结构体系的振动频率接近于零，则结构处于动力稳定临界状态；若此时结构切线刚度矩阵的特征值出现负值，相应的振动频率为虚数，则结构为动力不稳定或动力失稳。

(4)初始缺陷准则

采用有缺陷结构体系进行动力稳定分析，当承受某种动力荷载的有缺陷结构体系，由于初

始缺陷的影响使结构响应(如位移)在某一平衡状态急剧增长时,则此平衡状态为相应的完善结构体系的动力稳定临界状态。

2)结构动力分析中的动力稳定判别方法

由于结构在接近动力失稳临界状态时,都具有共同的特征,即结构的切线刚度矩阵趋于奇异,结构切线刚度矩阵的最小特征值接近于零,结构的最小自振频率接近于零,结构动力平衡路径变得更加平缓或有下降趋势。因此,在结构动力稳定分析中,根据以上基本准则,理论计算中通常采用以下两种方法作为动力稳定性判别方法[19][20]:

(1)刚度准则方法

准则一:在某时段 t,设质量矩阵为$[M]$取正值,阻尼矩阵为$[C(\dot{v})]$取正值,如果结构的广义刚度 $k_j=\{\phi_j\}^{\mathrm{T}}[K]\{\phi_j\}(j=1,\cdots,n)$均大于零,则结构体系渐近稳定;若某些广义刚度为零,其他均大于零,则结构体系处于临界状态;若至少有一个广义刚度小于零,则结构体系为动力不稳定体系。

准则二:在某时段 t,设质量矩阵$[M]$取正,阻尼矩阵$[C]$取正,对结构的切线刚度矩阵$[K_{\mathrm{T}}]$进行 LDL^{T}分解,即$[K_{\mathrm{T}}]=[L][D][L]^{\mathrm{T}}$,若$[D]$的所有主元皆为正,则结构体系渐近稳定;若$[D]$中某些主元为零,其余主元均大于零,则结构体系处于临界状态;若$[D]$中至少有一个小于零的主元,则结构体系为动力不稳定。

(2) 广义刚度参数准则方法

定义结构广义刚度参数 G_i 为

$$G_i=\frac{\{u_1\}_1^{(1)\mathrm{T}}\{u_1\}_1^{(1)}}{\{u_1\}_{i-1}^{(1)\mathrm{T}}\{u_1\}_i^{(1)}} \tag{2.197}$$

其中,$\{u_1\}_1^{(1)}$为第一次荷载增量步对应于初始刚度$[K_{\mathrm{T}}]_0$所求得的第一次迭代时的位移增量;$\{u_1\}_{i-1}^{(1)}$、$\{u_1\}_i^{(1)}$分别为第 $i-1$ 及第 i 荷载增量步时对应于$[K_{\mathrm{T}}]_{i-1}$和$[K_{\mathrm{T}}]_i$第一次迭代时所求得的位移增量。

在结构动力稳定非线性平衡路径分析中,当广义刚度参数 G_i 为正值时,结构平衡状态为动力稳定;当广义刚度参数 G_i 接近于零时,则结构动力平衡状态处于稳定临界状态;当 G_i 为负值时,结构为动力失稳(局部失稳或整体失稳)。

参 考 文 献

[1] 沈祖炎等. 钢结构学. 北京:中国建筑工业出版社, 2005.
[2] D. Bushnell. Computered Buckling Analysis of Shells. Dordrecht, Kluwer Academic Publishers, 1985.
[3] 尹德钰, 刘善维, 钱若军. 网壳结构设计. 北京:中国建筑工业出版社, 1996.
[4] 陈骥. 钢结构稳定理论与设计. 北京:科学出版社. 2006.
[5] 雷宏刚. 钢结构事故分析与处理. 北京:中国建材工业出版社,2003.
[6] 董石麟, 钱若军. 空间网格结构分析理论与计算方法. 北京:中国建筑工业出版社, 2005.
[7] 王春江. 平板型张力集成体系的几何稳定性及预应力分析研究. 上海:同济大学, 2002.
[8] 苏慈. 大跨度刚性空间钢结构极限承载力研究. 上海:同济大学,2006.

[9] 罗永峰，沈祖炎. 网壳结构节点体对其承载性能的影响. 同济大学学报. 1995,32(1):21-25.

[10] 王星，董石麟. 考虑节点刚度的网壳杆件切线刚度矩阵. 工程力学. 1999. 16(4): 24-32.

[11] J. M. T. Thompson, G. W. Hunt. A General Theory of Elastic Stability. Hoboken, NJ, John Wiley & Sons Ltd, 1973.

[12] 敖鸿斐. 临界缺陷模态法在网壳缺陷敏感性分析中的应用. 上海:同济大学,2005.

[13] 王毅. 单层网壳初始奇异点的判断理论与计算方法研究. 上海:同济大学,2003.

[14] 沈士钊，陈昕. 网壳结构稳定性. 北京:科学出版社,1999.

[15] 黄为民，赵惠麟. 具有随机几何缺陷的单层网壳临界荷载的确定. 空间结构. 1994. 1(2):26-32.

[16] 洪文明. 单层网壳结构失稳传播的分析. 上海:同济大学,2006.

[17] K. Abedi,G. A. R. Parke. Progressive Collapse of Single. layer Braced Domes. International Journal of Space Structures. 1996,Vol. 11(3):291-306.

[18] JGJ 61—2003 网壳结构技术规程. 北京:中国建筑工业出版社,2003.

[19] 李忠学,杆系钢结构的非线性动力稳定性分析. 上海:同济大学,1998.

[20] 叶继红,单层网壳结构的动力稳定分析. 上海:同济大学,1995.

第3章 钢拱结构的整体稳定性

3.1 钢拱结构的特点及应用

3.1.1 钢拱结构的形式与受力特点

钢拱结构形式多样。就单榀拱结构而言，按截面形式可以分为实腹拱(图 3.1)、平面格构拱(图 3.2)及空间格构拱(图 3.3)。其中，实腹钢拱的截面组成可以是单一截面(等截面或变截面)、腹板开洞的空腹截面[1][2]、组合截面[3]；平面桁架钢拱的截面可以是有斜腹杆的一般平面桁架拱，或无斜腹杆的空腹桁架拱；空间桁架钢拱的截面形式有三角形(正、倒)桁架、梯形(正、倒)桁架、矩形桁架等，图 3.4 给出了一些实际工程中采用的空间桁架钢拱形式。按支座约束方式，拱结构又可以划分为无铰拱、两铰拱和三铰拱，如图 3.5 所示。实际工程中考虑制作的方便，按照拱的轴线形式，还可以分为圆弧形拱、抛物线形拱、椭圆形拱、折线形拱以及其他(轴线)变曲率拱等。

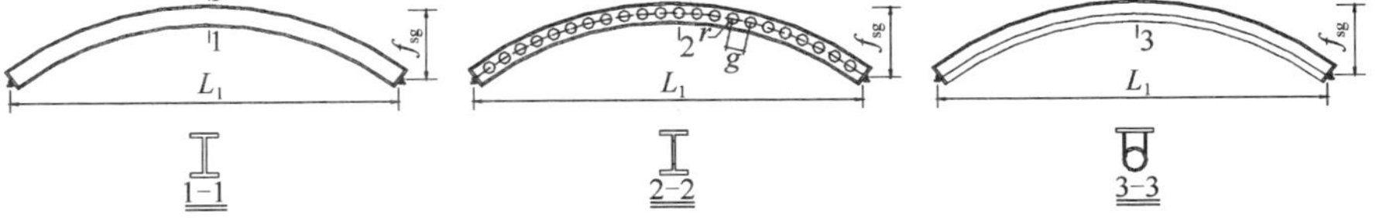

a)单一截面　　b)腹板开洞的空腹截面　　c)组合截面

图 3.1　实腹钢拱截面形式

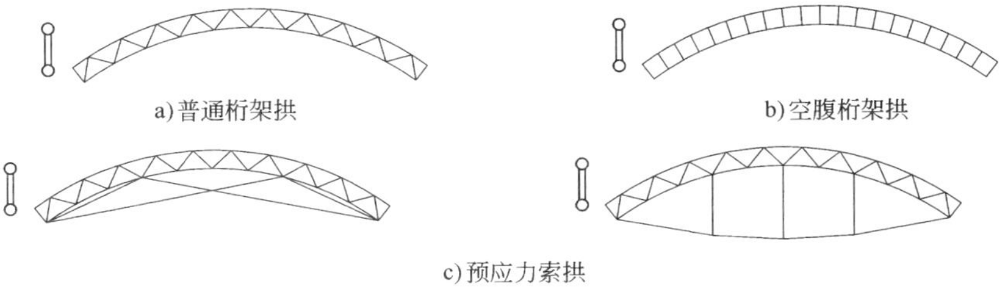

a)普通桁架拱　　b)空腹桁架拱

c)预应力索拱

图 3.2　平面格构钢拱截面形式

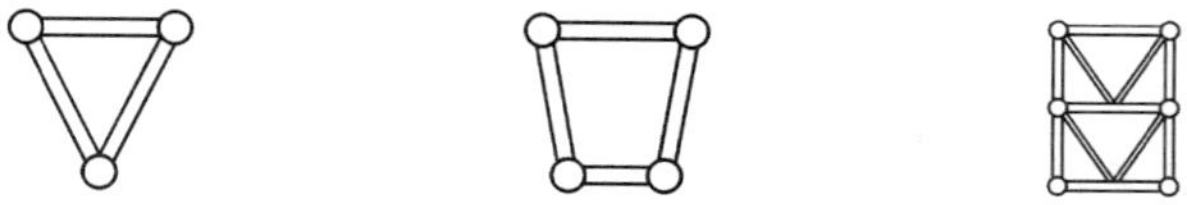

a) 倒三角形截面　　b) 梯形截面　　c) 矩形截面

图 3.3　空间格构钢拱截面形式

a) 倒三角形截面拱（宁波机场）

b) 梯形截面拱（香港大球场）

c) 矩形截面拱（芜湖体育馆）

图 3.4　空间格构钢拱工程实例

a) 无铰拱　　b) 两铰拱　　c) 三铰拱

图 3.5 不同支座形式的拱结构

单榀钢拱结构可通过不同形式的组合，如采用平行、交叉（正交、斜交）或辐射状布置钢拱，以形成受力合理的大跨度空间结构体系。

从受力而言，拱结构以其独特的曲线形式实现了弯矩向轴（压）力的转化，即所谓“拱效应”，从而尽可能地全截面发挥作用，提供建筑材料的利用效率。在全跨均布荷载作用下，拱结构是一种以受压为主的结构形式。因此，与其他钢结构直构件相比，其稳定问题更为突出且相当复杂，尤其是对钢结构拱而言，其稳定问题常常是结构设计中的控制因素。

3.1.2 钢拱结构整体稳定性态的类型

钢拱结构的整体稳定包括平面外稳定和平面内稳定两类[4]~[10]。在平面外，独立的无铰钢拱结构失稳又称作“侧倾失稳”，具有与悬臂柱类似的特性，多属弯扭失稳。一般而言，钢拱结构的平面外稳定主要通过在面外设置支撑保障，如平行布置于拱结构之间的支撑（图 3.6a））、在钢拱结构两侧布置斜拉稳定索（图 3.6b）），等等。因此，钢拱结构的平面内稳定问题就成为各类拱结构设计的主要问题[5][8][11]~[16]。

a) 九寨沟甘海子国际会议度假中心　　b) 黄龙洞体育场

图 3.6 钢拱结构平面外稳定构造

理想拱结构在受径向均布压力作用下的平面内稳定问题，一直是经典屈曲理论的研究对象之一。一般而言，拱结构平面内的前两阶失稳模式均为弯曲失稳，可概括为两类，即对称失稳变形和反对称失稳变形，如图 3.7 所示。

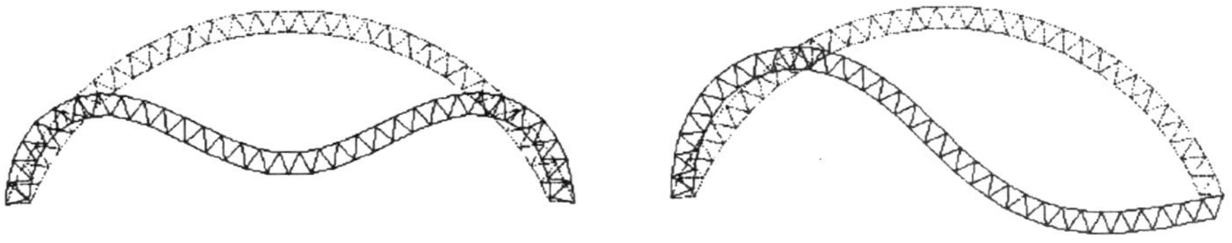

a) 对称失稳　　b) 反对称失稳

图 3.7 拱结构的失稳模式

在实际拱结构中，结构的设计荷载主要考虑两种分布形式，即沿跨度方向的全跨均布荷载和半跨均布荷载。在半跨荷载作用下，拱结构的整体失稳形式必然是反对称的。在全跨均布荷载作用下，理想拱结构的平面内稳定问题是典型的分枝稳定问题，一般第一阶失稳模态为反对称变形，第二阶失稳模态为对称变形，之后的失稳模态则表现为失稳波数依次增加的反、正对称变形交替形式。对实际的钢拱结构，由于制作安装的几何缺陷不可避免，其失稳特征往往直接表现为承载力相对较低的反对称失稳变形。

3.1.3 钢拱结构的工程应用

拱结构是一种非常古老的结构形式，其外形优美，结构刚度大，承载能力高。即使采用以抗压为主、抗拉相对较差的传统建筑材料，如砖石等，也能跨越较大的跨度，因而常常作为一种有效实现大跨度的结构形式，广泛应用于房屋结构、桥梁结构、水工构筑物等领域。在我国，公元 606 年就建成了世界闻名的赵州桥(图 3.8)，充分显示了当时工程人员对拱结构受力性能的认识。美国弗吉尼亚州跨越新乔治河大峡谷的 Fayetteville 桥(图 3.9)跨度 518m，是目前世界上最大跨径的钢桁架拱桥。

图 3.8 中国赵州桥

图 3.9 美国弗吉尼亚州 Fayetteville 桥

在建筑结构领域，各种形式的钢拱结构应用广泛，充分表现出建筑结构“力”与“美”的完美结合。目前，在国内大跨度场馆结构中，所采用的拱的形式有独立拱、平行拱、辐射拱、正交拱。本节介绍一些有代表性的典型工程应用实例。

1)复旦正大体育场——独立拱结构[17]

复旦正大体育场位于复旦大学南区体育场中心内，如图 3.10 所示。建筑面积 1.23 万 m^2，屋盖面积 4500m^2，最大长宽尺寸(柱间距)为 65m×82m，体育场上空横跨 100m 跨的一个半圆弧独立大拱，大拱与水平呈 75°斜置。屋盖主结构为纵横大跨立体桁架交叉架立的空间双曲钢桁架结构，整个屋盖中间无支柱，周边有沿着看台设立的间距为 6～10m 的钢筋混凝土柱以

图 3.10 复旦正大体育场

及柱顶混凝土环梁。弧形的空间桁架跨越65m跨度赛场并列布置，中间设一道钢结构纵向桁架串联各并列横向桁架，形成脊桁架，屋盖上部斜置大钢拱，通过高强钢丝拉索与屋盖脊桁架及混凝土环梁相连。横向空间桁架之间，每隔6m设置一道横向钢管拱，该拱的纵向每隔3.3m设置一道钢管次拱，交叉钢管下，每隔3个节点设一道刚性下支撑杆，通过4根空间拉索提供的预拉力由撑杆支承交叉钢管拱。

2)南通体育场——平行拱结构[18]

南通市体育会展中心体育场如图3.11所示。横向最大尺寸为262.46m，纵向最大尺寸为265.46m。主拱桁架中心距约40m，主拱与次拱桁架中心距约20m，该工程固定屋盖采用拱支网壳，拱上弦轴线位于半径204m的球面上，下弦轴线位于半径200m的球面上；两片活动屋盖牵引开合，设有2×22个台车、8套动力牵引装置；屋盖分固定屋盖与两片活动屋盖，均为相贯钢管桁架结构，水平投影面积为40471m^2、其中开口部分17807m^2。

图3.11 南通体育场

固定屋盖由2榀纵向斜拱、6榀横向主拱、10榀横向副拱、2榀内圈桁架及单层网壳结构组成；横向主拱间距40m，最大跨度262m，拱中部跨度100m。横向主拱为主要传力构件，以承受轴向力为主，支撑着整个屋盖的大部分质量，又作为滑移轨道的支撑结构。纵向斜拱起到调整结构内力、保证横向主拱侧向稳定性的作用；次拱桁架起到分散主拱桁架受力与拱脚推力、减少屋面檩条跨度的作用。斜桁架作为次拱结构的上部支撑，起着调整各主拱桁架间的内力分配，同时作为主拱桁架的侧向支撑，传递侧向水平荷载、提高整体结构的侧向稳定性。内圈桁架作为活动屋盖完全闭合时的收边支撑桁架，调整主拱桁架间的内力分配，加强屋盖刚度。桁架截面为倒置三角形，杆件最大规格ϕ630mm ×40mm。单层网壳结构，位于半径206.8m的球面上，每片屋盖用螺栓固接于22个台车上，沿6条圆弧轨道牵引移动，轨道位于固定屋盖的横向主拱上弦平面。屋面为膜结构，屋面单层网壳可加强屋面刚度，承担并均化屋面荷载。

活动屋盖的整个单层网壳呈月牙形，由两片完全对称的网壳组成，为一内嵌于周边钢桁架上的薄壳结构，结构面外刚度差。由机械传动与控制系统支撑于固定屋盖的6条轨道上，每片屋盖的支撑总轮数为22个。每片活动屋盖的移动有4个牵引点、共16根钢缆绳牵拉。活动屋盖分全开、全闭和途中开关状态等工况，当闭合时，安装在活动屋盖对接部位的6套插销机构，可以将2个活动屋盖联结成一体，增加活动屋盖结构的稳定性。网壳由人字斜杆组成菱形网格，并在南北向加设连杆，使网格呈三角形。网壳东西向边界为三角形截面封边桁架，所有单层网壳杆件轴线节点均位于半径为206.8m的球面上。活动屋盖的投影长度201.92m，闭合后的宽度 120.46m，沿径向的最大高差 8.86m，沿环向的最大高差 27.48m。网壳结构由大直径钢管相贯连接组成，最大钢管 ϕ630mm×30mm 位于活动屋盖的对接直边，中间部分为 ϕ450mm×(12～16)mm，收边部分采用 ϕ351mm 以下钢管组成三角形桁架。

3）国家大剧院——辐射拱结构[19]

中国国家大剧院位于人民大会堂西侧，西长安街以南，如图 3.12 所示。该工程由椭球形结构的中心（202 区）大剧院主体建筑、南北两侧（201 区、203 区）的地下通道、车库及其他附属配套设施组成，总占地面积 11.893 公顷。国家大剧院工程总建筑面积 149520m^2，主体建筑由歌剧院、戏剧院、音乐厅组成。大剧院主体建筑钢椭球体为一超大空间钢网壳结构，东西长 212.24m，南北长 143.64m，高 45.35m。

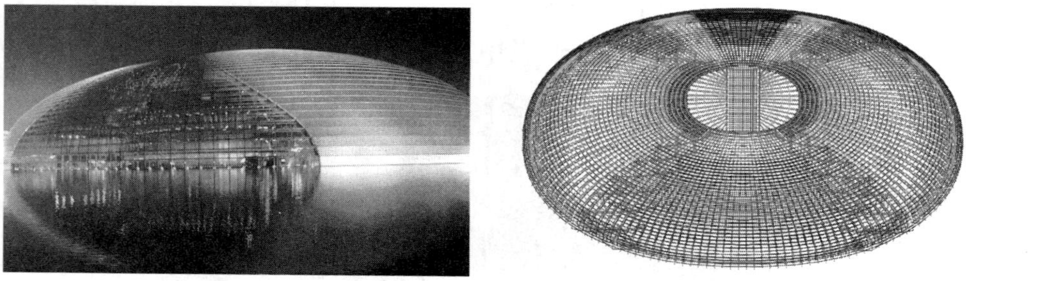

图 3.12　国家大剧院

整个钢网壳由顶环梁、格构式拱、拱间连杆以及斜撑构成，钢网壳固定连接于下部钢筋混凝土环梁，形成稳定的空间结构体系。顶环梁采用 ϕ1117.6×25.4THK 钢管，中间矩形框采用箱型钢梁。整个顶环梁长约 60m，宽约 38m。顶环梁半圆区内隔栅呈放射状分布，矩形框内南北向隔栅采用 60mm 钢板梁，东西向采用 ϕ194 钢管，隔栅呈网格状分布。格构式拱曲线均由两椭圆弧线构成，拱底宽约 4m，顶宽约 2m ，最大长度约 98 m，分为 A 类（短轴拱）、B 类（长轴拱）。A 类拱采用 60mm 厚钢板制作，B 类拱采用上下翼缘不等的焊接 H 型钢。A 类拱共 46 榀，B 类拱共 102 榀。斜撑及连杆均采用钢管，屋盖可见区域拱间连杆采用铸钢节点连接，不可见区域连杆采用钢套筒连接。环向连杆系连接拱的主要构件，呈水平环状布置，自拱根部至上端共 41×2 道，采用 ϕ140×8～ϕ194×5 钢管和套筒连接。斜撑分布在网壳平面正交轴的 4 个对角线上，每个斜撑区分布范围为 9 个拱间，其作用是增加网壳的稳定性，斜撑采用 ϕ194×12 钢管，连接节点采用管板形式。

4）广州新白云国际机场航站楼——正交拱结构[20]

广州新白云国际机场航站楼，如图 3.13 所示。首期工程建筑面积约 35 万 m^2。航站楼建筑群由主楼、东西两座连接楼、东西四条指廊、东西四条高架连廊共四部分组成。航站楼屋盖结构及三管梭型钢格构柱（以下简称人字形柱）均为钢结构，钢结构覆盖面积约 16.5 万 m^2。主楼屋盖系统采用曲面钢结构桁架体系，主体结构由长跨倒三角形立体钢桁架、联接桁架、内部巨形混凝土柱和外部人字形钢格构柱组成，屋面由压型钢板屋面和张拉膜屋面组成。压型钢板屋面焊接在主桁架上、弦杆上，张拉膜覆盖在屋架的中部桁架上。主桁架间距约为 18m，对称分布于南北两侧，每侧 18 榀，共计 36 榀。主桁架两端支承在两排弧线排列的三角形变截面人字形钢格构柱上，柱顶标高为 14.7～35.7m 不等，主桁架脊骨结构由两排巨形截面混凝土箱形柱支承，标高为21～41.91m不等。主桁架之间屋面结构是14m跨度的箱形压型钢板。东西连接楼的屋面是有檩体系，屋面板是单层压型钢板，部分屋面为圆拱形玻璃纤维张拉膜，整个屋面沿纵向设置了5道次桁架，次桁架既是支承檩条又是屋盖的支撑，在屋盖伸缩缝处设有X形支撑。东一、西一指廊屋盖钢桁架采用方钢管平面桁架，主桁架跨度24m，支承于钢筋混凝土柱子上，两端各悬挑7.4m，混凝土柱的高度为23.6～12.6m，主桁架高2.2m，屋面为1.6mm及2mm厚的箱形压型钢板。指廊屋盖在混凝土柱顶设有2道纵向支撑。东西高架连廊为2层钢结构，连接主航站楼和连接楼。高架连廊为400mm及500mm的方管钢桁架，支承于用厚板焊接的H型钢柱上。

图3.13 广州白云机场航站楼正面

3.2 钢拱结构整体稳定性分析与评定方法

3.2.1 整体稳定性分析方法

关于拱结构整体稳定性的研究具有较长的历史。早期的研究一般采用忽略拱屈曲前变形的线性屈曲理论，从而得到简单纯压拱的临界荷载公式。同时，早期对扁拱结构的跃越屈曲问题也进行了深入的研究。随着计算机技术和数值分析方法的飞速发展，拱结构的整体稳定分析进入了一个全新的阶段。其中，研究方法从线性屈曲理论上升到几何非线性分析理论以及几何和物理双非线性理论；拱结构的截面可以多样；轴线也不只限于圆弧和抛物线变化；拱结构的初始几何缺陷和物理缺陷（如残余应力等）均可以相对精确的考虑。同时，拱结构所承受的荷载分布形式也可以多样化。

参考文献[7]以两铰圆弧桁架拱为例（扁拱除外），说明了拱结构在外荷载作用下平面内整体稳定的分析方法及对应的失稳特点。在对称荷载作用下，通过一阶线性分析得到的荷载-位移曲线如图3.14中的曲线 a 所示，按照线性屈曲分析得到的临界荷载是拱的一次分支失稳荷载，失稳模态为反对称形式，如图3.14中曲线 c 所示。在对称荷载作用下，采用二阶弹性（或弹塑性）屈曲理论分析，可以得到两条曲线，第一条曲线假定桁架拱无初始几何缺陷，则拱失稳时属极值点失稳，变形完全对称，如图3.14中曲线 b；第二条曲线假定桁架拱具有反对称初始几何挠度，则失稳时也属于极值点失稳，不过变形是反对称的，如图3.14中曲线 f 所示。在对称荷载作用下，完善拱可能发生二次平衡分支失稳，这种失稳特征是荷载-位移曲线先沿着曲

线 b 发展，拱变形完全是对称的，当荷载达到二次分支屈曲荷载时，拱变形由对称变形突然跳跃至反对称变形，如图 3.14 中曲线 d 和曲线 e 所示。研究表明，二次分支后的荷载一位移曲线可能会略有提高（曲线 e），但提高不多。由分支屈曲的分析方法可知，一次分支屈曲的变形和内力分析是线性的，二次分支屈曲的变形和内力分析是非线性的。对于跨度较大的拱结构，二次分支屈曲荷载会明显小于一次分支屈曲荷载，这是因为二次分支屈曲前的变形较大，其荷载的二阶效应影响较大。可以想象，在拱具有反对称初始几何缺陷的情况下，全跨均布荷载作用下的曲线 f 必然落在曲线 b 和曲线 d 的下方，该研究结论对拱结构的设计具有参考价值。

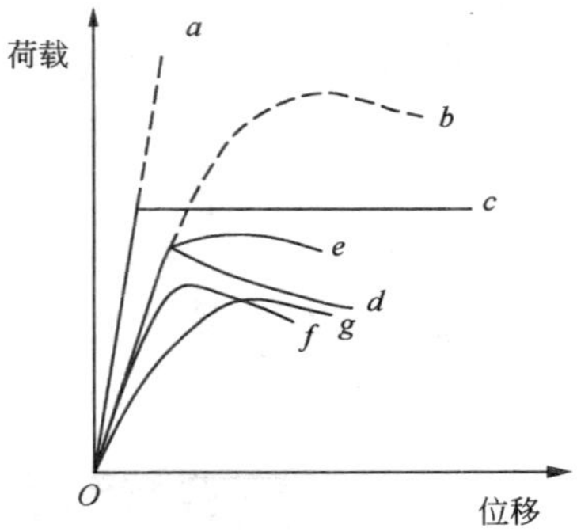

图 3.14　拱的屈曲平衡路径

而跃越屈曲失稳现象，则经常发生在矢跨比较小的扁拱中。

在半跨荷载作用下，拱结构的失稳变形必然是反对称的，相应的荷载-位移曲线如图 3.14 中曲线 g 所示。

一般情况下，拱结构的一次分支屈曲荷载要高于二次分支屈曲荷载，完善拱在全跨均布荷载作用下的稳定承载力要大于半跨均布荷载作用下的稳定承载力。但是，具有反对称初始几何缺陷的拱，在全跨均布荷载作用下的承载力比半跨均布荷载作用下低，且常常是拱结构设计中的控制因素。

对钢桁架拱结构，由于设计参数相对较多，其整体稳定性将受到组成杆件和（或）节点的局部稳定和承载力的影响，结构分析较一般实腹拱结构要复杂得多。

3.2.2　线性整体稳定性分析

长期以来，人们对拱的线性整体稳定性已进行了深入的研究，且积累了大量的研究成果及文献。拱的线弹性屈曲基本分析理论与 2.6.1 节相同。目前，采用一些通用的有限元分析程序或结构设计软件，都可以非常方便地进行线性整体稳定性分析，或称线性屈曲分析。但需要指出的是，一般而言，线性整体稳定分析得到的承载力结果是偏高的。相对而言，所得到的失稳模态在工程上将具有更重要的参考价值。

3.2.3　大位移几何非线性整体稳定性分析

采用第 2 章所述的大位移几何非线性分析理论，可以对拱结构进行稳定全过程的跟踪分析。参考文献[22]采用自编程序对图 3.15 所示的存在分支平衡的经典问题进行了验证分析，计算结果如图 3.16～图 3.18 所示。图中，曲线 ABHCDEF 为该铰支拱在对称失稳时的荷载-位移曲线，曲线 ABGEF 为该铰支拱在反对称失稳时的荷载-位移曲线，B 点为分支点。该结构的第一失稳模态为反对称失稳，如图 3.18a）所示；第二失稳模态为对称失稳，如图 3.18b）所示。E 点以后两条荷载-位移曲线重合。

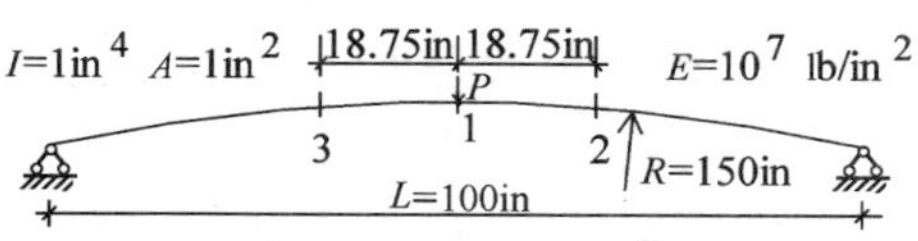

图 3.15　中心集中力作用下铰支拱

注：1in＝0.0254m

1lb＝0.453kg

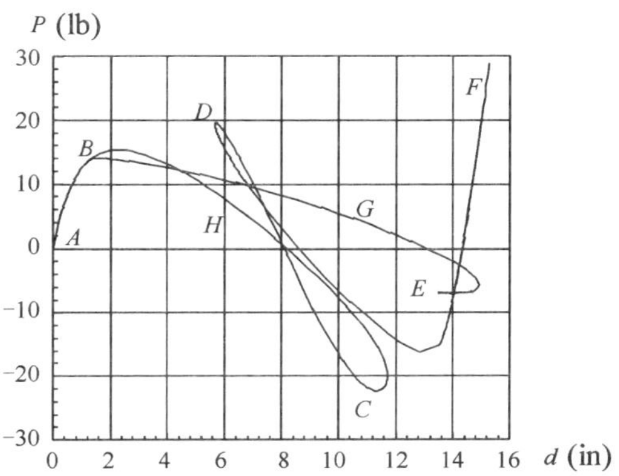

图 3.16 节点 2 荷载-位移曲线

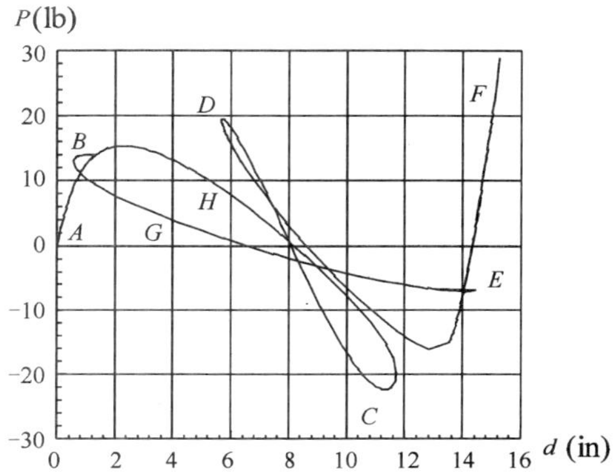

图 3.17 节点 3 荷载-位移曲线

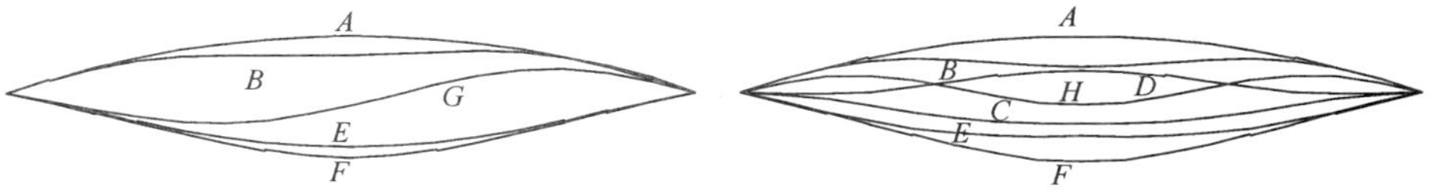

a)反对称失稳（过程：A-B-G-E-F） b)对称失稳（过程：A-B-H-C-D-E-F）

图 3.18 不同荷载步下拱的变形图

注：lb＝0.453kg

在大位移几何非线性整体稳定性分析中，常常需要引入初始几何缺陷来考虑实际情况下的整体稳定问题。J. L. Meek 等在对一两铰深拱$\left(矢跨比\frac{1}{4}\right)$的分支点失稳型问题的分析中，曾采用小量的初始外荷载缺陷（A Small Force Imperfection）来引导平衡进入不同的分支路径[23]，结果较为满意，但这种方法将导致失稳前路径的改变。

通常，几何缺陷的分布可以来自实际测量的结果。但在结构设计时，设计人员不可能知道最终完成施工的结构的几何缺陷的分布情况。因此，设计中一般依《钢结构工程施工质量验收规范》(GB 50205—2001)考虑一个容许幅值下的最不利的几何缺陷分布，而这个分布模态的确定完全可以参考第 2 章所述的"一致缺陷模态法"。

实际上，对拱结构承载力设计而言，最不利的失稳模式一般为反对称模态，因此，参考文献[24]介绍的力和位移的扰动方法，只要能够引起反对称失稳的"初始几何缺陷"(类似位移扰动)或"偏心力"(类似力扰动)，都可以带来相近似的分析结果。

3.2.4 大位移弹塑性整体稳定性分析

对于截面刚度相对较大的钢拱结构，由于在结构整体失稳时，钢拱的部分构件可能已进入屈服状态，因此，在进行整体稳定分析时，除应考虑大位移几何非线性效应外，尚应考虑构件材料的弹塑性的影响。

3.3 钢拱结构稳定性设计的实用方法

上一节关于钢拱结构的整体稳定分析方法，指出了目前钢拱结构稳定分析理论方法的三个层次：一阶弹性分析、几何非线性分析、几何物理双非线性分析。所采用的分析模型与真实物理模型越来越接近，分析难度、计算量也越来越大。从严格意义上讲，如果分析模型中包括了结构的 $P\text{-}\Delta$ 效应、构件的 $p\text{-}\delta$ 效应、材料的弹塑性以及构件的等效初弯曲（构件的残余应力），也即前面所述的几何物理非线性，则设计计算结果只需保证构件的强度安全即可，没有必要再按《钢结构设计规范》(GB 50017—2003)的方法，先计算构件的计算长度，再查稳定系数 φ，进而计算构件的稳定承载力。但限于目前的计算手段及计算理论的限制，在相当长的时期内，仍会是仅仅对结构进行一阶弹性分析，然后根据弹性分析结果，采用把个别构件分离出来作为分析对象的方法，通过构件计算长度的概念，来计及构件的 $p\text{-}\delta$ 效应、材料的弹塑性以及构件的等效初弯曲等，由此验算构件的稳定性。

对于拱稳定性的研究，目前国内外的研究文献很多，也取得了较多的成果，但如何应用于实际工程设计，还需做很多工作。本节分别针对纯压拱和压弯拱，介绍拱结构稳定性设计的实用方法，可供实际设计参考。

拱的失稳可以分为平面内失稳和平面外失稳。拱的平面内失稳为弯曲失稳，平面外失稳为弯扭失稳。一般情况下，平面外的稳定性可以通过设置足够的面外支撑来保证，因此本节仅考虑拱的平面内稳定性设计。

3.3.1 纯压拱稳定性设计

单纯受压的拱有三种类型：

①承受沿水平线均匀分布的竖向荷载的抛物线拱；

②承受沿拱轴线均匀分布的竖向荷载的悬链线拱；

③承受沿拱轴线均匀分布的法向荷载的圆弧拱。

上述三种类型的拱有一个共同的特点就是压力线与拱轴线重合，拱截面没有弯矩。单纯受压的完善拱与完善的直杆一样，失稳时呈分岔屈曲，其弹性临界荷载可通过简单的线性屈曲分析得到，参考文献[21]给出了表 3.1 所列各类等截面纯压拱的无量纲化弹性临界荷载 q_{cr} 以及在临界状态时拱的无量纲化水平推力 H_{cr} 。但由此查得的临界荷载并不能直接用于实际设计，因为实际拱结构构件中总是存在各种各样的缺陷（如初始几何缺陷、残余应力等），且构件的失稳一般均发生在弹塑性阶段，故拱的稳定性设计应按弹塑性稳定来考虑。在目前试验资料相对缺乏的情况下，一个可行的替代办法是通过查取表 3.1 拱脚的临界水平推力，计算出拱脚截面的临界压力 N_{cr} ，使之等于 $\dfrac{\pi^2 EI}{l_0^2}$ ，从而得到拱的等效计算长度 l_0 ，再根据《钢结构设计规范》(GB 50017—2003)，查附录中的稳定系数 φ，进行构件的稳定承载力验算。由于由计算长度 l_0 查得的稳定系数 φ 包括了初始缺陷、截面的残余应力，因而，可以适用于弹性和非弹性失稳验算。

图 3.19 给出了 DIN18800-II-1990（德国钢结构稳定规范）[23]所规定的拱的计算长度系数 $\mu_s = \dfrac{s_0}{s}$ ，其中 s_0 为拱的等效计算长度，s 为拱轴线的一半。其中，计算长度以 s 为准，原因是屈曲形式大多呈反对称型。

计算表明，按表 3.1 换算的计算长度与直接按图 3.19 查取的计算长度基本没有区别，是等效的。

等截面纯压弹性拱的临界荷载和拱的水平推力 表 3.1

矢跨比 $\frac{h}{l}$	三 铰 拱		双 铰 拱		无 铰 拱	
	$\frac{q_{cr}l^3}{EI}$	$\frac{H_{cr}l^2}{EI}$	$\frac{q_{cr}l^3}{EI}$	$\frac{H_{cr}l^2}{EI}$	$\frac{q_{cr}l^3}{EI}$	$\frac{H_{cr}l^2}{EI}$
沿水平线均匀分布的竖向荷载作用下的抛物线拱						
0.1	22.5	28.1	29.1	36.3	60.9	76.2
0.15			39.5	32.9	85.1	70.9
沿水平线均匀分布的竖向荷载作用下的抛物线拱						
0.20	39.6	24.8	46.1	28.8	103.1	64.5
0.25			49.2	24.6	114.6	57.3
0.30	49.5	20.6	49.5	20.6	120.1	50.0
0.35			47.8	17.1	120.6	43.1
0.40	45.0	14.1	45.0	14.1	117.5	37.7
0.50	38.2	9.6	38.2	9.6	105.3	26.3
沿拱轴线均匀分布的竖向荷载作用下的悬链线拱						
0.1			28.7	36.3	60.1	76.2
0.15			38.3	32.8	82.7	70.9
0.20			43.5	28.5	98.0	64.3
0.25			44.8	24.1	105.9	56.9
0.30			43.2	19.8	107.4	49.4
0.35			39.7	16.1	104.0	42.1
0.40			35.3	12.9	97.2	35.4
0.50			26.5	8.2	79.3	24.5
沿拱轴线均匀分布的法向荷载作用下的圆弧拱						
0.1	22.2	26.7	28.4	34.1	58.9	70.7
0.2	33.5	17.6	39.3	20.6	90.4	47.5
0.3	34.9	9.3	40.9	10.9	93.4	24.9
0.4	30.2	3.4	32.8	3.7	90.7	9.1
0.5	24.0	0	24.0	0	64.0	0

3.3.2 压弯拱稳定性设计

上节所述的纯压拱，只有在荷载分布形式和拱轴线严格匹配的情况下才仅受压力作用，实际工程中的拱的荷载分布形式非常复杂，拱轴线也不一定正好是上述的三种曲线。因此，实际设计碰到的拱往往是同时受压力和弯矩作用，所以，压弯拱的稳定性设计更普遍。

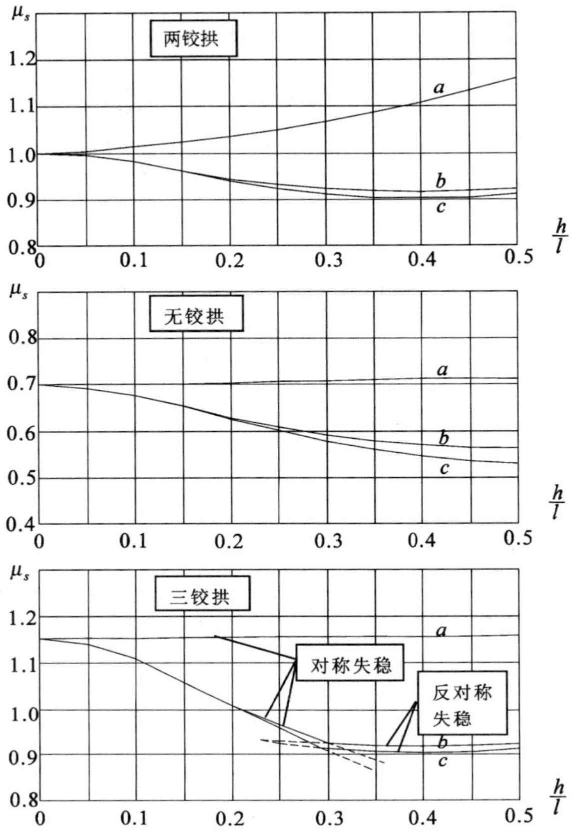

图 3.19　纯压拱的计算长度

注：图中 a -圆弧拱；b -抛物线拱；c -悬链线拱

压弯拱的弹塑性稳定问题，既要计入变形的影响又要考虑残余应力，需要用有限元等数值计算方法求解，其计算颇为复杂，在实际工程设计中，可以采用以下简化方法[21]：

①计入等效几何缺陷，对拱进行二阶弹性分析，并使轴力和弯矩产生的应力不超过$0.9f$，截面分段变化时每段的最大应力都不超过 $0.9f$。等效几何缺陷可以参考德国 DIN18800-II-1990[23]规范规定，按表 3.2 取值。其中的截面类别，可以按我国钢结构规范划分。

拱的等效几何缺陷取值　　表 3.2

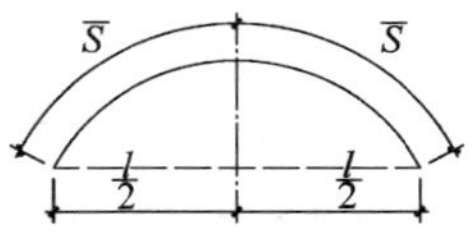	等效初始缺陷模式	不同截面类别的 w_0 取值			
		a	b	c	d
三角拱对称失稳	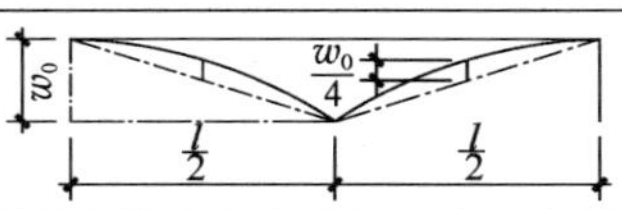	$\frac{S}{300}$	$\frac{S}{250}$	$\frac{S}{200}$	$\frac{S}{150}$
两铰拱、三铰拱、无铰拱反对称失稳	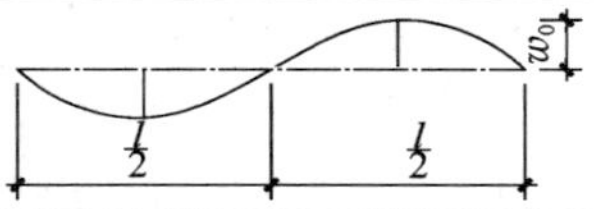	$\frac{S}{600}$	$\frac{S}{500}$	$\frac{S}{400}$	$\frac{S}{300}$

②用极限轴力和极限弯矩的相关公式，内力计算只要求一阶分析，验算四分点处的截面。

当 $\dfrac{N_{max}}{N_y} > n_{cr}$ 时，

$$a\left(\frac{M_{max}}{M_y}\right)^2 + b\left(\frac{M_{max}}{M_y}\right) + c\left(\frac{N_{max}}{N_y}\right) \leqslant 1 \tag{3.1}$$

当 $\dfrac{N_{max}}{N_y} \leqslant n_{cr}$ 时，

$$\alpha\left(\frac{M_{max}}{M_y}\right) + \beta\left(\frac{N_{max}}{N_y}\right) \leqslant 1 \tag{3.2}$$

式中，$n_{cr} = \dfrac{1 - bm_{cr} - am_{cr}^2}{c}$

当 $(am_p^2 + bm_p - 1) \geqslant 0$ 时，$m_{cr} = m_p - \sqrt{(am_p^2 + bm_p - 1)a}$

当 $(am_p^2 + bm_p - 1) < 0$ 时，$m_{cr} = m_p$

其中，

$$m_p = 1.172 - 0.0469\,\bar{\lambda}$$

$$\bar{\lambda} = \frac{2s}{\pi i_z}\sqrt{\frac{f_y}{E}}$$

$$a = 2.509 - 1.689\,\bar{\lambda}$$

$$b = -1.213 + 1.605\,\bar{\lambda} - 0.135\,\bar{\lambda}^2$$

$$c = \frac{1.824 - 0.014\,\bar{\lambda} + 0.376\,\bar{\lambda}^2}{0.82 + 1.2\dfrac{h}{l}}$$

$$\alpha = \frac{1}{m_p}$$

$$\beta = \frac{m_p - m_{cr}}{m_p m_{cr}}$$

式中，N_y、M_y 分别为受压屈服荷载和边缘屈服弯矩。用于设计时，应以强度设计值 f 代替 f_y。

3.3.3　算例

【算例 1】 双铰抛物线拱如图 3.20 所示，跨度长 100m，矢高 30m，承受沿水平均匀分布的竖向荷载，其设计值为 $q = 65$kN/m。拱的截面为焊接箱型截面□1000mm×500mm×25mm×25mm，腹板位于拱平面内，材料为 Q235，试验算拱的平面内稳定性。

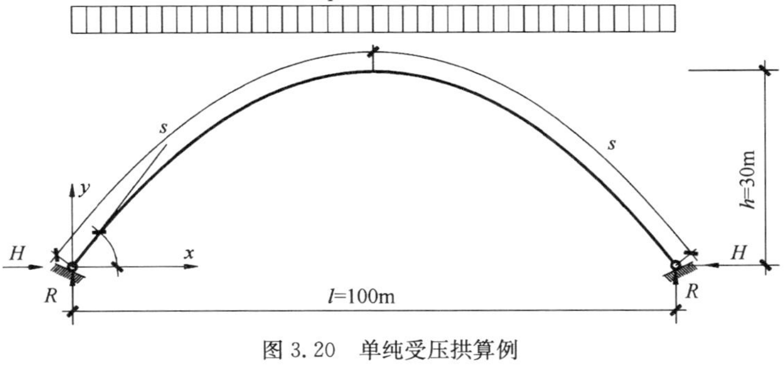

图 3.20　单纯受压拱算例

解:该拱抛物线的矢跨比为 $\frac{h}{l}=0.3$,其弧长按下式计算

$$2s=\left[\sqrt{1+\left(\frac{4h}{l}\right)^2}+\frac{l}{4h}\ln\left(\frac{4h}{l}+\sqrt{1+\left(\frac{4h}{l}\right)^2}\right)\right]\times\frac{l}{2}$$

代 h 和 l 的数值得

$$2s=2.409\times\frac{100}{2}=120.45\text{m}$$

$$s=60.23\text{m}$$

查表 3.1 得

$$\frac{H_{cr}l^2}{EI}=20.6$$

则得

$$H_{cr}=20.6\times2.06\times10^{11}\times9.515\times10^{-3}\div100\div100=4038\text{kN}$$

抛物线拱轴线的方程为

$$y=4h\left(1-\frac{x}{l}\right)\frac{x}{l}$$

在拱脚处

$$\tan\theta=\frac{4h}{l}=1.2$$

所以拱脚处拱截面轴力为

$$N_{cr}=H_{cr}\times\sqrt{1.2^2+1}=6308\text{kN}$$

由 $N_{cr}=\frac{\pi^2EI}{l_0^2}$,得

$$l_0=\sqrt{\frac{\pi^2EI}{N_{cr}}}=55.38\text{m}$$

拱截面的几何特性为

$$A=72500\text{mm}^2, I_z=9.515\times10^9\text{mm}^4, i_z=362\text{mm}$$

由此得出拱的等效长细比

$$\lambda=\frac{55.38}{0.362}=153$$

由《钢结构设计规范》(GB 50017—2003)规范查 b 类 φ 曲线,得 $\varphi=0.298$ 。拱在全跨均布荷载作用下的支座反力和水平推力分别为

$$R=\frac{ql}{2}=3250\text{kN}$$

$$H=\frac{ql^2}{8h}=2708\text{kN}$$

拱脚处轴力

$$N=\sqrt{R^2+H^2}=4230\text{kN}$$

面内稳定性验算

$$\sigma=\frac{N}{\varphi A}=\frac{4230\times10^3}{0.298\times72500}=196\text{MPa}<205\text{MPa}$$

拱的面内稳定性满足要求。

如果直接按图 3.19,可查得 $\mu_s = 0.92$,则得

$$l_0 = \mu_s \times s = 0.92 \times 60.23 = 55.41\text{m}$$

由此可看出,与按表 3.1 换算得的计算长度相差无几。

【算例 2】 拱的几何条件同上例,假设拱承受均布设计恒载 20kN/m,半跨均布活荷载 13kN/m,如图 3.21 所示。试验算拱的面内稳定性。

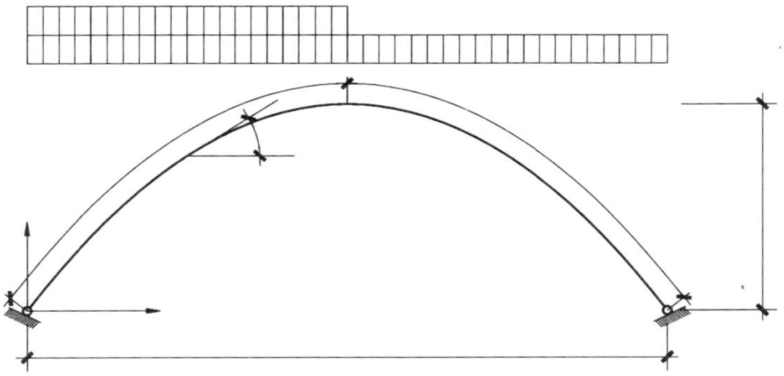

图 3.21 压弯拱算例

解:计入等效几何缺陷,对拱进行二阶弹性分析,按表 3.2 方法取初始缺陷 $w_0 = \frac{s}{500} = 0.12\text{m}$,建立分析模型,考虑几何非线性分析,求得拱的轴力图见图 3.22,弯矩图见图 3.23。

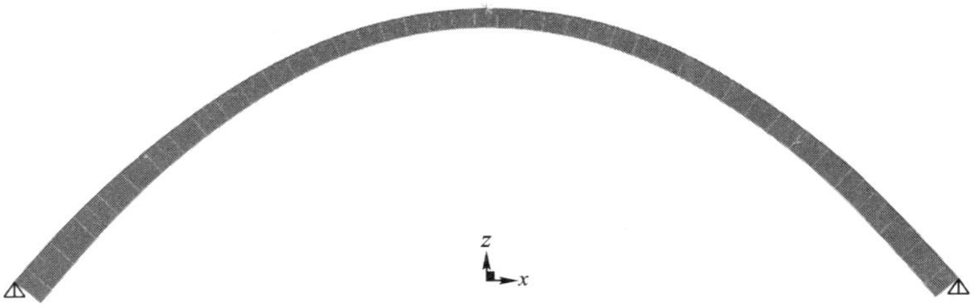

图 3.22 拱轴力图

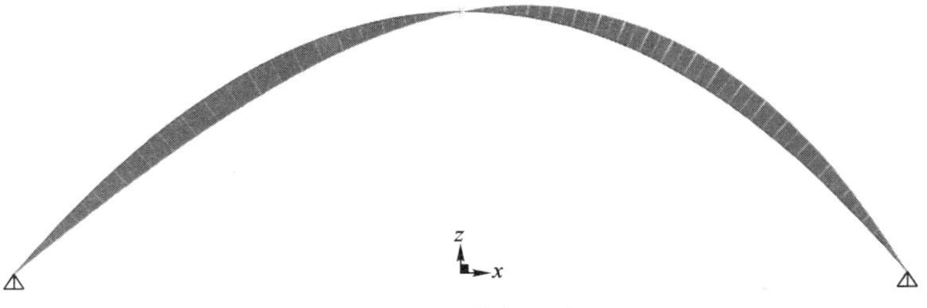

图 3.23 拱弯矩图

拱在四分点处内力为:

$$N = 1304\text{kN}, M = 3097\text{kN} \cdot \text{m}$$

$$\sigma = \frac{N}{A} + \frac{M}{W} = \frac{1304000}{72500} + \frac{3097 \times 10^6}{1.903 \times 10^7} = 180.7\text{MPa} < 0.9f = 184.5\text{MPa}$$

计算结果表明,拱的实际应力接近其承载力。

因此,在半跨活荷载作用下承载能力明显下降,均布荷载由原来的 65kN/m 下降到 33kN/m(即,20+13),承载力下降了近 50%。从这里可看出,拱结构往往由半跨荷载控制设计。

需要指出的是，该拱在没有任何几何缺陷的情况下，四分点处一阶弹性分析内力结果为：$N=1309\text{kN}$、$M=2041\text{kN}\cdot\text{m}$。可以看出，几何缺陷及二阶分析对弯矩影响很大，因此，一般情况下均应对拱结构进行二阶弹性分析。

3.4 提高大型钢拱结构稳定性的措施

3.4.1 提高拱结构平面内稳定的措施

提高拱结构平面内稳定性，可以从以下几个方面入手：

①优化拱的矢跨比。在相同的拱截面条件下，不同矢跨比的拱结构将具有不同的稳定承载力。一般而言，拱的矢跨比过大或过小，其承载力都会降低，而具有最大承载力的矢跨比大致为$\frac{1}{3}$。因此，在不影响结构功能的前提下，可以采用优化的矢跨比。

②增大拱的面内刚度。增大拱结构的截面无疑会提高结构的面内(外)刚度，从而提高其稳定承载力。但这种方法的经济效率不高。

③改变支座约束条件。人们知道，在拱截面相同的条件下，图 3.5 中所示的不同约束的拱承载力差别很大。因此，可以通过改变拱结构的支座约束条件，以提高其稳定承载力。

④增加摇摆柱。增加摇摆柱的目的，主要是减小竖向荷载下结构的有效跨度和计算长度。

⑤采用附加斜拉构件。主要目的是减小竖向荷载下结构的有效跨度和计算长度。

下面通过几个工程实例，说明提高拱结构平面内稳定性的方法。

1)广州国际会展中心[24][25]

广州国际会展中心位于广州市海珠区琶洲岛，博览区占地面积(38×105)m^2，上部结构由钢筋混凝土框架和钢结构屋盖两部分组成，主展览厅的竖向受力结构形式为张弦圆管桁架结构，结构跨度 126.6m，是目前国内跨度最大的张弦桁架。该张弦桁架一端为固定支座，另一端为水平滑动支座，所有桁架杆件均采用圆钢管，节点均为空间相贯节点。该张弦桁架由主桁架和上弦檩条、水平支撑及端部桁架等组成，分 5 个区间，每区宽度为 90m，每个区间有 6 榀主桁架，共 30 榀，单榀长度 126.6m。主桁架上部呈倒三角形的钢管桁架，下部为单索张拉弦，上部钢管桁架和下部张拉弦之间有腹杆顶撑，共同组成张弦桁架，总体形象呈鱼腹状，跨中高度 13m，主要杆件由 $\phi457$、$\phi480$、$\phi325$、$\phi273$、$\phi168$、$\phi114$ 等钢管和单根张拉索组成。整体张弦桁架及桁架的轴测图及平面、立面图如图 3.24 所示。

张弦桁架结构通过在拱平面内设置张弦并施加预应力的方法，增加了拱的平面内刚度，提高了拱的整体稳定性。

2)广东外语外贸大学体育馆[26](通过塔索张拉拱减小拱平面内的竖向荷载)

广东外语外贸大学体育馆高 33m，高空俯视成两片叶子交错形状。内设 40m×50m 的比赛区域，可用作排球、篮球、羽毛球等比赛场地，另设 4500 多个观众座席，其中固定座席 2620 个，活动看台座席 1904 个，能满足大型国内比赛需求；体育场由 400m 标准跑道和标准足球场组成，设有座席 4161 个，其中西边看台座席 3511 个，东边简易看台座席 650 个，高空俯瞰成快艇状。体育场看台上高 27.4m 成弧状的挑棚拱结构，分别由左右各三根主索斜拉支撑，三根主索一并穿系于看台旁边的桅杆顶部，这种三索合一的锚固形式在国内仍属罕见，如图3.25所示。

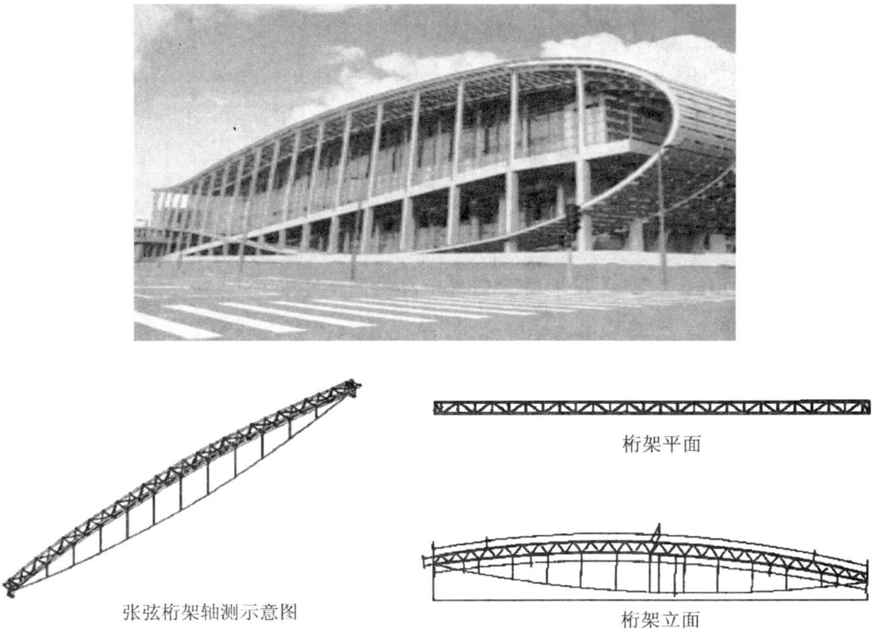

图 3.24 广州国际会展中心

图 3.25 广东外语外贸大学体育馆

该挑棚拱结构通过拉索提供的弹性支承，减小了拱平面内的竖向跨度和所受荷载，提高了拱的结构整体稳定性。

3.4.2 提高拱结构平面外稳定的措施

提高拱结构的平面外稳定性，可以从以下几个方面入手：

①在拱结构平面外合理布置支撑，以减少拱平面外计算长度，从而提高其平面外的稳定承载力；

②通过调整拱结构截面，增大其面外刚度，从而提高拱结构在平面外的稳定承载力。

以下是提高拱结构平面外稳定性的几个工程实例。

1)重庆菜园坝长江大桥[27]

重庆菜园坝长江大桥工程，是1996年国务院批准的重庆市总体规划中的主城区的一座特大桥梁，也是主城区规划中又一条南北大通道上的关键工程，图3.26是该桥的总体布局。该主桥为特大公轨两用无推力式钢箱系杆拱桥，正桥主桥采用刚构与提篮式钢箱系杆拱、桁梁的组合结构。系杆拱桥主跨420m，对称布跨的边跨和侧跨分别为102m及88m，主桥总长800m。主桥设六线行车道、双线城市轻轨、双侧人行道。六车道及双侧人行道设在桥面，双线轻轨设在主桥桁梁下横梁上，构成双层特大公轨两用桥。主桥设计基准年限为100年。大桥拱肋的断面形式如图所示，采用钢箱梁结构形式。截面尺寸为2.4m×4.0m，板厚在24～40mm，钢箱梁断面如图3.26示。

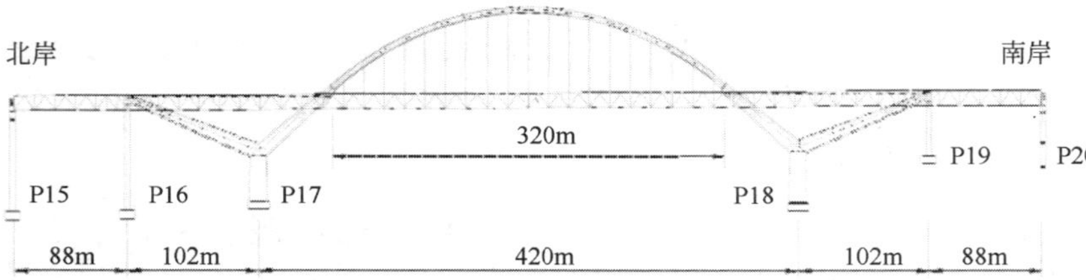

a)总体布局

拱肋的断面　　横撑的断面

b)拱肋及横撑的断面形式

c)夜景图

图3.26　重庆菜园坝长江大桥

为加强拱肋的侧向稳定，大桥共设置了6道横撑(平撑)，每道横撑的间距为48m，大桥横撑的断面形式图3.26b)所示，采用钢箱梁结构形式，截面尺寸为1.60m×2.4m和1.4m×2.0m，板厚在20～30mm。

2)绵阳九州体育馆[28]

绵阳九州体育馆屋盖为斜置柱面形状，平面由圆弧拟合成树叶状，如图3.27a)所示。其长轴165m，短轴105m左右，主要受力结构为四榀落地的倾斜巨型格构拱架。两个边拱各自在跨度内设有两个钢筋混凝土墩柱支撑，形成拱的平面外支撑；边拱与中拱之间有数道空间三角形桁架相连，形成中拱的平面外支撑；中拱之间有数道平面桁架联系，平面桁架间设置支撑桁架和支撑杆件，整个结构形成一空间体系。边拱、中拱弦杆截面为$\phi450\times16$、$\phi450\times20$、$\phi450\times24$等，拱的斜腹杆截面为$\phi180\times16$、$\phi219\times10$、$\phi245\times12$等，支撑桁架弦杆截面为$\phi245\times12$、$\phi219\times10$、$\phi219\times6$等，支撑桁架斜腹杆截面尺寸为$\phi140\times4.5$、$\phi114\times4.5$等。中拱、边拱断面、边拱与中拱的三角形空间支撑桁架如图3.27b)、图3.27c)所示。该结构在5·12汶川大地震中经受住了考验。

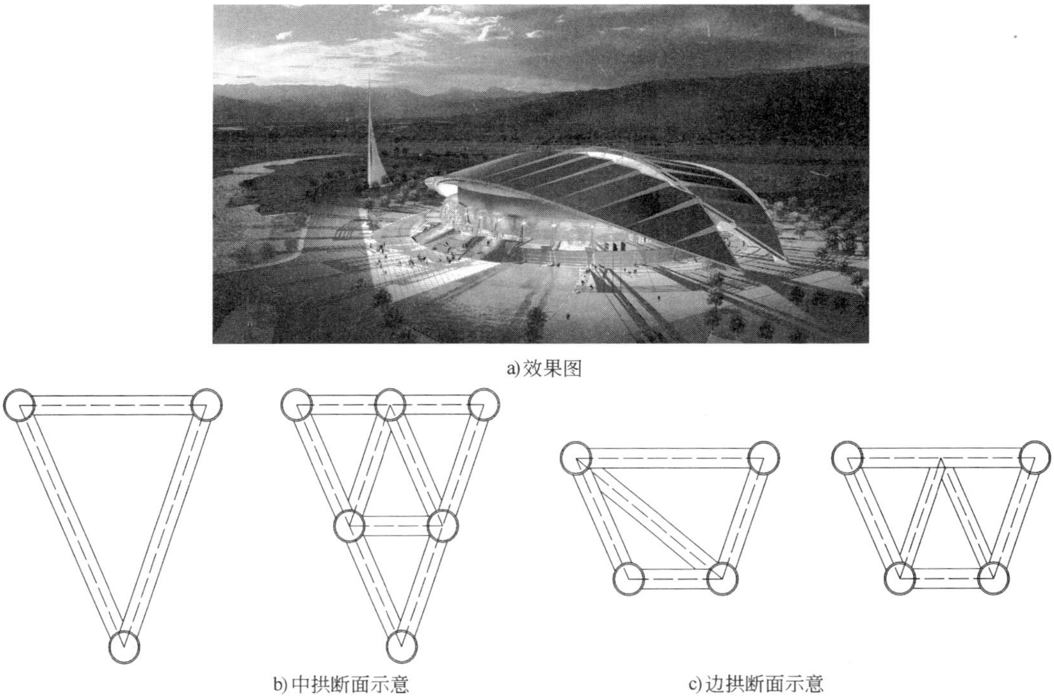

a)效果图

b)中拱断面示意　　c)边拱断面示意

图3.27　九州体育馆屋盖

参考文献

[1] 郭彦林，黄李骥. 腹板开洞钢拱的平面内稳定极限承载力设计理论及方法. 建筑结构学报，2007，28(3)：23-30，90.

[2] 黄李骥，郭彦林. 腹板开洞的工形截面拱的平面内特征值屈曲性能. 工程力学，2006，23(3)：126-133.

[3] 赵阳，陈贤川，董石麟．大跨椭球面圆形钢拱结构的强度和稳定性分析．土木工程学报，2005,38(5):15-23.

[4] 项海帆，刘光栋．拱结构的稳定和振动．北京:人民交通出版社,1991.

[5] 黄李骥，郭彦林．实腹圆弧钢拱的平面内稳定极限承载力设计理论及方法．建筑结构学报,2007,28(3):15-22,25.

[6] 林冰，郭彦林，吕晶．钢拱平面内稳定性设计理论的研究现状．中国钢结构协会第五次全国会员代表大会暨学术年会论文集，2007.

[7] 郭彦林，郭宇飞，盛和太．桁架拱结构的稳定性能及其应用．第十一届空间结构学术会议论文集,2005.

[8] 张志忠，傅学怡，陈贤川．拱结构平面内稳定性能研究．深圳土木与建筑,2007,4(1):35-38.

[9] 程鹏，童根树．圆弧拱平面内弯曲失稳一般理论．工程力学,2005,21(1):93-101.

[10] 杨勇翔，吴迅，邹元元．拱结构稳定理论的发展．山西建筑,2004,30(14):27-28.

[11] 刘开国．预应力索圆拱结构的稳定分析．建筑结构,2006,36(7):74-75.

[12] 赵跃宇，康厚军，王连华等．索—拱结构面内稳定性研究．湖南大学学报,2006,33(3):1-5.

[13] 代磊，郭成喜．某 72m 落地圆拱面内稳定计算．钢结构,2007,22(11):46-49.

[14] 柯秋鸿，刘锋，李丽娟等．立体桁架拱结构的稳定性分析．空间结构,2006,12(2):44-48.

[15] 张耀春，张秀华．截面为三角形的空间格构式圆拱平面内整体稳定性能分析．工业建筑,2004,34(4):76-78.

[16] Y. -L. Pi, M. A. BradFord, B. Uy. In-plane Stability of Arches. International Journal of Solids and Structures, 2002, 39:105—125.

[17] 丁洁民,沈忠贤,陆秀丽等．复旦大学正大体育馆钢屋盖结构设计．建筑结构,2008,38(2).

[18] 晏金洲．南通体育场空间钢结构的制作与安装技术．施工技术,2008,37(增刊):177-180.

[19] 吴欣之，严时汾．国家大剧院特大型壳体钢结构安装．建筑施工,2005, 27(6):1-5.

[20] 黄欣欣．广州新白云国际机场航站楼钢结构工程新技术．广州建筑,2004,(4).

[21] 陈绍蕃．钢结构稳定设计指南．北京:中国建筑工业出版社,2004.

[22] 李元齐，沈祖炎．弧长控制类方法使用中若干问题的探讨与改进．计算力学学报，1998, 15(4), 414-422.

[23] J. L. Meek, S. Loganathan. Large Displacement Analysis of Space-Frame Structures. Computer Methods in Applied Mechanics and Engineering, 1989, 72:57-75.

[24] 李元齐，沈祖炎．稳定分析中极值点失稳与分支点失稳的跟踪策略及程序实现．土木工程学报，1998, 31(3), 65-71.

[25] DIN18800-II-1990　德国.

[26] 陈刚．广州国际会展中心展览大厅钢结构安装技术．广州建筑，2003,(6):20-23.

[27] 孙文波,杨叔庸,陈荣毅. 广州国际会展中心张弦桁架竖向刚度性能. 华南理工大学学报(自然科学版),2003,31(11):33-36.
[28] 广东外语外贸大学体育馆. 广州数字文化网,2009-06-03. http://www.gzdcn.org.cn/2009/0603/24830.html.
[29] 李新勇. 重庆菜园坝长江大桥静力及稳定分析. 重庆:重庆大学,2006.
[30] 绵阳九州体育馆——特大地震灾害中树起不倒的金牌旗帜. 钢结构,2008,23(8):91-91.

第4章 多高层钢框架结构系统的整体稳定性

4.1 钢框架结构系统的特点和构成

4.1.1 多高层钢框架结构系统的特点

钢框架结构系统是建筑结构中最为常用的结构系统之一，广泛应用于工业与民用建筑，包括多高层建筑、工业厂房、海洋平台结构、电厂锅炉结构、煤矿井架支承结构等。世界各地相继建成大量的钢框架结构系统工程，典型实例有：芝加哥家庭保险公司大楼(1885年，世界第一幢高层建筑，10层，55m)，北京长富宫中心(27层，91m)，北京京广中心大厦(55层，196m)，深圳地王大厦(81层，384m)，东京新宿三井大厦(58层，210m)，日本ACT大厦(49层，210m)等。

钢框架结构系统具有良好的力学性能和综合经济效益，其特点可通过以下几个方面体现[1]。

(1)钢框架结构材料轻质高强，承载力高而结构自重轻

钢框架结构材料与钢筋混凝土相比，具有显著的轻质高强特点，其强度重量比指数是钢筋混凝土的5倍以上。目前随着钢铁材料的发展，实际工程已可应用屈服强度为$440N/mm^2$的高性能优质钢，强重比性能更加优异。结构采用轻质高强的材料可显著减轻结构的自重。统计分析表明，高层钢结构的自重(包括钢结构骨架与混凝土楼板)约为$6 \sim 8kN/m^2$，仅为钢筋混凝土高层结构自重($12 \sim 14kN/m^2$)的50%～60%。不同方案结构自重的比较示例可见表4.1[1]。

43层上海静安—希尔顿酒店三种结构方案自重对比 表4.1

结构方案	总荷载(kN)	单位面积荷载(kN/m^2)	百分比(%)	基底单位面积荷载(kN/m^2)
钢结构	546260	10.5	100	450(58%)
混合结构	664340	12.8	122	550(71%)
钢筋混凝土结构	941110	18.0	171	770(100%)

结构自重的减轻可显著降低基础和地基的负荷，从而降低结构工程的造价。由表 4.1 可见，地基的负荷可减少约 40%。当建筑地基为软土地基或人工地基时，还可降低地基处理费用，从而进一步降低工程造价。

（2）钢框架抗震抗风性能好

钢框架结构各部分刚度比较均匀，使其在地震或风载作用下具有良好的延性；同时，钢材良好的延性和韧性使优质结构钢的强曲比可保证大于 1.2，按《建筑抗震设计规范》（GB 50011—2001）[2] 规定，弹性阶段高层结构的层间位移限值，对钢筋混凝土结构规定为 $\frac{h}{800}$，而对钢结构则可放宽到 $\frac{h}{300}$，两者相差 2.6 倍。可见，钢框架结构在地震作用下不仅能够吸能从而减弱地震作用，而且属较理想的弹塑性结构，具有良好的适应强震变形的能力。钢结构自重轻也可显著减少地震作用。以总面积 80000m^2 的 50 层高层结构为例，综合考虑阻尼、质量、刚度和周期等因素后，地震作用可减少 20%～30%[1]。此外，钢结构更易采用 TMD、TLD 等结构震动控制措施，提高结构的抗风和抗震能力。

（3）建筑平面布置灵活，可为建筑提供较大室内空间，同时减少了结构尺寸从而增加有效使用面积

钢框架结构便于大柱网大开间的建筑布置。经验表明，当考虑经济性及构件截面尺寸、净空尺寸、结构重量等综合因素时，高层钢结构的合理柱距可用到 8～10m，能更好地满足建筑对大开间布置的要求。由于钢材轻质高强，其梁柱截面尺寸相对较小，因而占用的建筑面积也小，相当于增加了使用面积。如长富宫 25 层建在 8 度设防区，采用全钢框架体系，其箱形钢柱截面仅 450mm×450mm（底层板厚 70mm）。而同样条件的钢筋混凝土柱至少需边宽为 800～900mm 的截面。由表 4.2[1] 可知，这种柱截面减小使用面积增加的比率平均可达 4%以上，对一个 50000m^2 的高层建筑，相当于可增加 2000m^2 以上的使用面积。

不同结构形式建筑的结构占有面积比较　　表 4.2

建筑名称	结构形式	建筑楼层数	结构占用面积（%）
上海新锦江饭店	全钢结构	44	3.2
天津第一饭店	钢筋混凝土框剪结构	20	7.0
汕头国际信托中心	钢筋混凝土框筒结构	26	6.0
香港政府大厦	钢筋混凝土框筒组合结构	54	7.1
上海静安—希尔顿酒店	钢结构	43	2.5
	钢—钢筋混凝土混合结构		3.3
	钢筋混凝土结构		9

（4）建造速度快，周期短

钢结构构件一般在工厂加工制作，现场安装，因而可以提供较宽敞的现场施工作业面，加快施工进度；同时干作业比重大，基本不受气候的影响。配套的组合楼盖或型钢混凝土构件等均可同步多工序作业。由表 4.3[1] 可知，30～50 层的高层钢结构可较混凝土高层结构减少工期 20%～30%（约 6～12 个月）。

我国几幢高层建筑施工工期比较 表 4.3

工程名称	层数(地上/地下)	总建筑面积(m^2)	结构形式	施工周期(日历月)
上海瑞金大厦	29/1	36167	S	20
北京香格里拉饭店	26/2	56710	SRC	24
上海静安—希尔顿酒店	43/1	52000	S	30
北京长富宫中心	25/3	50516	S	30
北京国际饭店	27/3	97000	RC	43
北京国际大厦	29/3	47700	RC	36
南京金陵饭店	33/1		RC	37

注:S-钢结构;SRC-型钢混凝土结构;RC-钢筋混凝土结构。

(5)防锈、防火性能差,需特别处理防护

钢结构耐锈蚀能力及耐火能力差(不加耐火防护其平均耐火时限为 15min)是主要缺陷,明显低于钢筋混凝土结构,这是其自身特性所决定的。《高层民用建筑设计防火规范》(GB 50045—95)根据建筑的使用性质、火灾危险性、疏散和扑救难度将建筑分为两类,一类高层建筑的耐火等级应为一级,二类高层建筑的耐火等级不应低于二级(表 4.4)。在应用中,应按设防标准采取防锈涂料及防火涂料(或外包板材)防护。目前已有相应的防护规范、配套材料可应用,也可采用耐候钢、耐火钢或钢管(型钢)混凝土构件,提高结构的耐火性。同时采用防护措施也会增加钢结构的造价。

建筑构件的燃烧性能和耐火极限 表 4.4

构件名称		燃烧性能和耐火极限	
		一级	二级
墙	防火墙	不燃烧体,3.00	不燃烧体,3.00
	承重墙、楼梯间墙、电梯井墙及单元之间的墙	不燃烧体,2.00	不燃烧体,2.00
	非承重墙、疏散走道两侧的隔墙	不燃烧体,1.00	不燃烧体,1.00
	房间的隔墙	不燃烧体,0.75	不燃烧体,0.50
柱	自楼顶算起(不包括楼顶的塔形小屋)15m 高度范围内的柱	不燃烧体,2.00	不燃烧体,2.00
	自塔顶以下 15m 算起至顶以下 55m 高度范围内的柱	不燃烧体,2.50	不燃烧体,2.00
	自楼顶以下 55m 算起在其以下高度范围内的柱	不燃烧体,3.00	不燃烧体,2.50
其他	梁	不燃烧体,2.00	不燃烧体,1.50
	楼板、疏散楼梯及吊顶承重构件	不燃烧体,1.50	不燃烧体,1.00
	抗剪支撑,钢板剪力墙	不燃烧体,2.00	不燃烧体,1.50
	吊顶(包括吊顶格栅)	不燃烧体,0.25	不燃烧体,0.25

故当有防火要求时,钢构件表面必须用专门的防火涂料防护,以满足《建筑钢结构防火技术规程》(CECS200:2006)的要求。钢结构防火涂料分为薄涂型和厚涂型两类,其涂层厚度不同,可以满足不同耐火极限的要求。我国《钢结构防火涂料应用技术规程》(CECS24:90)规定的钢结构防火涂料耐火极限如表 4.5 所示。

钢结构防火涂料耐火极限　　表 4.5

耐火性能	防火涂料类别							
	有机薄涂型			无机厚涂型				
涂层厚度(mm)	3	5.5	7	15	20	30	40	50
耐火极限(h)	0.5	1.0	1.5	1.0	1.5	2.0	2.5	3.0

4.1.2　多高层钢框架结构系统的构成和分类

多高层钢框架结构系统可分为纯框架体系、支撑框架体系、框筒体系和巨型结构体系。

纯框架亦称抗弯框架，是沿纵横方向由多榀框架构成，用来承受竖向和水平荷载的结构。梁柱节点常采用刚性连接。它的优点是柱网布置灵活，延性好，塑性变形能力强，抗震性能优良等。对二十层以下的办公楼、旅馆及商场等公共建筑，纯框架具有良好的适应性，在水平荷载作用下，纯框架的侧移由两部分组成。第一部分侧移为由层间剪力引起的梁柱剪切变形，此时框架下部梁柱内力大，层间变形也大，越到上部层间变形越小，结构整体呈现剪切型变形。第二部分侧移为由整体倾覆力矩引起的柱轴向拉伸和压缩变形，此时上部各层侧移较大，越到底部层间变形越小，结构整体呈现弯曲变形。纯框架的第一部分侧移占主要地位，随着建筑高度加大，第二部分变形比例逐渐加大，但总侧移仍呈现剪切型变形特征。纯框架是一种典型的柔性结构体系，抗侧刚度较小，因此限制了框架结构的使用高度。

为建造二十层以上的高层建筑，同时避免过多地加大梁柱截面及相应的用钢量，设置支撑可经济有效地提高结构的抗侧刚度和极限承载力。支撑类型的选择与抗震设防、建筑层高、柱距，以及使用要求(如人行通道、门洞和空调管道布置等)有关，因此，需要根据不同的设计条件选择适宜的支撑形式。

支撑框架体系由纯框架体系演变而来，即在纯框架体系的部分框架柱之间设置竖向支撑。在水平荷载作用下，通过楼板的变形协调与刚接框架共同工作形成双重抗侧力体系。支撑是第一道防线，承担大部分水平剪力；框架是第二道防线，承担少部分水平剪力。支撑框架中的支撑产生屈曲或破坏后，由于支撑杆件一般不承受竖向荷载，所以不影响结构的竖向荷载承载力，不致危及结构的基本安全要求。

根据结构抗侧力体系的不同，常用的钢结构框架系统为：纯框架(图 4.1)、中心支撑框架(图 4.2)、偏心支撑框架(图 4.3)、框架—剪力墙结构(图 4.4)及钢框架-混凝土核心筒和巨型框架体系等。其中纯框架结构延性最好，但抗侧力及刚度较差。

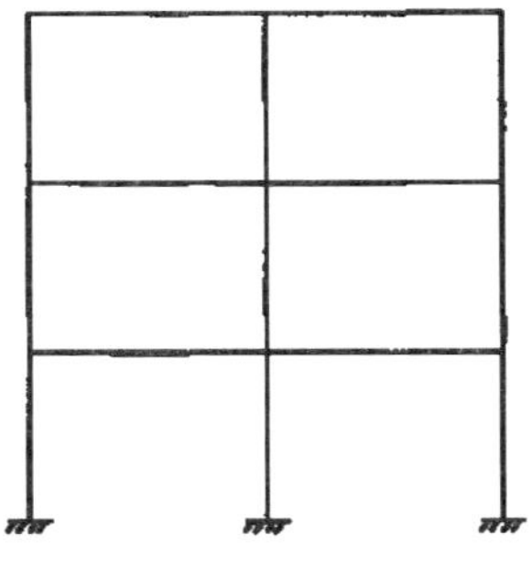

图 4.1　纯框架

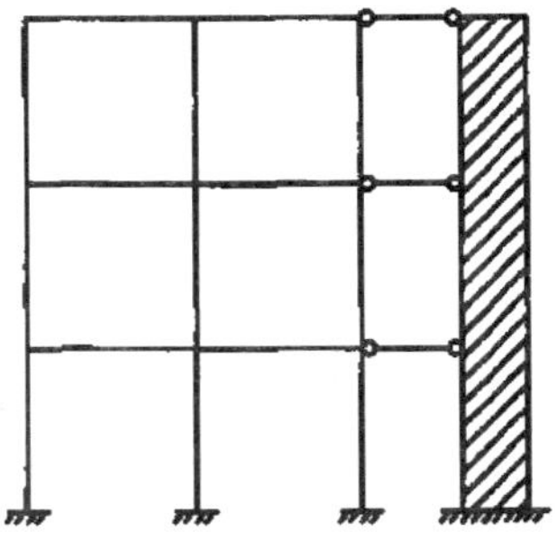

图 4.2　框架—剪力墙

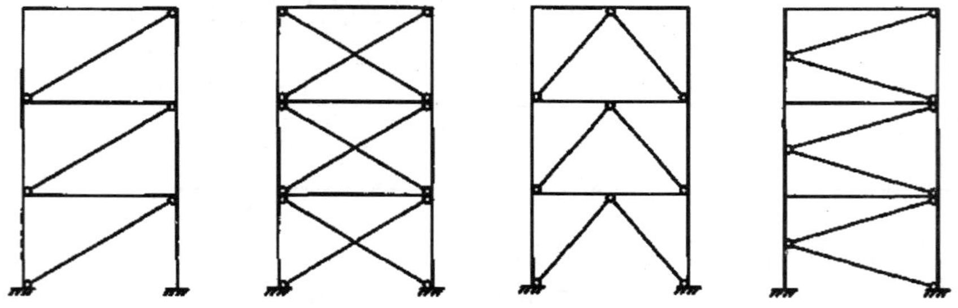

a)对角式　　b)十字相叉式　　c)人字形式　　d)K 字形式

图 4.3　中心支撑框架

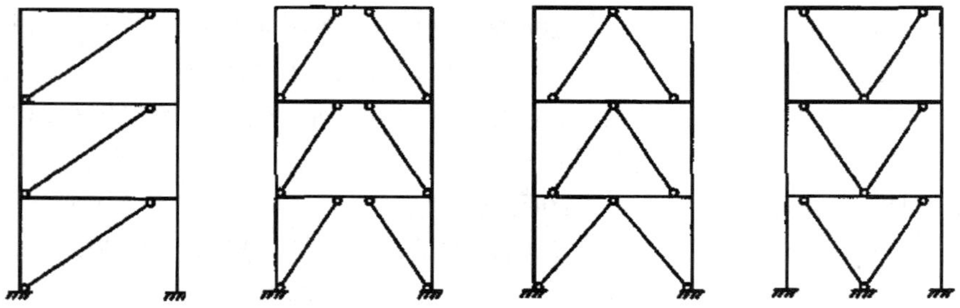

a)单斜杆式　　b)门架式　　c)人字形式　　d)V 字形式

图 4.4　偏心支撑框架

根据钢结构的形式、受力方式和材料性质不同，钢结构极限承载力取决于钢材极限强度或结构与构件的失稳或疲劳与脆断等因素。随着高强优质钢材在建筑结构中的广泛应用，钢结构构件变得更加薄而细，结构整体上也相对变柔，使得大型钢结构的稳定性问题变得越来越突出，成为该类钢结构系统破坏的主要原因，如第 1 章所述现代工程史上就曾发生过很多因失稳而造成的工程事故。下节将重点介绍钢框架结构的整体稳定计算方法。

4.2　钢框架结构系统整体稳定计算方法

4.2.1　钢框架结构稳定性计算原则

钢结构的稳定性能是决定其承载力的极重要因素，近几十年来，国内外在研究发挥钢结构稳定性潜力和完善稳定计算理论方面，都取得了长足的进步。如在完善钢结构弹塑性稳定理论、研究几何缺陷和残余应力的影响和数值解法方面，都有不少研究成果报道。在进行理论分析的同时，开展了稳定性能试验验证，并将理论研究结果利用图表表示或演化为实用计算公式，从而将较先进的弹塑性稳定理论应用于解决钢结构设计中的实际稳定问题[3]。

由钢框架分析方法的发展历程，可以清楚地看到其演变的基本趋势：平衡方程由一阶分析发展到二阶分析；材料性能由弹性精确到弹塑性；研究对象由平面框架延伸到空间框架、由完善体系推广到缺陷体系；分析手段由理论分析、试验研究拓展到数值分析。

钢框架结构若按变形前的轴线建立平衡方程，材料考虑为线弹性，称为一阶弹性分析，也称为几何线性分析；若按变形后轴线建立平衡方程，称为二阶弹性分析，也称为几何非线性分析，包括了 $P\text{-}\Delta$ 和 $P\text{-}\delta$ 因素的影响；若按变形后轴线建立平衡方程，同时考虑材料的弹塑性，则称为二阶弹塑性分析。在二阶弹塑性分析中，塑性的处理方法包括塑性铰法、改进塑性铰法和塑性区法。绝大部分分析方法都是通过近似方法来考虑材料的弹塑性和几何非线性。图 4.5给出了几种具有代表性的框架分析方法的计算结果比较[4]。

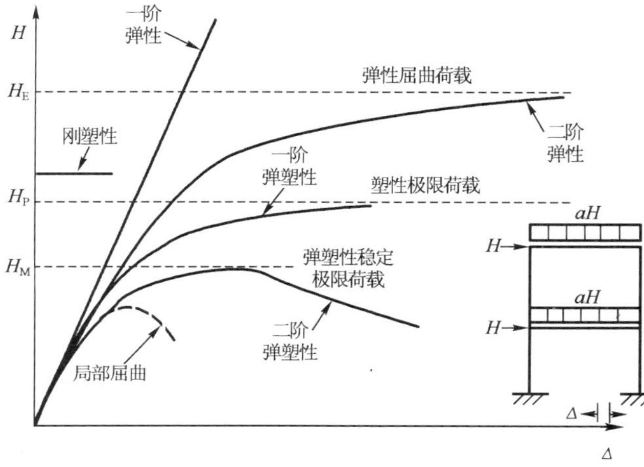

图 4.5 典型框架分析方法比较[3]

高层钢结构的侧向刚度较小，一般高宽比又较大，在风荷载或地震作用下产生水平位移，将导致竖向荷载作用下产生重力二阶效应，此时需考虑水平位移及重力荷载产生的附加弯矩对结构承载力的影响。但对于平面和立面布置规则的 20～30 层的高层建筑，结构的侧向刚度一般相对较大，$P\text{-}\Delta$ 效应较小通常可以忽略不计。随着高层建筑层数的增加及建筑高宽比的增大，$P\text{-}\Delta$ 效应造成的附加弯矩与附加位移所占的比重逐渐增大。超高层或高宽比超大的钢结构，重力二阶效应会更加明显。如 50 层的高层钢结构，二阶效应产生的附加内力及位移，所占的比例有可能达到或超过 10％～15％，从而造成一些构件所分担的内力大于其按一阶弹性分析的设计承载能力，导致构件可能提前破坏并诱发整体失稳而倒塌。为此，对于高层特别是超高层和体型复杂的钢结构需进行结构整体稳定性验算[1]。

现行《高层民用建筑钢结构技术规程》(JBJ 99—1998)根据理论研究和设计实践经验规定，当高层钢框架结构同时符合下列条件时，可不验算结构的整体稳定承载力[5]。

(1)结构各楼层柱满足式(4.1)要求

$$\frac{N_m}{N_{pm}}+\frac{\lambda_m}{80}\leqslant 1 \tag{4.1}$$

式中，λ_m 为楼层柱平均长细比；N_m 为楼层柱的平均轴压力设计值；N_{pm} 为楼层柱的平均全塑性轴压力，$N_{pm}=f_yA_m$；f_y 为钢材屈服强度；A_m 为柱截面面积的平均值。

(2)结构按一阶线性弹性计算所得的各楼层层间相对位移满足式(4.2)的要求

$$\frac{\Delta u}{h}\leqslant 0.10\frac{\sum F_h}{\sum F_v} \tag{4.2}$$

式中，Δu 为按一阶线性弹性计算所得的质心处层间侧移；h 为楼层层高；$\sum F_h$为计算楼层以上全部水平作用之和；$\sum F_v$为计算楼层以上全部竖向作用之和。

式(4.2)的第 1 项主要考虑梁柱效应状况，第 2 项主要考虑整体二阶效应。可以看出，若将结构的层间位移、柱的轴压比及长细比控制在一定范围，就能控制二阶效应对结构极限承载力的影响。

当不满足上述要求时，需要对整体稳定性进行验算。对于有支撑结构(钢支撑、剪力墙和核心筒等)且$\frac{\Delta u}{h}\leqslant\frac{1}{1000}$时，按计算长度系数法验算，柱的计算长度系数可按 JBJ 99—1998 查表采用；对于无支撑的结构以及$\frac{\Delta u}{h}>\frac{1}{1000}$的有支撑结构，应按能反映重力二阶效应的高等分析方法验算结构的整体稳定[5]。

4.2.2 钢框架结构整体稳定性计算方法

1)计算长度系数法

目前大部分工程师在设计钢框架结构承载力时，常分两步进行。第一步进行结构分析，通过一阶弹性分析确定构件在各种外荷载与作用组合工况下的内力效应；第二步进行构件设计，首先查得采用弹性近似分析法确定的构件计算长度系数，然后按现行《钢结构设计规范》(GB 50017—2003)的计算公式求得构件的承载力。如果所有构件的承载力大于外荷载产生的效应，则认为结构体系整体和构件均满足承载力要求。这种设计方法通过计算长度系数把构件承载力验算和结构整体稳定承载力验算联系起来，被称为计算长度系数法。

确定构件计算长度系数时，采用的弹性近似分析方法包括中性平衡法、转角位移法、刚度矩阵法或有限元法，一般是通过找出弹性临界状态时的特征方程，来确定各柱的计算长度系数。

如前所述，钢框架一般分为无支撑的纯框架和有支撑框架两种形式。其中有支撑框架又依抗侧移刚度的大小，分为强支撑框架和弱支撑框架。其中纯框架整体失稳的模态为有侧移失稳模态，强支撑框架整体失稳模态近似为无侧移失稳模态，弱支撑框架的失稳模态则介于有侧移失稳和无侧移失稳模态之间。因为失稳模态不同，需要引入不同的计算假定，并利用前述的弹性稳定分析方法，分别确定纯框架、强支撑和弱支撑框架构件在计算平面内的计算长度系数 μ。

(1)传统的计算长度系数法

传统的计算长度系数法是建立在以下 5 条基本假设的基础上：a. 材料是线弹性的；b. 框架只承受作用在节点上的竖向荷载；c. 框架中的所有柱子是同时丧失稳定，即各柱同时达到其临界荷载；d. 当柱子开始失稳时，相交于同一节点的横梁对柱子提供的约束弯矩，按柱子的线刚度之比分配给柱子；e. 在无侧移失稳时，横梁两端的转角大小相等方向相反，在有侧移失稳时，横梁两端的转角大小相等且方向亦相同。

钢框架稳定的近似弹性分析方法有平衡法、转角位移法以及刚度矩阵法等多种方法，其中平衡法只适用于比较简单的情况(如求解单层单跨框架的屈曲荷载)，而比较普遍适用的方法是转角位移法。

转角位移法是分析框架内力的一种常见的方法，用此方法求解框架的屈曲荷载时，由于轴心压力将降低压弯构件的抗弯刚度，因此，必须计入轴力对杆件弯曲刚度的影响[3]。转角位移法方程所描述的是框架杆件的端弯矩与端转角的关系。下面介绍转角位移法。

①无侧移弹性压弯构件的转角位移方程

由参考文献[3]知，考虑轴力作用无侧移压弯构件（如图 4.6 所示）的转角位移方程为

$$M_{AB} = K[C\theta_A + S\theta_B] \tag{4.3}$$

$$M_{BA} = K[S\theta_A + C\theta_B] \tag{4.4}$$

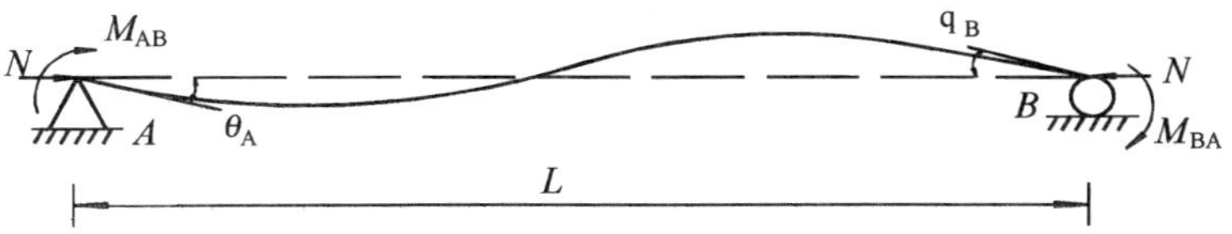

图 4.6　无侧移压弯构件

式中，$K=\dfrac{EL}{L}$称为构件的线刚度；θ_A、θ_B分别为构件两端点的转角；KC 和 KS 均称为抗弯刚度。C 和 S 均称为抗弯刚度系数，其中

$$C = \frac{kL\sin kL - (kL)^2\cos kL}{2 - 2\cos kL - kL\sin kL}$$

$$S = \frac{(kL)^2 - kL\sin kL}{2 - 2\cos kL - kL\sin kL}$$

$$kL = L\sqrt{\frac{N}{EI}} = \pi\sqrt{\frac{N}{N_E}}$$

从式（4.3）和式（4.4）可知，C 对应于构件近端转角，S 对应于构件远端转角，而$\dfrac{S}{C}=\dfrac{kL-\sin kL}{\sin kL-kL\cos kL}$称为弯矩传递系数。$C$ 和 S 又称为稳定函数，当已知 kL 后，可以从参考文献[3]直接查到。

②有侧移弹性压弯构件的转角位移方程

由参考文献[3]知，考虑轴力作用有侧移压弯构件（如图 4.7 所示）的转角位移方程为

$$M_{AB} = K\left[C\theta_A + S\theta_B - \frac{(C+S)\Delta}{L}\right] \tag{4.5}$$

$$M_{BA} = K\left[S\theta_A + C\theta_B - \frac{(C+S)\Delta}{L}\right] \tag{4.6}$$

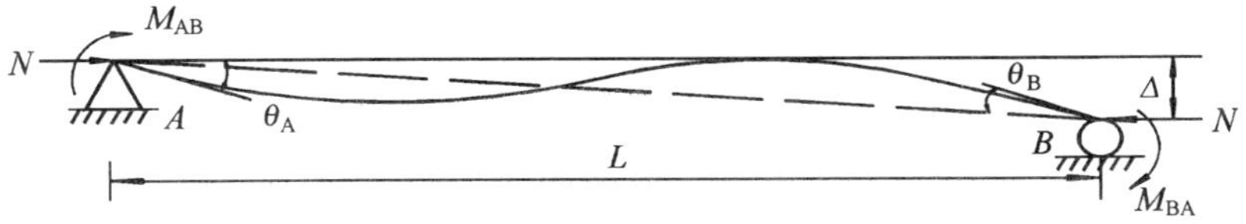

图 4.7　有侧移压弯构件

式中，K、θ_A、θ_B、C 和 S 均同上节无侧移压弯构件定义；Δ 为构件的侧移。

在式（4.5）和式（4.6）中，$-K(C+S)$称为抗侧移刚度。而$-(C+S)$称为抗侧移刚度系数。当构件的轴心压力为零时，$-(C+S)=-6$，即为弹性受弯构件的抗侧移刚度系数。

对于无侧移(强支撑)框架的失稳,只需列出框架各节点弯矩平衡方程,即可求出临界荷载;但是对于有侧移(纯)框架,除应建立节点弯矩平衡方程外,还需建立框架-剪力平衡方程,才可求出框架的弹性屈曲荷载。

③强支撑(无侧移)框架屈曲方程[3]

图 4.8 为强支撑多层框架的子结构计算简图,梁与柱的连接均为刚接。计算假定为[6]:a. 所计算框架中的 AB 柱,同与其相连的上下两根柱 AC、BD 同时屈曲;b. 框架屈曲时,同一层各横梁两端的转角大小相等,但方向相反;c. 屈曲时节点处产生的梁端不平衡力矩按节点处柱的线刚度正比例地分配给柱端使之平衡;d. 各柱的 kL 值均相同,即其抗弯刚度系数均为 C 和 S;e. 不计横梁中轴力的影响。

利用压弯构件的转角位移方程,建立与节点 A、B 有关的梁端与柱端力矩,即

$$M_{AC}=M_{AH}=\frac{2EI_{b2}\theta_A}{L} \tag{4.7}$$

$$M_{AB}=M_{AC}=\frac{EI_C}{h}(C\theta_A+S\theta_B) \tag{4.8}$$

$$M_{BE}=M_{BF}=\frac{2\theta_B EI_{b1}}{L} \tag{4.9}$$

$$M_{BA}=M_{BD}=\frac{EI_C}{h}(S\theta_A+C\theta_B) \tag{4.10}$$

由节点 A 的平衡条件 $M_{AB}+M_{AC}+M_{AG}+M_{AH}=0$,可得

$$(2K_2+C)\theta_A+S\theta_B=0 \tag{4.11}$$

由节点 B 的平衡条件 $M_{BA}+M_{BD}+M_{BE}+M_{BF}=0$,可得

$$S\theta_A+(2K_1+C)\theta_B=0 \tag{4.12}$$

其中,$K_1=\frac{I_{b1}}{I_C}\frac{i}{h}$;$K_2=\frac{I_{b2}}{I_C}\frac{i}{h}$。

由式(4.11)和式(4.12)组成联立方程。若要得到 θ_A、θ_B 的非零解,则系数行列式必须等于零,即子结构失稳时应满足下式条件

$$C^2-S^2+2C(K_1+K_2)+4K_1K_2=0 \tag{4.13}$$

代入 C、S 的三角函数并用 $\mu=\frac{\pi}{kL}$ 表示,即可得到强支撑框架柱的屈曲方程为

$$\left[\left(\frac{\pi}{\mu}\right)^2+2(K_1+K_2)-4K_1K_2\right]\left(\frac{\pi}{\mu}\right)\sin\left(\frac{\pi}{\mu}\right)-2\left[(K_1+K_2)\left(\frac{\pi}{\mu}\right)^2+4K_1K_2\right]\cos\left(\frac{\pi}{\mu}\right)+8K_1K_2=0 \tag{4.14}$$

④纯框架(有侧移)屈曲方程[3]

对于有侧移的多层纯框架,欲确定 AB 柱的计算长度系数,近似法的基本假定有一条与无侧移框架有所区别,即认为屈曲时同一层的节点转角不仅大小相等,方向也相同,第 4 条假定应为不计屈曲时柱中轴压力的变化[6]。AB 柱的计算简图如图 4.8 所示,图 4.9 中梁柱的长度和截面惯性矩都用与图 4.8 相同的符号,而侧移角为 $\rho=\frac{\Delta}{h}$。

建立与节点 A、B 相关的梁端和柱端的力矩-位移关系式,即

$$M_{AG}=M_{AH}=\frac{6\theta_A EI_{b2}}{L} \tag{4.15}$$

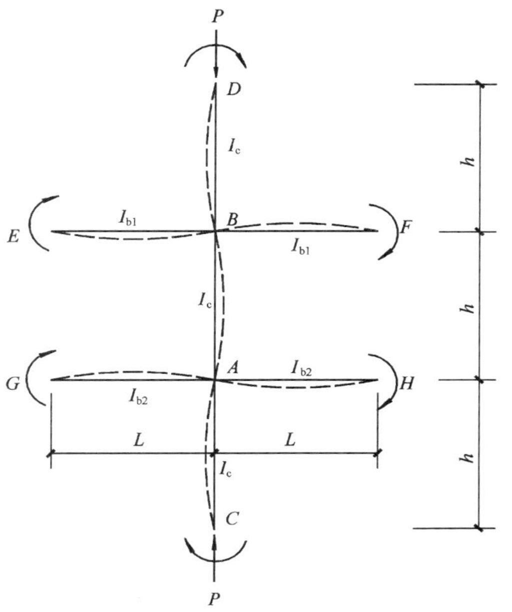

图 4.8 强支撑多层框架的子结构

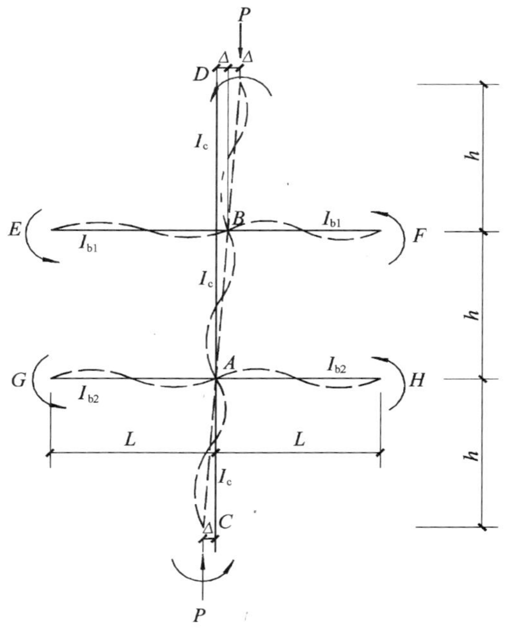

图 4.9 有侧移多层框架的子结构

$$M_{AB}=M_{AC}=\frac{EI_C}{h}[C\theta_A+S\theta_B-(C+S)\rho] \tag{4.16}$$

$$M_{BE}=M_{BF}=\frac{6\theta_B EI_{b1}}{L} \tag{4.17}$$

$$M_{BA}=M_{BD}=\frac{EI_C}{h}[S\theta_A+C\theta_B-(C+S)\rho] \tag{4.18}$$

由节点 A 的平衡条件 $M_{AB}+M_{AC}+M_{AG}+M_{AH}=0$,可得

$$(C+6K_1)\theta_A+S\theta_B-(C+S)\rho=0 \tag{4.19}$$

由节点 B 的平衡条件 $M_{BA}+M_{BD}+M_{BE}+M_{BF}=0$,可得

$$S\theta_A+(C+6K_2)\theta_B-(C+S)\rho=0 \tag{4.20}$$

又根据柱本身的平衡方程 $M_{BA}+M_{AB}+P\Delta=0$,且令 $P=K^2EI_C$、$\Delta=\rho h$,可得

$$(C+S)(\theta_A+\theta_B)-[2(C+S)-(Kh)^2]\rho=0 \tag{4.21}$$

将式(4.19)和(4.20)相加,代入式(4.21)后,可得到

$$6K_1\theta_A+6K_2\theta_B-(Kh)^2\rho=0 \tag{4.22}$$

由式(4.19)、(4.20)和(4.22)组成线性方程组,并代入 C、S 的三角函数用 $\mu=\frac{\pi}{kL}$ 表示,即可得到纯框架柱的屈曲方程为

$$\left[36K_1K_2-\left(\frac{\pi}{\mu}\right)^2\right]\tan\left(\frac{\pi}{\mu}\right)+6(K_1+K_2)\left(\frac{\pi}{\mu}\right)=0 \tag{4.23}$$

《钢结构设计规范》(GB 50017—2003)以框架柱屈曲方程(4.14)和(4.23)列出了不同 K_1、K_2 取值对应的 μ 值,如表 4.6 和 4.7 所示。表中列出了强支撑框架(无侧移)和纯框架(有侧移)柱的计算长度系数 μ 值$\left(\mu=\frac{\pi}{\varphi}\right)$。

传统的计算长度系数法，首先根据条件判定框架的失稳模态，再根据钢框架柱的 K_1、K_2 从表4.6或表4.7查出框架柱的计算长度系数 μ 值，按该 μ 值确定框架柱的稳定承载力，如所有柱全满足 GB 50017—2003 要求，则认为框架整体稳定承载力也满足 GB 50017—2003 要求。

无侧移框架柱的计算长度系数 μ[7]　　表 4.6

K_2 \ K_1	0	0.05	0.1	0.2	0.3	0.4	0.5	1	2	3	4	5	≥10
0	1.000	0.990	0.981	0.964	0.949	0.935	0.922	0.875	0.820	0.791	0.773	0.760	0.732
0.05	0.990	0.981	0.971	0.955	0.940	0.926	0.914	0.967	0.814	0.784	0.766	0.754	0.726
0.1	0.981	0.971	0.962	0.946	0.931	0.918	0.906	0.860	0.807	0.778	0.760	0.748	0.721
0.2	0.964	0.955	0.946	0.930	0.916	0.903	0.891	0.846	0.795	0.767	0.749	0.737	0.711
0.3	0.949	0.940	0.931	0.916	0.902	0.8889	0.878	0.834	0.784	0.756	0.739	0.728	0.701
0.4	0.935	0.926	0.918	0.903	0.889	0.877	0.866	0.823	0.774	0.747	0.730	0.7719	0.693
0.5	0.922	0.914	0.906	0.891	0.878	0.866	0.813	0.813	0.765	0.738	0.721	0.710	0.685
1	0.875	0.867	0.860	0.846	0.834	0.823	0.813	0.774	0.729	0.704	0.688	0.677	0.654
2	0.820	0.814	0.807	0.795	0.784	0.774	0.765	0.729	0.686	0.663	0.648	0.638	0.615
3	0.791	0.784	0.778	0.767	0.756	0.747	0.738	0.704	0.663	0.640	0.625	0.616	0.593
4	0.773	0.766	0.760	0.749	0.739	0.730	0.721	0.688	0.648	0.625	0.611	0.601	0.580
5	0.760	0.754	0.748	0.737	0.728	0.719	0.710	0.677	0.638	0.616	0.601	0.592	0.570
≥10	0.732	0.726	0.721	0.711	0.701	0.693	0.685	0.654	0.615	0.593	0.580	0.570	0.549

注：1. 表中的计算长度系数 μ 值系按下式算得：

$$\left[\left(\frac{\pi}{\mu}\right)^2+2(K_1+K_2)-4K_1K_2\right]\frac{\pi}{\mu}\cdot\sin\frac{\pi}{\mu}-2\left[(K_1+K_2)\left(\frac{\pi}{\mu}\right)^2+4K_1K_2\right]\cos\frac{\pi}{\mu}+8K_1K_2=0$$

式中，K_1、K_2 分别为相交于柱上端、柱下端的横梁线刚度之和与柱线刚度之和的比值。当梁远端为铰接时，应将横梁线刚度乘以1.5；当横梁远端为嵌固时，则将横梁线刚度乘以2。

2. 当横梁与柱铰接时，取横梁线刚度为零。

3. 对底层框架柱：当柱与基础铰接时，取 $K_2=0$（对平板支座可取 $K_2=0.1$）；当柱与基础刚接时，取 $K_2=10$。

4. 当与柱刚性连接的横梁所受轴心压力 N_b 较大时，横梁线刚度应乘以折减系数 α_N

横梁远端与柱刚接和横梁远端铰支时：$\alpha_N=1-\dfrac{N_b}{N_{Eb}}$

横梁远端嵌固时：$\alpha_N=1-\dfrac{N_b}{2N_{Eb}}$

式中，$N_{Eb}=\dfrac{\pi EI_b}{l^2}$；$I_b$ 为横梁截面惯性矩；l 为横梁长度。

有侧移框架柱的计算长度系数 μ[7]　　表 4.7

K_2 \ K_1	0	0.05	0.1	0.2	0.3	0.4	0.5	1	2	3	4	5	≥10
0	∞	6.02	4.46	3.42	3.01	2.78	2.64	2.33	2.17	2.11	2.08	2.07	2.03
0.05	6.02	4.16	3.47	2.86	2.58	2.42	2.31	2.07	1.94	1.90	1.87	1.86	1.83
0.1	4.46	3.47	3.01	2.56	2.33	2.20	2.11	1.90	1.79	1.75	1.736	1.72	1.70
0.2	3.42	2.86	2.56	2.23	2.05	1.94	1.87	1.70	1.60	1.57	1.55	1.54	1.52
0.3	3.01	2.58	2.33	2.05	1.90	1.80	1.74	1.58	1.49	1.46	1.45	1.44	1.42

续上表

K_2 \ K_1	0	0.05	0.1	0.2	0.3	0.4	0.5	1	2	3	4	5	≥10
0.4	2.78	2.42	2.20	1.94	1.80	1.71	1.65	1.50	1.42	1.39	1.37	1.37	1.35
0.5	2.64	2.31	2.11	1.87	1.74	1.65	1.59	1.45	1.37	1.34	1.32	1.32	1.30
1	2.33	2.07	1.90	1.70	1.58	1.50	1.45	1.32	1.24	1.21	1.20	1.19	1.17
2	2.17	1.94	1.79	1.60	1.49	1.42	1.37	1.24	1.16	1.14	1.12	1.12	1.10
3	2.11	1.90	1.75	1.57	1.46	1.39	1.34	1.21	1.14	1.11	1.10	1.09	1.07
4	2.08	1.87	1.73	1.55	1.45	1.37	1.32	1.20	1.12	1.10	1.08	1.08	1.06
5	2.07	1.86	1.72	1.54	1.44	1.37	1.32	1.19	1.12	1.09	1.08	1.07	1.05
≥10	2.03	1.83	1.70	1.52	1.42	1.35	1.30	1.17	1.10	1.07	1.06	1.05	1.03

注：1. 表中的计算长度系数 μ 值系按下式算得：

$$\left[36K_1K_2-\left(\frac{\pi}{\mu}\right)^2\right]\sin\frac{\pi}{\mu}+6(K_1+K_2)\frac{\pi}{\mu}\cdot\cos\frac{\pi}{\mu}=0$$

式中，K_1、K_2分别为相交于柱上端、柱下端的横梁线刚度之和与柱线刚度之和的比值。当梁远端为铰接时，应将横梁线刚度乘以 0.5；当横梁远端为嵌固时，则将横梁线刚度乘以$\frac{2}{3}$。

2. 当横梁与柱铰接时，取横梁线刚度为零。

3. 对底层框架柱：当柱与基础铰接时，取 $K_2=0$（对平板支座可取 $K_2=0.1$）；当柱与基础刚接时，取 $K_2=10$。

4. 当与柱刚性连接的横梁所受轴心压力 N_b较大时，横梁线刚度应乘以折减系数 α_N：

横梁远端与柱刚接时：$\alpha_N=1-\frac{N_b}{4N_{Eb}}$

横梁远端铰支时：$\alpha_N=1-\frac{N_b}{N_{Eb}}$

横梁远端嵌固时：$\alpha_N=1-\frac{N_b}{2N_{Eb}}$

N_{Eb}的计算式见表 4.6 注 4。

对于框架支撑体系，当支撑体系具有足够刚度时，框架支撑体系才近似发生无侧移失稳。《钢结构设计规范》(GB 50017—2003)判定强支撑框架的准则是

$$S_b\geqslant 3(1.2\sum N_{bi}-\sum N_{0i}) \tag{4.24}$$

式中，S_b为支撑结构的临界侧移刚度；$\sum N_{bi}$、$\sum N_{0i}$分别为第 i 层层间所有框架柱用无侧移和有侧移框架柱计算长度系数算得的轴压杆稳定承载力之和。

框架设置支撑后，要使临界荷载由有侧移失稳模式提高到无侧移失稳模式，则支撑结构的侧移刚度至少等于两种失稳模式临界荷载的差值。系数 3 是为了考虑各种缺陷和不确定性因素的影响，而系数 1.2 则是考虑两种失稳方式的 p-δ 效应的区别。

当支撑结构的侧移刚度 S_b不满足上式要求时，为弱支撑框架。弱支撑框架柱的计算长度系数应在无侧移和有侧移两种模式之间。为了简便，GB 50017—2003 没有给出弱支撑框架确定计算长度系数的方法，而是直接给出轴压杆稳定系数 φ 的计算公式

$$\varphi=\varphi_0+(\varphi_1-\varphi_0)\frac{S_b}{3(1.2\sum N_{bi}-\sum N_{0i})} \tag{4.25}$$

式中，φ_0、φ_1分别为采用无侧移和有侧移框架柱计算长度系数算得的轴心压杆稳定系数。

对于无支撑多层纯框架结构体系，GB 50017—2003 规定：

当$\dfrac{\sum N\cdot\Delta u}{\sum H\cdot h}>0.1$时，钢框架结构宜采用二阶弹性分析计算内力，此时应在每层柱顶附加考虑由公式(4.26)计算的假想水平力 H_{ni}，不满足该条件时可采用一阶弹性分析计算内力。

$$H_{ni}=\frac{\alpha_y Q_i}{250}\sqrt{0.2+\frac{1}{n_s}} \tag{4.26}$$

式中，Q_i为第 i 楼层的总重力荷载设计值；n_s为框架总层数；当$\sqrt{0.2+\dfrac{1}{n_s}}>1$时，取此根号值为 1.0；$\alpha_y$为钢材强度影响系数，Q235 取为 1.0；Q345 取为 1.1；Q390 取为 1.2；Q420 取为 1.25。

对无支撑纯框架结构，当采用二阶弹性分析时，各杆件杆端的弯矩 M_{II}可用下列公式近似计算

$$M_{II}=M_{Ib}+\alpha_{2i}M_{Is} \tag{4.27}$$

$$\alpha_{2i}=\frac{1}{1-\dfrac{\sum N\cdot\Delta u}{\sum H\cdot h}} \tag{4.28}$$

式中，M_{Ib}为假定框架无侧移时按一阶弹性分析求得的各杆件端弯矩；M_{Is}为框架各节点侧移时按一阶弹性分析求得的杆件端弯矩；α_{2i}为考虑二阶效应第 i 层杆件的侧移弯矩增大系数；$\sum N$ 为所计算楼层各柱轴心压力设计值之和；$\sum H$ 为产生层间侧移 Δu 的所计算楼层及以上各层的水平力之和；Δu 为按一阶弹性分析求得的所计算楼层的层间侧移，当确定是否采用二阶的弹性分析时，Δu 可近似采用层间相对位移的容许值$[\Delta u]$；h 为所计算楼层的高度。

当采用一阶弹性分析方法计算内力时，框架柱的计算长度 μ 按表 4.6 有侧移框架柱的计算长度确定。

当采用二阶弹性分析方法计算内力且每层柱顶附加考虑公式(4.26)的假想水平力 H_{ni}时，框架柱在计算平面内计算长度系数均为 $\mu=1.0$。

对于空间框架，整体稳定计算需保证柱在两个主轴计算平面的稳定性。在运用计算长度系数法验算柱的稳定性时，需分别计算柱两个主轴计算平面的 K_1、K_2，然后按上述方法分别确定两个主轴计算平面的计算长度系数 μ_x和 μ_y，再按双向压弯构件进行构件的稳定承载力验算。

(2)改进的计算长度系数法

基于构件稳定分析的计算长度系数法，当各柱刚度参数 $\varphi=h\sqrt{\dfrac{N}{EI}}$不相等时，不能考虑各柱之间相互制约的关系。这一问题在 GB 50017—2003 中只有原则性的条款，未给出计算长度系数的具体调整方法。以下根据参考文献[8]的研究结果，介绍改进的计算长度系数法。

①有侧移失稳的层模型改进法

不设支撑的框架在发生有侧移失稳时，各柱柱顶必然同时等量侧移，而不会出现弱柱先失稳的情况(除非弱柱承受很大压力而率先单独无侧移失稳)。因此，框架有侧移失稳应从整个一层着眼，以层模型为计算对象。基于层模型的概念求解框架柱的计算长度系数。有两种方法可循：一是先分别单独计算各柱的计算长度系数，然后加以修正；二是通过层模型的侧移刚度，直接计算得出计算长度系数。对于同层各柱等高的框架，两种方法的计算长度系数公式分别为[9]

$$\mu_i=\sqrt{\frac{I_i}{N_i}\left[\frac{\sum P_i-\sum N_i}{\sum\left(\frac{I}{\mu_{0i}^2}\right)}\right]} \tag{4.29a}$$

$$\mu_i=\sqrt{\frac{I_i}{N_i}\left[\frac{\sum P_i+1.2\sum N_i}{Kh_i}\right]} \tag{4.29b}$$

式中，μ_i为第 i 根柱的计算长度系数；N_i和 P_i分别为刚架柱和摇摆柱上的荷载；I_i和 h_i为柱的惯性矩和高度；μ_{0i}为柱单独计算的计算长度系数；K 为层刚度，即产生层间单位侧移所需的力。

《门式刚架轻型房屋钢结构技术规程》(CECS 102:2002)和《冷弯薄壁型钢结构技术规范》(GB 50018—2002)先后采纳了按层刚度计算的 μ 系数公式，适用于各柱高度不等的刚架。参考文献[10]则对以上两类公式引进了切线模量系数。

②层与层之间的柱相互约束

设有支撑的框架无侧移失稳时，位于同一竖轴上的柱当刚度参数 φ 相差较大时，它们之间的相互制约作用不可忽视。参考文献[11]提出了考虑这种作用的"改进 G 系数法"(一般框架 $G=\dfrac{\text{柱线刚度和}}{\text{相交梁线刚度和}}$)，即在选出框架的一根杆件来确定它的计算长度系数时，按下式计算其改进的 G 系数

$$G=\frac{\frac{I}{L}}{\sum\frac{\gamma_i m_i I_i}{L_i}}$$

公式右端的分子是所计算杆的线刚度，分母则是与之刚性相连各杆的修正线刚度之和。与传统的杆件线刚度相比，分母中各杆乘了两个修正系数，其中，m_i是杆件 i 的远端支撑情况的修正系数；γ_i是体现轴力对弯矩刚度影响的系数。m 的数值和 γ 的近似计算公式为

$$\text{当远端与其他杆件刚性连接时，}m=1,\gamma=\begin{cases}1-\dfrac{1}{\mu^2},\text{用于 }\mu\geqslant 1\text{ 时}\\[2ex] 2-\dfrac{2}{\mu^2},\text{用于 }\mu<1\text{ 时}\end{cases} \tag{4.30a}$$

当远端与其他杆件铰接时，$m=1.5$，γ 同上式；

$$\text{当远端嵌固时，}m=2,\gamma=\begin{cases}1-\dfrac{1}{2\mu^2},\text{用于 }\mu\geqslant\dfrac{1}{\sqrt{2}}\text{时}\\[2ex] 2-\dfrac{1}{\mu^2},\text{用于 }\mu<1\text{ 时}\end{cases} \tag{4.30b}$$

$$\text{当远端与近端转角相等且同号时，}m=3,\quad \gamma=1-\frac{1}{4\mu^2},\text{用于 }\mu\geqslant 0.5\text{ 时} \tag{4.30c}$$

式(4.30a)，(4.30b)的第一式和(4.30c)的 γ，就是 GB 50017—2003 中表 D-1 和 D-2 的轴力对梁线刚度的折减系数。

改进后的 G 系数有可能为负值，参考文献[11]中给出了扩展到包括负值 G 的计算长度曲线簇。此法先要找出最弱的杆件，然后假定它的 μ 系数进行计算。需要先做假定的原因是系数 γ 和系数 μ 直接关联。根据两端的改进 G 系数查得的 μ 值，如果不同于原设定值，需要修

正后重算。此外，有时不能判别哪个杆最弱，则需对几根可能是最弱的杆做多次计算。因此，此法应用不很方便。同时，由于 r 的计算公式有近似性，计算结果不精确。参考文献[12]导出了直接计算两层框架和三层框架柱子 μ 系数的计算公式，且较为精确，超过三层的框架，则取出薄弱柱及其上下邻柱进行计算。

参考文献[13]通过一个二层框架算例说明，同一竖轴上的各层柱相互制约的作用，可以像有侧移失稳时同层柱相互制约那样去计算，即认为同一竖轴各柱所能承受的总荷载和荷载作用的部位无关，柱的计算长度系数可以由式(4.29a)计算。已完成的计算分析表明，三层框架也可以采用这种方法。这种方法计算简便，不过近似程度略逊于参考文献[12]的办法。超过三层的框架也可以像参考文献[12]建议的那样，取薄弱层的柱及其上、下柱进行计算。

有侧移框架失稳时也存在同一竖轴的上下层相互支援问题。参考文献[12]、参考文献[14]分别提出了考虑这一因素计算长度的计算办法。前者以三层柱及相连四根梁组成的子结构为基础；后者则和参考文献[12]类似。根据参考文献[14]的二层有侧移框架算例，式(4.29a)也可以用来调整计算长度系数。

③考虑有侧移失稳的整体性质对当前计算长度法的改正[15]

纯框架的有侧移失稳是一种整层的失稳，传统的计算长度系数法却是单个柱子逐个计算稳定性，不能反映整体失稳的特点，也就不能反映同一层各个柱子之间的相互作用。针对这个问题，目前已经有了成熟的改进方法，而且这个改进方法已经收入一些国家的规范中。我国 CECS 102:2002 也已包含了考虑各柱子相互支援确定计算长度系数的方法。该方法可以采用两种方法建立，具体方法为：

a. 利用当前的计算长度系数方法

根据各个柱子的计算长度系数计算各柱的 D 值，相加得到

$$K_0=\sum_{j=1}^{n}a_j\frac{\pi^2 EI_c}{\mu_i^2 h_i^3} \tag{4.31}$$

第 i 根柱子的轴力为 P_i，在考虑相互支援后它的计算长度系数从 μ_i 变为 μ'_i

$$P_i=\frac{\pi^2 EI_{ci}}{(\mu'_i h_i)^2} \tag{4.32}$$

注意到在这种实际的轴力作用下发生整层失稳的条件也是层抗侧刚度变为零，因此，可以利用正刚度和负刚度相等的条件建立如下方程

$$\sum_{i=1}^{n}a_i\frac{P_i}{h_i}=\sum_{i=1}^{n}a_i\frac{\pi^2 EI_{ci}}{\mu'^2_i h_i^3}=\sum_{j=1}^{n}a_i\frac{\pi^2 EI_{cj}}{\mu_j^2 h_j^3}$$

由上式得到，$\pi^2 E=\dfrac{\sum\limits_{i=1}^{n}a_i\dfrac{P_i}{h_i}}{\sum\limits_{j=1}^{n}a_i\dfrac{I_{cj}}{\mu_j^2 h_j^3}}$，代入式(4.32)得到新的计算长度为

$$\mu'_i=\frac{1}{h}\sqrt{\frac{I_{ci}}{P_i}\frac{\sum\limits_{j=1}^{n}\left(\dfrac{a_j P_j}{h_j}\right)}{\sum\limits_{j=1}^{n}\left(\dfrac{a_j I_{cj}}{\mu_j^2 h_j^3}\right)}} \tag{4.33}$$

b. 数值计算法

直接利用计算机程序计算层抗侧刚度 K_0，可得到

$$\mu_i' = \sqrt{\frac{\pi^2 EI_{ci}}{P_i h_i^2} \frac{\sum_{j=1}^{n} \frac{a_j P_j}{h_j}}{K_0}} \tag{4.34}$$

如果采用(4.33)式，只需确定计算长度，而采用(4.34)式，必须采用其他方法确定层抗侧刚度 K_0。对于单层框架，两者结果是一样的。对于多层框架，K_0 的大小与施加水平力的方式有关。对于多层框架，式(4.33)和式(4.34)计算结果会产生微小差别。

由式(4.33)或式(4.34)计算得到的计算长度系数，如果小于无侧移失稳的计算长度系数，则应该取无侧移失稳时的计算长度系数。

上述方法是考虑每层中各个柱子相互支援作用确定计算长度系数的方法。但是对柱子的稳定性计算仍然是一个一个地进行。如果采用轴力包络图确定各柱子的轴力，则计算结果偏离实际。因此，考虑计算长度系数修正的稳定性计算，应该对各种荷载组合逐个地进行计算，才符合实际情况并取得较好的经济效益，否则就部分失去了修正的意义。

(3)运用计算长度系数法计算框架稳定的框图

①单层或多层钢框架结构稳定计算

图 4.10 是单层、多层钢框架结构整体稳定计算流程图。在运用计算长度系数法确定了框架柱的计算长度系数 μ 后，即可按照《钢结构设计规范》(GB 50017—2003)中拉弯构件和压弯构件稳定性的计算规定，进行构件稳定验算。

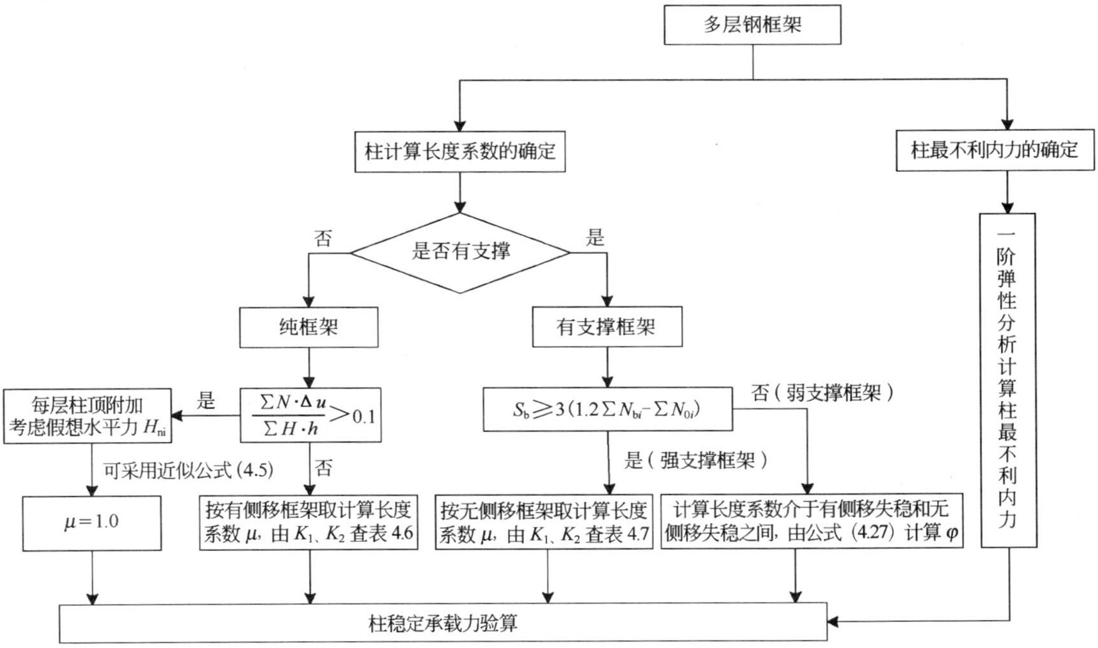

图 4.10　多层钢框架结构整体稳定计算流程图

②高层钢框架结构稳定计算

图 4.11 是高层钢框架结构整体稳定计算流程图，在运用计算长度系数法确定了框架柱的计算长度系数 μ 后，亦可按照《钢结构设计规范》(GB 50017—2003)中拉弯构件和压弯构件稳

定性计算的规定，进行构件稳定验算。对于无支撑框架和$\frac{\Delta u}{h}>\frac{1}{1000}$的有支撑框架，可按下节考虑二阶效应的高等分析法验算结构的整体稳定。

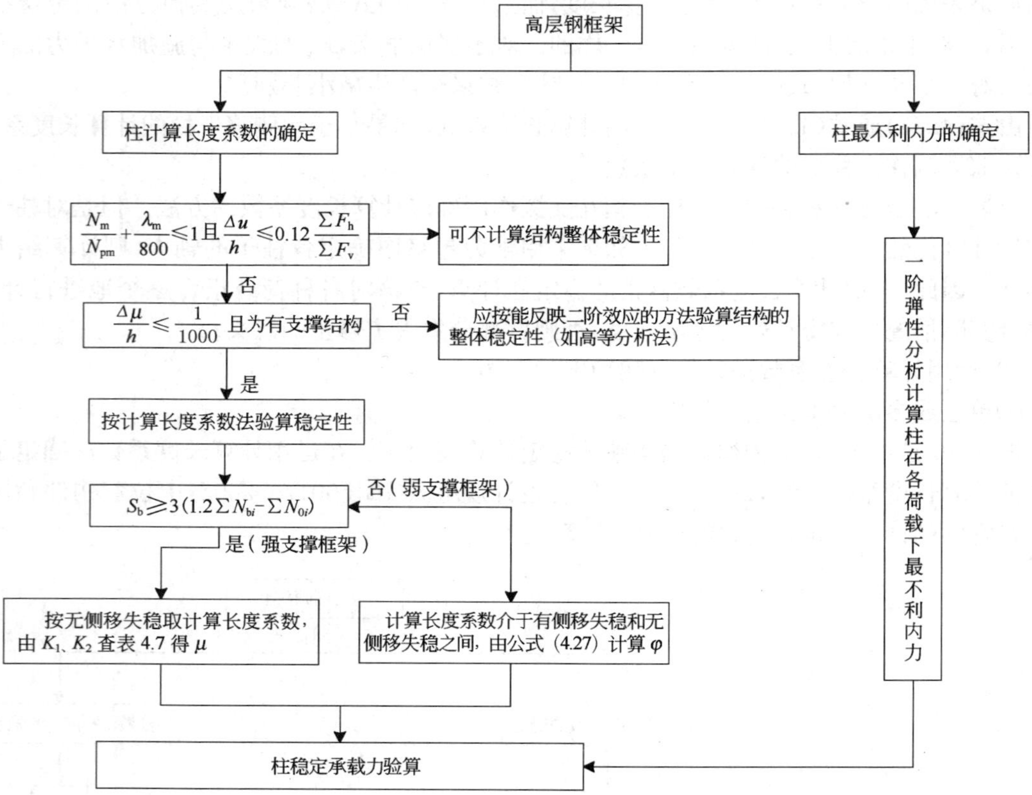

图4.11 高层钢框架结构整体稳定计算流程图

2)高等分析法

用计算长度系数法验算钢框架结构体系的整体稳定，其优点是内力分析比较简单，可采用叠加法进行内力组合，经过长期的工程实践已被广大设计人员所接受。但随着建筑高度不断增高、体型不断复杂化，该方法也表现出很多缺陷，如结构内力计算模式与构件承载力计算模式不一致；不能准确地反映结构整体与构件之间稳定承载力的相互关系；不能描述结构系统的非弹性内力重分布；不能准确预测结构在给定荷载作用下的破坏模式；各构件的可靠度水平不均衡一致；单个构件的承载力验算繁琐费时，不便于计算机计算等。现行《钢结构设计规范》(GB 50017—2003)采用计算长度系数法时假定，"结构同一层柱同时按相同的模式对称或反对称失稳"，因此，计算长度系数法只适用于计算特定的对称框架，对于其他的非对称框架，并不能真实地反映钢框架的稳定承载力，因此，对于复杂框架的稳定问题需要直接求解才能保证其整体稳定承载力[16]。

针对目前采用计算长度系数法验算钢框架结构体系整体稳定承载力存在的上述问题，不少学者试图在弹性范围内对计算长度系数法加以改进。这些改进工作包括：对构件计算长度的改进，即考虑钢框架柱不同时出现弹性或弹塑性失稳时的影响、考虑构件的初始缺陷和结构二阶效应的影响等；采用名义荷载法，即在进行钢框架的线弹性分析时，在每个楼层施加等效于该楼层所承受重力荷载的 2%～5%的水平荷载，以近似考虑忽略初始缺陷和材料非线性引起的误差；结构分析时构件采用有效切线模量以考虑结构非线性和缺陷的影响等。这些改进方法都是试图通过线弹性分析得到二阶分析的近似结果，与精确的二阶分析存在本质上的差距[16]。

要彻底克服计算长度系数法的缺陷，必须建立以结构整体稳定承载极限状态为目标的设计方法，将平衡方程不断建立在结构变形后的平衡位置，同时考虑到材料弹塑性性能、残余应力和几何缺陷等因素的影响。随着计算机技术和有限元理论的发展，出现了高等分析法(Advanced Analysis)。高等分析法主张在结构分析中充分考虑所有重要的非线性因素，直接计算结构的整体稳定极限承载力，以彻底免除构件计算长度和构件相关方程的概念，它实质上是对结构进行二阶弹塑性全过程分析。目前，BS5950(1990、2000)(英国钢结构设计规范)和AS4100(1990)(澳大利亚钢结构标准)，已经要求工程师在钢结构设计中，当规范公式不能准确考虑上述非线性因素时，允许采用包含 P-Δ 效应的二阶分析方法进行结构设计；Euroeode3(2003)(欧洲钢结构规范)已经包含了高等分析的试用性条文；美国 AISC 规范目前也在考虑增加运用弹性和弹塑性二阶分析的方法进行结构稳定设计的新规范条文。我国《钢结构设计规范》(GB 50017—2003)对内力分析也增加了相应条文，即对无支撑的多、高层框架结构，首次强调采用二阶弹性分析进行内力计算的要求(第 3.2.8 条)。同时，考虑到设计人员的习惯和简化计算，还介绍了有关近似计算公式。目前，越来越多的国家开始重视钢结构的高等分析与设计，并开始在实际工程中应用[16]。

高等分析将强度理论、稳定理论和塑性理论统一在结构整体分析中，与传统设计方法相比，具有如下特点：

①可准确预测结构体系及其组件的破坏模式与极限荷载；

②可跟踪结构体系的非弹性内力分布；

③可准确跟踪构件的塑性渐变全过程；

④去除了传统设计方法中的构件验算步骤；

⑤解决了传统设计方法中的结构弹性分析与构件极限状态设计不一致的矛盾；

⑥去除了传统设计方法中的结构整体失稳计算模式与结构实际失稳状态不一致的矛盾；

⑦可准确计算各种荷载作用下结构的真实弯矩分布，并根据构件的塑性弯矩承载力，有目的的在结构中设置一些“断点”，并以此发挥结构“保险丝”的作用，来确保整体结构及连接在大震作用下的整体安全性[16]。

根据几何非线性的考虑方式，高等分析法可以分为两类：一类是假定位移或内力插值场的有限单元法；另一类是通过直接求解梁柱单元的平衡微分方程推导出稳定函数的方法。而根据材料弹塑性的处理方式，高等分析法可以分为三大类：弹塑性铰法、改进塑性铰法和塑性区法。

(1)弹塑性铰法[18]

弹塑性铰法假定，塑化集中在零长度的塑性铰处，既不考虑沿构件长度和截面高度的塑性扩展，又不考虑残余应力的影响。塑性铰法可以分为一阶塑性铰和二阶塑性铰方法。对于一阶塑性铰方法，忽略了框架结构的几何非线性，平衡方程建立在变形前的单元上。对于二阶塑性铰方法，平衡方程中考虑了单元变形后的几何特性，运用稳定函数或采用几何非线性分析以考虑框架的二阶效应。弹塑性铰法简单高效，但计算精度较低。

弹塑性铰法认为单元边缘屈服，截面即完全进入塑性，形成塑性铰。对于细长的梁柱单元，其破坏模式接近于弹性失稳，塑性铰法具有很好的精度。对于粗短的梁柱单元，由于不能考虑塑性开展导致单元刚度的逐渐减小过程，塑性铰法会得到过高的单元强度和刚度。

(2)改进塑性铰法[16]

改进塑性铰法以二阶弹塑性铰法为基础，采用稳定函数来考虑二阶效应，包括精化塑性铰法和名义荷载塑性铰法，这两种方法均可考虑塑性铰截面的刚度退化和两塑性铰之间构件的刚度退化。

为考虑构件纵向塑性扩展，将单元沿长度方向等分，在单元等分点处截面进行塑性校核。当截面形成塑性铰时，自动把原有单元以塑性铰形成处为边界划分成两个单元，从而原来位于单元内部的塑性铰被转化为两个子单元端部的塑性铰。将两个子单元的刚度矩阵缩聚即可得到原有单元的刚度矩阵。

①塑性铰改进法的计算单元

采用稳定函数，一般一根构件可以划分为一个或几个计算单元，在构件有集中荷载的位置分割。稳定函数可以考虑构件的二阶效应(P-δ 效应)。构件的刚度随着构件轴力和二阶内力的增大而逐步退化，直到内力达到构件截面的塑性强度。当轴力较大时，构件的刚度呈非线性变化，可以采用切线刚度代替。假定构件的塑性铰只出现在单元的端部，能够承受非弹性转动，不考虑应变强化。以图 4.12 所示的平面单元为例，由稳定函数表示的内力-变形关系为

$$\begin{Bmatrix} M_{\mathrm{A}} \\ M_{\mathrm{B}} \\ P \end{Bmatrix} = \frac{EI}{L}\begin{bmatrix} S_1 & S_2 & 0 \\ S_2 & S_1 & 0 \\ 0 & 0 & \dfrac{A}{I} \end{bmatrix}\begin{Bmatrix} \theta_{\mathrm{A}} \\ \theta_{\mathrm{B}} \\ e \end{Bmatrix} \tag{4.35}$$

其中，

$$S_1=\frac{KL\sin(KL)-(KL)^2\cos(KL)}{2-2\cos(KL)-KL\sin(KL)}$$

$$S_2=\frac{(KL)^2-KL\sin(KL)}{2-2\cos(KL)-KL\sin(KL)}$$

$$KL=L\sqrt{\frac{P}{(EI)}}$$

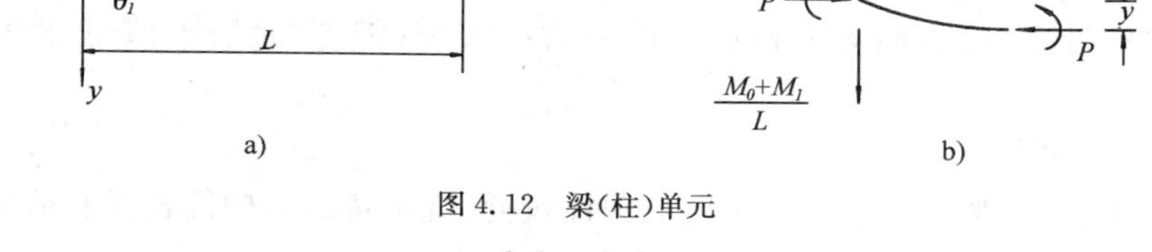

图 4.12 梁(柱)单元

注意到，当 $KL\to 2\pi$ 时，稳定函数 S_2 将急剧变化，如图 4.13 所示，此时对应的单元轴向力为两端刚接的轴心受压杆的欧拉临界力，即

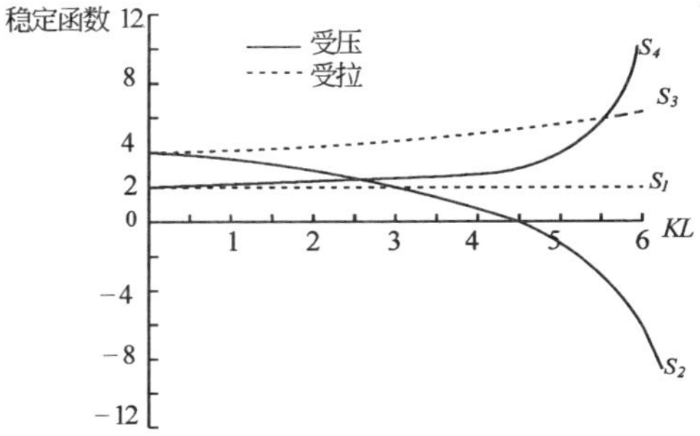

图 4.13　稳定函数 KL 关系

$$P=\frac{4\pi^2 EI}{L^2} \tag{4.36}$$

在此基础上，可以求得单元力与位移的增量关系并拓展到单元空间受力状态，得到单元的切线刚度矩阵。这与一般非线性分析单元刚度矩阵的推导步骤相同，不再赘述。

②杆件截面的塑性强度及塑性铰

根据美国 AISC－LRFD 给出的 P-F 线性相关方程，杆件截面的塑性强度可表示为

$$\frac{P}{P_y}+\frac{8}{9}\frac{M}{M_P}=1.0\left(\frac{P}{P_y}\geqslant 0.2\text{ 时}\right) \tag{4.37}$$

$$\frac{P}{2P_y}+\frac{M}{M_P}=1.0\left(\frac{P}{P_y}<0.2\text{ 时}\right) \tag{4.38}$$

式中，P_y 为轴心受力屈服强度；M_y 为受弯塑性承载力；P 为二阶轴力；M 为二阶弯矩。

上述公式适用于强轴弯曲和弱轴弯曲。

我国《钢结构设计规范》(GB 50017—2003)对于压弯构件的塑性铰强度要求为

当
$$\frac{N}{N_y}\leqslant 0.13\text{ 时},\frac{M}{M_P}=1.0 \tag{4.39}$$

当
$$\frac{N}{N_y}>0.13\text{ 时},\frac{N}{N_y}+\frac{M}{1.15M_P}=1.0 \tag{4.40}$$

若单元内力不满足塑性强度要求，则认为在单元端部将出现塑性铰，需要对单元的力-位移关系进行修改，以符合该端形成塑性铰的单元受力特性。以单元 A 端形成塑性铰为例，其单元增量力-位移关系为

$$\begin{Bmatrix}\Delta M_{PA}\\ dM_B\\ dP\end{Bmatrix}=\frac{EI}{L}\begin{bmatrix}S_1 & S_2 & 0\\ S_2 & S_1 & 0\\ 0 & 0 & \frac{A}{I}\end{bmatrix}\begin{Bmatrix}d\theta_A\\ d\theta_B\\ de\end{Bmatrix} \tag{4.41}$$

式中，ΔM_{PA} 是随着轴力 P 的变化单元 A 端弯曲承载力的变化。

由上式第一行解得 $d\theta$ 代入第二、三行，可得到修正的单元增量力-位移关系方程

$$\begin{Bmatrix}dM_A\\ dM_B\\ dP\end{Bmatrix}=\frac{EI}{L}\begin{bmatrix}0 & 0 & 0\\ 0 & \left(\frac{S_1-S_2{}^2}{S_1}\right) & 0\\ 0 & 0 & \frac{A}{I}\end{bmatrix}\begin{Bmatrix}d\theta_A\\ d\theta_B\\ de\end{Bmatrix}+\begin{Bmatrix}1\\ \frac{S_2}{S_1}\\ 0\end{Bmatrix}\Delta M_{PA} \tag{4.42}$$

上式表示单元 A 端出现塑性铰后修正的单元增量力-位移方程，同理，可得单元 B 端或两端同时出现塑性铰后的增量力-位移关系方程。

由于单元截面内力状态不会超过塑性强度曲面线，截面达到全塑性后，就将沿塑性强度曲线变化。如图4.14所示，单元内力经过一系列变化到达屈服强度曲面线上的 Q 点，随着单元

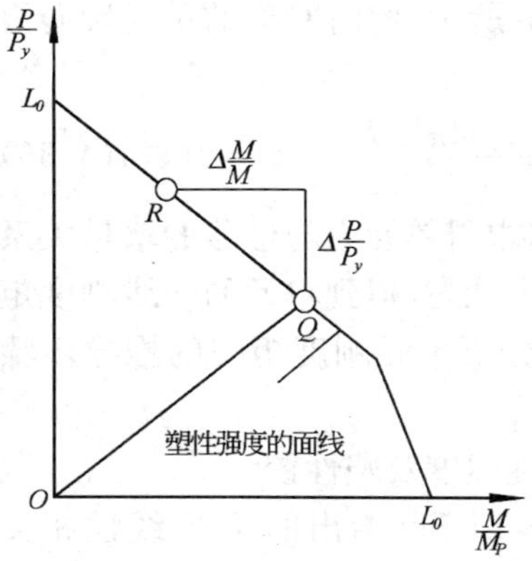

图 4.14　塑性强度曲面线

轴力的增加，单元端部的弯矩随之降低，内力状态由 Q 点向 R 点变化，因而可以确定端部弯矩的变化值 ΔM_P。

③切线模量模型

改进塑性铰分析方法采用切线模量来考虑残余应力的影响，柱曲线研究协会（The Column Research Council，简称 CRC）也是采用此法考虑残余应力的影响。在轴力作用下，单元两端塑性铰之间由于残余应力而导致沿单元长度的逐渐屈服，可以通过减小弹性模量 E 来考虑截面弹性部分的减小。尽管杆件弱轴的刚度退化较快，但这可由其较大富余的塑性强度来弥补，因此，对杆件截面的强轴和弱轴均采用相同的切线模量 E_t。CRC 的 E_t 表达式为

$$E_t = 1.0E \quad （对于 P \leqslant 0.5P_y） \tag{4.43}$$

$$E_t = 4\frac{P}{P_y}\left(1-\frac{P}{P_y}\right)E \quad （对于 P > 0.5P_y） \tag{4.44}$$

由式(4.42)，可以根据单元的内力状态对单元切线刚度进行修正。

④单元几何缺陷的考虑

在高等分析中，关于单元几何缺陷的考虑有三种方法，即 a. 单元模型的直接缺陷方法；b. 等效名义荷载法；c. 进一步降低切线模量方法。所谓单元模型的直接缺陷法，即在结构分析时直接在单元模型中引入一个确定的缺陷值，意味着构件的初始状态不再是直线，构件的初始状态有一个初始跨中挠度或端部有初始倾斜角。由于已经分别考虑了残余应力和构件端部逐渐屈服的影响，因此，单元模型的几何缺陷可只考虑构件的制作和安装误差等因素的影响。对于钢结构构件，一般考虑在其跨中引入大小为 $\frac{L}{1000}$ 的初始弯曲值，构件的初始弯曲采用线性或正弦曲线变化；对于纯框架结构，考虑结构的初始出平面缺陷，假定框架顶部的初始出平面缺陷值为 $\frac{L_c}{500}$。

所谓等效名义荷载法，即在结构分析时采用名义侧向荷载施加到结构每层上来近似表示几何缺陷对结构的影响。等效名义荷载以重力荷载的百分比表示，在其他设计荷载产生的水平侧移方向施加，以获得最不利的效应。对于有侧移框架，等效名义荷载 $H_i = 0.002P_i$（Gravity Loads），施加在每层柱顶部。这个值相当于结构初始出平面缺陷为 $\frac{L_c}{500}$ 的效应。对于无侧移框架，柱端与支撑相连，等效名义荷载应施加在柱中部，等效名义荷载系数为 0.004，这个值与杆件跨中初始缺陷为 $\frac{L}{1000}$ 的效果相当。

进一步降低切线模量法，是在结构分析时通过进一步降低材料切线模量以达到因几何缺陷对结构性能（刚度）产生的影响相似的效果，其表达为

$$E'_t = 4\frac{P}{P_y}\left(1-\frac{P}{P_y}\right)E\xi_i \quad 对于 P > 0.5P_y \tag{4.45}$$

$$E'_t = E\xi_i \qquad \text{对于 } P \leqslant 0.5P_y \tag{4.46}$$

式中，ξ_i 是几何缺陷降低系数，取值 0.85。

进一步降低切线模量法，实际上是间接在计算模型中考虑几何缺陷，且不需要确定几何缺陷的方向，应用比较方便。

⑤杆件的设计强度

在对结构整体进行二阶分析的基础上，杆件的强度复核比较简单。由于计算分析中已经考虑了轴力、P-Δ、P-δ 效应及其他因素对杆件和结构整体稳定性的影响，当用一个单元描述一根杆件时，只需要复核杆件的截面强度承载力。以平面杆件为例，设计人员可以首先确定杆件最大挠度处的弯矩

$$M_{\max} = EIv''|_{v=v_{\max}} \tag{4.47}$$

上述弯矩包括了一阶和二阶弯矩，截面强度按下式复核

$$\frac{P}{Af} + \frac{M_{\max}}{Wf} \leqslant 1 \tag{4.48}$$

当进行二阶弹塑性设计时，用 f_y 代替 f。

值得注意的是，若采用弹塑性设计，结构在达到极限承载力之前将出现一系列塑性铰，需要防止发生杆件出平面失稳和板件局部失稳。鉴于二阶弹塑性设计目前还缺少足够的实际应用经验，宜在单层或多层结构中采用，并且注意塑性铰出现的位置对结构整体稳定性能的影响，例如不能在柱端出现塑性铰。AS4100(1990)也要求二阶弹塑性设计限于第一个塑性铰的形成。

采用高等分析设计方法，对单个构件无需进行局部承载力和整体屈曲的验算；无侧移或有侧移框架无需假定构件的计算长度，由结构整体分析直接求得其荷载-位移曲线，包括后屈曲阶段。改进塑性铰法既保留了弹塑性铰法的计算效率，又具有较高的计算精度，在结构性能真实描述与便于应用之间寻找到了平衡点，因此成为了高等分析法的研究热点。

⑥精化塑性铰法(Refind Plastic Hinge Method)[16]~[18]

与塑性铰法相比，精化塑性铰法主要引入了切线模量和弯曲刚度降低系数两个概念。引入切线模量是为了考虑当构件所受轴力较大时残余应力对塑性区沿杆长方向分布的影响。切线模量的计算可通过精确的柱子强度公式得到，比如考虑残余应力影响的 CRC 柱子强度公式和同时考虑残余应力和初始几何缺陷影响的 LRFD 柱子强度公式。同前面的方法类似，在精炼塑性铰模型中，引入弯曲刚度降低系数的目的是考虑单元两端截面的逐步塑性。在此模型中，弯曲刚度降低系数具有二次抛物线形式，并满足 LRFD 梁柱轴力-弯矩强度相关公式以及初始屈服面方程定义。在钢框架高等分析中，由于采用 LRFD 柱子强度公式得到的切线模量的精度不如采用 CRC 柱子强度公式相应的切线模量，而 CRC 柱子强度公式没有包含初始几何缺陷的影响。因而为了在精化塑性铰模型中方便地计及初始几何缺陷的影响，可以进一步降低切线模量(乘以降低系数 0.85)。

精化塑性铰法(图 4.15)采用 CRC 切线模量概念来考虑梁柱残余应力分布的影响，引入弯曲刚度折减系数来考虑单元两端截面的渐变塑性。单元两端内力和位移增量满足关系式(4-49)。

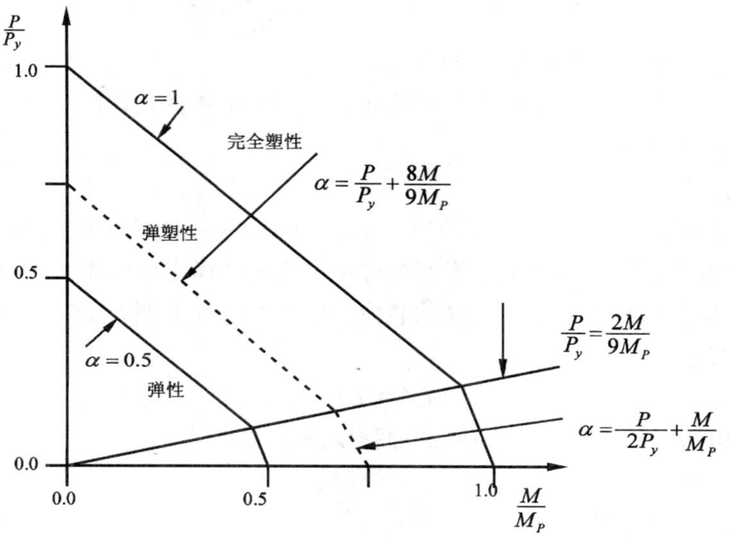

图 4.15 精化塑性铰的塑性模型

$$\begin{Bmatrix}\dot{M}_A\\ \dot{M}_B\\ \dot{P}\end{Bmatrix}=\begin{bmatrix}\eta_A\left[S_1-\frac{S_2^2}{S_1}(1-\eta_B)\right] & \eta_A\eta_B S_2 & 0\\ \eta_A\eta_B S_2 & \eta_B\left[S_1-\frac{S_2^2}{S_1}(1-\eta_A)\right] & 0\\ 0 & 0 & \frac{A}{I}\end{bmatrix}\begin{Bmatrix}\dot{\theta}_A\\ \dot{\theta}_A\\ \dot{P}\end{Bmatrix} \tag{4.49}$$

式中，$\dot{M}_A$、$\dot{M}_B$、$\dot{P}$ 和$\dot{\theta}_A$、$\dot{\theta}_B$、$\dot{e}$ 分别为单元两端内力增量和位移增量；S_1、S_2为稳定函数；η_A、η_B为单元两端的弯曲刚度折减系数，按下式计算

$$\eta=4\alpha(1-\alpha) \tag{4.50}$$

$$\alpha=\frac{P}{P_y}+\frac{8M}{9M_P}+\cdots\cdots\frac{P}{P_y}\geqslant 0.2 \tag{4.51}$$

$$\alpha=\frac{P}{2P_y}+\frac{M}{M_p}\cdots\cdots\frac{P}{P_y}<0.2 \tag{4.52}$$

其中，P、M 为柱二阶轴力和二阶弯矩；P_y为屈服压力；M_p为全塑性弯矩。

当 $\alpha=0.5$ 时，$\eta=1$，截面处于弹性；当 $\alpha=1.0$ 时，$\eta=0$，截面全部塑性。

同时，切线模量采用 CRC 柱子强度公式计算

$$E_t=E\cdots\cdots P<0.39P_y \tag{4.53}$$

$$E_t=-2.724\frac{P}{P_y}\ln\frac{P}{P_y}\cdots\cdots P>0.39P_y \tag{4.54}$$

精化的塑性铰分析方法只需花费简单塑性铰分析方法的计算时间，便可得到接近塑性区分析方法精度的结果，而成为效率与精度兼备、符合工程应用需要的分析方法，是当前钢框架结构高等分析中应用最多的方法。

⑦名义荷载塑性铰法[17][20][22]

为了避免在简单塑性铰方法中过高地估计结构的承载力，同时，也为了能在简单的线弹性分析的基础上方便地考虑初始几何缺陷等非线性因素的影响，有研究者[22]提出了名义荷载塑性铰模型。名义荷载塑性铰模型人为地在结构或构件中施加额外的名义横向荷载，以考虑残余应力、初始几何缺陷、截面逐步塑性等非线性因素对结构承载力的不利影响。参考文献[22]中，对于有侧移钢框架，在柱顶位置补偿的名义横向荷载大小等于竖向荷载总和的 0.5%；而对于无侧移支撑钢框架和钢构件，为补偿初始几何挠度的影响在杆中位置施加的名义横向荷载等于构件所受轴力的 1%。名义荷载塑性铰模型的最大优点是简单。目前欧洲规范 EC3 和澳大利亚规范 AS4100 都允许将这种方法作为钢框架结构的高等分析方法。然而该方法并非可适用于各种钢结构或构件，例如参考文献在分析单独的梁柱时，名义荷载塑性铰方法可能产生大于精确值 10%的误差。

(3)塑性区法

塑性区法的基本思想是将构件沿长度方向离散，截面划分成纤维单元。构件节点处变形通过数值积分法得到，在每一荷载步更新坐标使得增量荷载变形响应能充分描述二阶效应。由于截面网格较密，纤维元内残余应力可认为是常数，并可直接跟踪单元应力状态，从而反映构件塑性渐变过程。塑性区模型包括两种：一是基于塑性变形理论的三维壳单元，当单元屈服时，在增量应力-应变关系中用弹塑性本构关系取代弹性矩阵，可以考虑正应力和剪应力作用，整体和局部几何缺陷以及板间局部失稳等；另一种是基于梁柱理论，任一单元形心处正应力达到材料单轴应力强度作为单元屈服条件。

塑性区法可以直接模拟二阶效应、初始几何缺陷分布、残余应力、分布塑性等因素对稳定性和强度的影响。由于荷载一变形的非线性关系，荷载增量引起的弹塑性刚度的不断变化，使得平衡方程需要反复迭代求解，计算量很大，但其求解结果常被示精确解。所以塑性区法通常可以模拟甚至代替试验，作为评价经验公式或实用高等分析法精度的依据。许多大型非线性有限元分析软件采用了塑性区法，它们包括 ABAQUS、ANSYS 和 MARC 等通用商业软件。下面根据参考文献[19]就钢框架非线性全过程分析的简化塑性区法进行介绍。

①基本假定

a. 杆件的塑性变形仅发生在杆端附近的局部区域，塑性铰只在杆端出现；

b. 横截面刚度的折减是线性的；

c. 不考虑塑性铰处的卸载现象；

d. 楼板平面刚度无限大，并有足够的构造措施使杆件不发生局部屈曲和平面外屈曲；

e. 杆件剪切变形的影响忽略不计。

②单元增量刚度方程

根据上述假定，本文采用图 4.16 所示的梁柱单元模式。它由两类区域组成：位于中部的弹性区和位于两端的变长度弹塑性区。对于单元两端的连接区，则可以假定为刚性连接区域。

a. 考虑 $P\text{-}\Delta$ 效应的单元刚度方程

框架结构中的 $P\text{-}\Delta$ 效应也称为轴向力二阶效应，它包括 $P\text{-}\delta$ 和 $P\text{-}\Delta$ 效应。两者都将降低单元弯曲刚度。考虑图 4.17 所示梁柱单元，由经典梁-柱理论中的倾角-挠度法即可得到二阶弹性分析的单元刚度方程

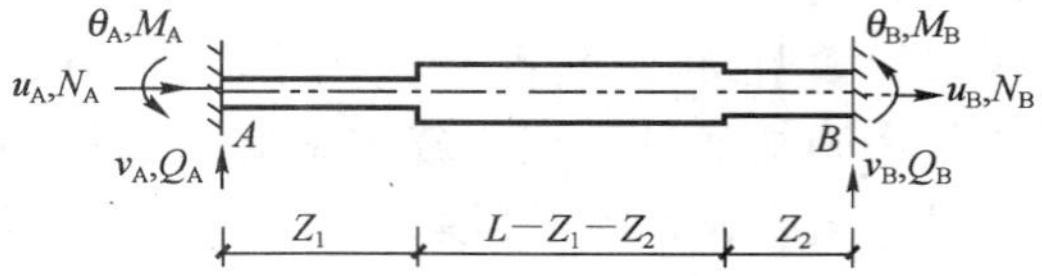

图 4.16　简化塑性区单元模式

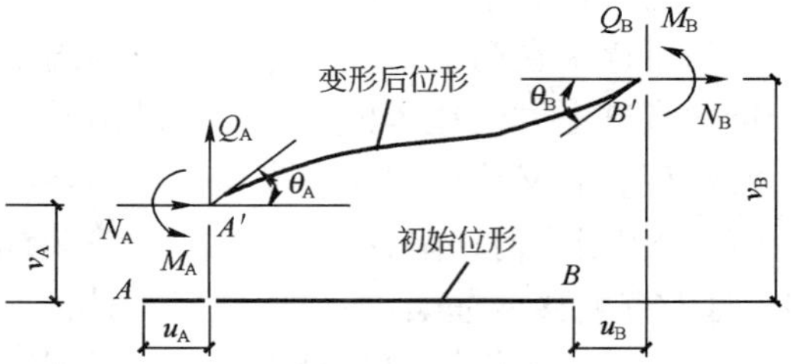

图 4.17　梁柱单元

$$
\begin{Bmatrix} N_A \\ Q_A \\ M_A \\ N_B \\ Q_B \\ M_B \end{Bmatrix}=\frac{EI}{L}\begin{bmatrix} \frac{A}{I} & 0 & 0 & -\frac{A}{I} & 0 & 0 \\ & \frac{12}{L^2}\varphi_1 & \frac{6}{L}\varphi_2 & 0 & -\frac{12}{L^2}\varphi_1 & \frac{6}{L}\varphi_2 \\ & & 4\varphi_3 & 0 & -\frac{6}{L}\varphi_2 & 2\varphi_4 \\ & & & \frac{A}{I} & 0 & 0 \\ & sym. & & & \frac{12}{L^2}\varphi_1 & -\frac{6}{L}\varphi_2 \\ & & & & & 4\varphi_3 \end{bmatrix}\begin{Bmatrix} u_A \\ v_A \\ \theta_A \\ u_B \\ v_B \\ \theta_B \end{Bmatrix} \tag{4.55}
$$

式中，φ_1、φ_2、φ_3、φ_4称为稳定函数。当轴力 N 为压力时

$$
\varphi_1=\frac{(kL)^3\sin kL}{12\varphi_c};\varphi_2=\frac{(kL)^2(1-\cos kL)}{6\varphi_c};\varphi_3=\frac{kL(\sin kL-kL\cos kL)}{4\varphi_c};
$$

$$
\varphi_4=\frac{kL(kL-\sin kL)}{2\varphi_e};\varphi_e=2-2\cos kL-kL\sin kL,k=\sqrt{\frac{N}{EI}}
$$

当轴力 N 为拉力时

$$
\varphi_1=\frac{(kL)^3\sinh kL}{12\varphi_e};\varphi_2=\frac{(kL)^2(\cosh kL-1)}{6\varphi_e};\varphi_3=\frac{kL(kL\cosh kL\sinh kL-\sinh kL)}{4\varphi_e};
$$

$$
\varphi_4=\frac{kL(\sinh kL-kL)}{2\varphi_e};\varphi_e=2-2\cosh kL+kL\sinh kL;k=\sqrt{\frac{N}{EI}}
$$

显然，如果轴力 N 为零，则由罗毕塔法则可得 $\varphi_1=\varphi_2=\varphi_3=\varphi_4=1$，式(4.55)即简化为普通梁单元弹性刚度方程。

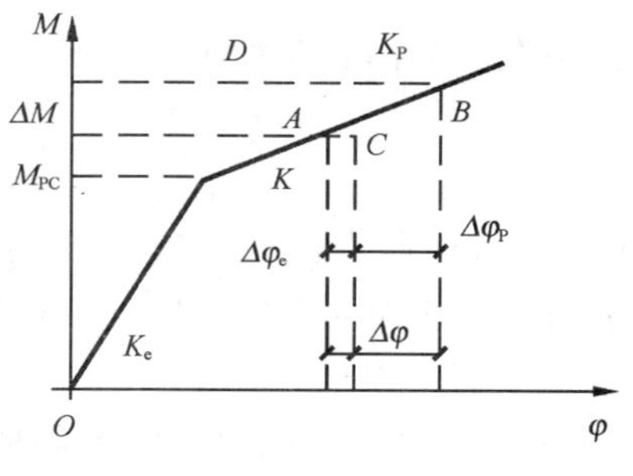

图 4.18　M-φ 关系曲线

b. 刚度影响系数 S

若在杆件截面初始屈服后的 A 点继续加载(见图4.18)，则可得弯矩增量和曲率增量之间的关系式为

$$
\Delta M=k_0\Delta\varphi_c=k_0(\Delta\varphi-\Delta\varphi_p) \tag{4.56}
$$

$$
\Delta M=fk_0\Delta\varphi_p=fk_0(\Delta\varphi-\Delta\varphi_e) \tag{4.57}
$$

$$
\Delta M=K\Delta\varphi=K(\Delta\varphi_e-\Delta\varphi_p) \tag{4.58}
$$

式中，$k_0=EI$；$\Delta\varphi_e$，$\Delta\varphi_p$分别为弹性曲率增量和塑性曲率增量；f 称为相关系数。

若引入刚度影响系数 $S=\dfrac{K}{K_0}$ 则有

$$f=\frac{S}{(1-S)} \tag{4.59}$$

c. 标注化切线模量 E_t

当假设杆件横截面在初始屈服后，其刚度折减为线性变化(见图 4.19)时，由参考文献[3]可得标准化切线模量为

$$E_t=\frac{dm}{d\Phi}=1-\frac{M-M_{yc}}{M_{Pc}-M_{yc}} \quad (\text{当} M\geqslant M_{yc}) \tag{4.60}$$

式中，E_t 称为标准化切线模量；$m=\dfrac{M}{M_y}$；$\Phi=\dfrac{\psi}{\psi_y}$；$M_{yc}=(1-p)M_y$；$M_{Pc}=(1-p^{1.3})M_P$；$P=\dfrac{N}{N_y}$，而 M_y 为初始屈服弯矩；M_P 为极限弯矩；N_y 为屈服轴力。当简捷地考虑残余应力影响时，只须取 $M_{yc}=0.9(1-1.25P)M_y$。

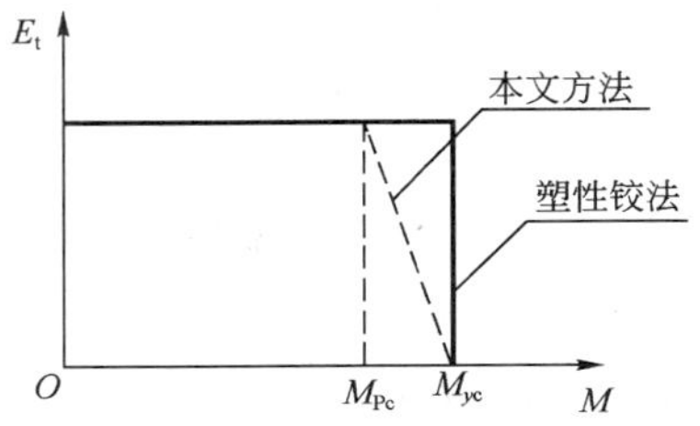

图 4.19　梁柱杆件横截面刚度折减

因此，当 $M\geqslant M_{yc}$ 时，杆件截面切线弹性模量应取 $E_p=E_t\times E$。

d. 塑性区长度和塑性变形影响系数

设杆件的弯矩和曲率分布如图 4.20 所示。其中 A 端的弯矩值已超过屈服极限，C 点为临界截面，AC 段为弹塑性区。若单元没有分布荷载作用，由 AC 段脱离体的平衡条件得

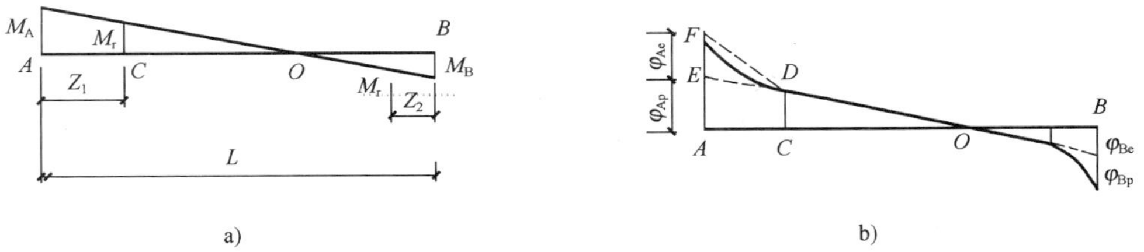

图 4.20　M,φ 图

$$Z_1=\frac{[M_A-(M_{yc}\times SN_1)]}{M_A+M_B}\times L \tag{4.61}$$

同理有

$$Z_2=\frac{[M_B-(M_{yc}\times SN_2)]}{M_A+M_B}\times L \tag{4.62}$$

式中，M_{yc} 表示当前轴力下的计算屈服弯矩；$SN_1=\dfrac{|M_A|}{M_A}$；$SN_2=\dfrac{|M_B|}{M_B}$；Z 表示塑性区长度。

令 θ_A，θ_c 分别表示 A、C 端的总转角；θ_{AC} 为 A 端的弹性转角。由图 4.20b)可得

$$\theta_{Ap}=\int_{x_C}^{x_A}\varphi_{FD}dx-\int_{x_C}^{x_A}\varphi_{BD}dx=\frac{1}{2}(\overline{AC}\times\overline{FE})=\frac{1}{2}(\varphi_{Ap}\times Z_1) \tag{4.63}$$

因此有

$$\Delta\theta_{Ap}\approx\frac{1}{2}(\Delta\varphi_{Ap}\times Z_1) \tag{4.64}$$

或为
$$\Delta\theta_{Ap}=\frac{1}{Z_1}(2\times\Delta\theta_{Ap}) \tag{4.65}$$

对于曲率沿弹塑性区段为任意曲线分布的情况，当计算曲边三角形的面积时，可用 α 代以系数 $\frac{1}{Z}$，这样有

$$\Delta\varphi_p=\frac{1}{Z}(\alpha\times\Delta\theta_p)=\gamma\times\theta_p \tag{4.66}$$

式中，γ 称为塑性变形影响系数；比例系数 α 的具体值取决于 $\Delta\varphi$ 在弹塑性区上的分布情况：直线、二次曲线、三次曲线等。

e. 二阶弹塑性单元刚度矩阵的推导

由式(4-57)和(4-66)可得

$$\Delta M_A=f_A k_{OA}\Delta\varphi_{AP}=f_A k_{OA}\gamma_A\Delta\theta_{AP}=f_A k_{OA}\gamma_A(\Delta\theta_A-\Delta\theta_{Ae}) \tag{4.67}$$

$$\Delta M_B=f_B k_{OB}\Delta\varphi_{BP}=f_B k_{OB}\gamma_B\Delta\theta_{BP}=f_B k_{OB}\gamma_B(\Delta\theta_B-\Delta\theta_{Be}) \tag{4.68}$$

对于等截面直杆，由式(4.55)可得到梁柱单元仅当杆端产生转角情况下的二阶弹性刚度矩阵的增量表达式为

$$\Delta M_A=\frac{EI}{L}(\Delta\varphi_3\Delta\theta_{Ae}+2\varphi_A\Delta\theta_{Be}) \tag{4.69}$$

$$\Delta M_B=\frac{EI}{L}(2\varphi_A\Delta\theta_{Ae}+\Delta\varphi_3\Delta\theta_{Be}) \tag{4.70}$$

令式(4-67)、式(4-68)和式(4-69)、式(4-70)分别相等，并求解由此得到的联立方程组，可得

$$\Delta\theta_{Ae}=\frac{Lf_A\gamma_A(\Delta\varphi_3+Lf_B\gamma_B)\Delta\theta_A-2L\varphi_1 f_B\gamma_B\Delta\theta_B}{(\Delta\varphi_3+Lf_A\gamma_A)(\Delta\varphi_3+Lf_B\gamma_B)-(2\varphi_1)^2} \tag{4.71}$$

$$\Delta\theta_{Be}=\frac{-2L\varphi_1 f_A\gamma_A\Delta\theta_A+Lf_B\gamma_B(\Delta\varphi_3+Lf_A\gamma_A)\Delta\theta_B}{(\Delta\varphi_3+Lf_A\gamma_A)(\Delta\varphi_3+Lf_B\gamma_B)-(2\varphi_1)^2} \tag{4.72}$$

将上两式代入式(4-67)和式(4-68)，考虑到 $f_A=\frac{S_A}{1-S_A}$，$f_B=\frac{S_B}{1-S_B}$，再令 $n_A=\frac{1}{L\gamma_A}$，$n_B=\frac{1}{Lf_B}$，可得

$$\Delta M_A=\frac{EI}{L}(D_1\Delta\theta_A+D_2\Delta\theta_B) \tag{4.73}$$

$$\Delta M_B=\frac{EI}{L}(D_2\Delta\theta_A+D_3\Delta\theta_B) \tag{4.74}$$

式中，

$$D_1=\frac{4S_A[(4\varphi_3^2-\varphi_1^2)(1-S_B)n_B+\varphi_3 S_B]}{4(1-S_A)n_A[(4\varphi_3^2-\varphi_1^2)(1-S_B)n_B+\varphi_3 S_B]+S_A[4\varphi_3(1-S_B)n_B+S_B]}=\frac{4S_AB_1}{D}$$

$$D_2=\frac{4S_AB_1}{D}$$

$$D_3=\frac{4S_B[(4\varphi_3^2-\varphi_1^2)(1-S_A)n_A+\varphi_1 S_A]}{D}=\frac{4S_BB_2}{D}$$

根据结构力学[21]自由式单元与简支式单元之间杆端力与杆端位移的相互转换关系式，即

可得图 4.16 所示单元的二阶弹塑性刚度矩阵

$$[K]_{BP}^{e}=\frac{EI}{L}\left[\begin{bmatrix}-1&0&0\\0&\frac{1}{L}&\frac{1}{L}\\0&1&0\\1&0&0\\0&-\frac{1}{L}&-\frac{1}{L}\\0&0&1\end{bmatrix}\begin{bmatrix}\frac{A}{I}&0&0\\0&D_1&D_2\\0&D_2&D_3\end{bmatrix}\begin{bmatrix}-1&0&0&1&0&0\\0&\frac{1}{L}&1&0&-\frac{1}{L}&0\\0&\frac{1}{L}&0&0&-\frac{1}{L}&1\end{bmatrix}+\frac{N}{EI}\begin{bmatrix}0&&&&&\\0&-1&&&sym.&\\0&0&0&&&\\0&1&0&0&-1&\\0&0&0&0&0&0\end{bmatrix}\right]$$

$$=\frac{EI}{L}\begin{bmatrix}\frac{A}{I}&0&0&-\frac{A}{I}&0&0\\0&\frac{(D_1+D_5-u^2)}{L^2}&\frac{D_1}{L}&0&\frac{-(D_1+D_5-u^2)}{L^2}&\frac{D_5}{L}\\0&\frac{D_1}{L}&D_1&0&-\frac{D_1}{L}&D_2\\-\frac{A}{I}&0&0&\frac{A}{I}&0&0\\0&\frac{-(D_1+D_5-u^2)}{L^2}&-\frac{D_1}{L}&0&\frac{(D_1+D_5-u^2)}{L^2}&-\frac{D_5}{L}\\0&\frac{D_5}{L}&D_2&0&-\frac{D_5}{L}&D_3\end{bmatrix} \tag{4.75}$$

式中，$D_4=D_1+D_2$；$D_5=D_2+D_3$；$u=\sqrt{\frac{N}{EI}}$。

于是，单元二阶弹塑性刚度方程为

$$[K]_{EP}^{e}\{\Delta V\}^{e}=\{\Delta f\}^{e} \tag{4.76}$$

式中，

$$\{\Delta V\}^{e}=\{\Delta u_A \Delta r_A \Delta\theta_A \Delta u_B \Delta r_B \Delta\theta_B\}^{T} \tag{4.77}$$

$$\{\Delta F\}^{e}=\{\Delta N_A \Delta Q_A \Delta M_A \Delta N_B \Delta Q_B \Delta M_B\}^{T} \tag{4.78}$$

钢框架结构的二阶弹塑性分析，实际上是几何非线性和物理非线性的混合分析问题。因此，式(4-78)是非线性方程组，可以用增量分析法将它处理成一系列线性方程组求解的代数和，只要增量步长取得足够小，则其结果是足够精确的。

钢框架二阶弹塑性分析简化塑性区法综合考虑了轴力的 P-Δ 效应、横截面刚度退化、残余应力和塑性区长度等几何和材料非线性因素的影响。该法既弥补了经典塑性铰法不能考虑横截面刚度退化和塑性区长度影响的不足，又克服了塑性区法单元划分过多，占计算机内存和花费机时的缺陷，并且能得到足够精确的解。

4.3　保证钢框架结构稳定性的措施

多高层钢框架结构竖向受自重及其他竖向荷载作用，水平方向受风荷载和地震荷载的作用，其受力变形特征可类比为一个悬臂构件，即可按压弯构件来进行类比分析。根据保证压弯构件稳定性的原则，结合多高层钢结构框架结构体系特点，保证其整体稳定性措施可从以下几个方面着手：

①保证钢框架结构地基基础的稳定性和承载力；

②提高钢框架结构的整体抗弯刚度；

③提高和保证其构件和节点的局部稳定性和承载力；

④保证施工误差在相关规范要求的限值内，减少初始缺陷对稳定性的不利影响；

⑤采用合理的结构体系减小 $P\text{-}\Delta$ 效应的影响。

4.3.1 保证地基基础的稳定性和承载力

地基基础是建筑物的重要组成部分，必须首先保证其生命周期内各个阶段的稳定性和承载力。如对不良地基要根据相应规范进行地基处理；对液化地基要消除液化；根据地基情况选取合适的基础形式；严禁不对称二次深度开挖堆载等。另外，钢框架结构自重较轻，在水平荷载作用下更易倾倒，在保证地基基础稳定性和承载力的前提下，还必须保证柱脚的承载力和防拔出构造要求，尽可能提高其特别是重要柱脚的赘余承载力。图4.21为上海莲花河畔景苑7号楼倾倒现场。从倾倒的图片可以看出，上部结构即使再好，如果地基基础不能保证其承载力和稳定性，整个建筑的安全也不可能得到保证。

图 4.21　上海莲花河畔景苑 7 号楼倾倒现场

为防止因多高层结构整体倾斜过大而产生过大的 $P\text{-}\Delta$ 效应，《建筑地基基础设计规范》(GB 50007—2002)[23]要求验算地基的不均匀沉降。现行规范地基倾斜变形的允许限值如表4.8所示，进行设计时该倾斜值要尽可能减小。

多高层建筑物的地基变形允许倾斜值(单位:m)　　表 4.8

建筑高度	倾斜值	建筑高度	倾斜值
$H_g \leqslant 24$	0.004	$60 < H_g \leqslant 100$	0.0025
$24 < H_g \leqslant 60$	0.003	$H_g > 100$	0.002

注：1. H_g为自室外地面起算的建筑物高度。
2. 倾斜值指基础倾斜方向两断点的沉降差与其距离的比值。

根据结构所处的场地情况、抗震烈度、施工方法和结构复杂与重要程度的需要，不管规范是否要求验算，最好分别进行施工阶段、使用阶段和偶然灾害发生时地基的稳定性和承载力验算，把保证地基基础的稳定性措施贯彻到设计、施工和使用的全过程。

4.3.2 提高钢框架结构的整体抗弯刚度

因框架结构整体可类比为格构式压弯构件，为获得较大的抗弯刚度，提高其整体稳定性，既要尽可能将材料布置在远离中和轴的位置，又要尽可能协调各组成部分共同工作，减小剪切变形和剪力滞后效应的影响。在具体设计时可遵循下列原则：

①钢框架结构的平面布置宜规则、对称，使其两个方向上的侧向刚度差减小到最低限度，并在方形、矩形、圆形、正六边形、正八边形、椭圆形及其他呈对称的平面布置方式中，尽可能选择整体抗弯刚度大的布置形式；

②钢框架的竖向宜规则，结构的侧向刚度宜均匀变化，竖向抗侧力构件的截面尺寸和材料强度宜自下而上逐渐减小，避免抗侧力结构的侧向刚度和承载力突变；

③钢框架结构应尽量使结构各层的抗侧力刚度中心与水平作用力合力中心重合，以减小结构扭转效应，防止整体扭转失稳；

④多高层建筑钢结构布置宜结合电梯井和管道井等，设置中心结构核心区，以承受水平荷载，减小 $P\text{-}\Delta$ 效应对结构的影响；

⑤在钢框架结构设计中，通常采用钢支撑或混凝土剪力墙和筒体作为抗侧力体系。有些复杂结构还混合使用钢支撑和混凝土剪力墙和筒体。在设计时应尽量将支撑、剪力墙沿平面分散、均匀和对称的纵横布置，同时各层接近在同一竖直线上；尽量对称或居中布置抗侧刚度较大的筒体。因钢支撑和混凝土剪力墙很难在弹塑性阶段协调工作，为避免被各个击破导致整体结构发生弹塑性失稳而倒塌，尽量不要混合使用钢支撑和混凝土剪力墙或筒体，以减少震害，必须使用时要进行完善的抗失稳倒塌分析。

4.3.3 提高构件和节点的承载力

钢框架结构是通过节点将梁、柱和支撑连接在一起构成完整结构体系的，为保证结构整体稳定性，必须首先保证构件和节点具有足够的承载力和稳定性，避免因构件失稳或丧失承载力诱发整体失稳而倒塌。图4.22为台湾集集地震发生时，某多层钢框架房屋首层H型钢柱发生平面外弯曲失稳破坏诱发结构整体倒塌的情况[24]。因此，采取适当的措施保证构件的稳定性，对保证整体结构的稳定性具有不可忽视的作用。

图4.22 柱子破坏导致结构倒塌

一般情况下，钢框架柱要按压弯构件进行设计。为保证钢框架柱在框架整体失稳以前的稳定承载力，除按现行相关规范进行承载力验算外，还需注意以下各点：框架柱要做得开展与对称，尽量增大截面惯性矩，并尽可能实现两个主轴方向的等稳定性，避免首先发生扭转失稳；保证板件宽厚比要满足现行相关规范的规定；在条件容许的情况下，对关键柱要尽可能增加计算承载力和构造措施的赘余度。

一般钢框架梁仅承担本楼层的重力荷载，所受的轴心压力比较小，通常按受弯构件进行设计。由于上设刚性楼板，其整体稳定一般可得到保证，但下翼缘受压时的稳定承载力要通过计算和构造措施来保证。为保证钢框架梁的整体稳定性，设计中可采取以下措施：加强楼板和梁的连接，保证在各个阶段梁与楼板能够共同工作；设置侧向支撑以减小梁平面外的计算长度；对于设有耗能梁段的框架梁，其侧向支撑设置的部位，要能保证出现塑性铰以后梁的整体稳定性；通过合适的高厚比和加劲肋控制腹板的局部稳定性。

支撑体系是框架结构体系的抗侧移体系，对于高层钢结构一般还兼有耗能减震的功能。其杆件一般按轴心受力构件进行设计。对于兼有耗能减震功能的支撑杆件，要保证各个阶段受压时只屈服不屈曲，一般可采用防屈曲支撑杆件，通过耗能减少动力效应，从而提高其稳定承载力。

钢框架体系的各种构件通过节点连接成共同工作的体系，但在一般的计算分析软件和设计软件中都没有反映节点变形性能影响的计算功能，为此必须十分重视节点域的计算和采取恰当的构造措施。因节点域的变形性能对结构整体稳定性具有重大影响，必须按照相关规范对节点域进行各个阶段的承载力验算和采取必要的构造措施，如加厚节点域腹板厚度、设置加劲肋和改善连接方法等，以真正实现强节点的设计理念，杜绝因节点域破坏造成结构整体失稳破坏的事故。图 4.23 为日本神户地震某建筑梁-柱-支撑节点附近的破坏情况[24]。为减少重要结构的风险水平，对结构的关键节点也要尽量加大富余度。

图 4.23　节点附近破坏

4.3.4　减小施工误差

钢框架结构体系在进行构件制作和安装过程中，总会留下各种各样的误差和缺陷，主要包括：杆件残余应力和残余变形、几何偏移和缺陷、外荷载作用位置偏心等。残余应力是构件制作过程中残留在构件内的自相平衡的初始应力，特别是焊接残余应力，有时其峰值都可达到或接近材料的屈服强度，使得构件和节点提前进入弹塑性工作状态，从而降低构件和节点的稳定承载力而影响到结构的整体稳定性；几何偏离与缺陷是指制作和安装完成后，结构和构件具有的尺寸和所在的几何位置，与其施工图纸中的几何尺寸和位置的差别，该差别会加剧构件和结构整体的二阶效应，从而降低构件和结构的整体稳定承载力；外荷载作用偏心是指其实际作用位置与计算简图中的作用位置的差别，该差别的影响与几何偏离具有相同的后果。

为了降低上述因素对钢框架整体稳定承载力的不利影响，需要精心组织施工并采取先进的施工技术，把施工误差至少控制在相关规范要求的范围之内。具体措施有以下几点：

①对于焊后构件截面内的残余应力，可以采取一定的措施减小其影响。比如根据构件的尺寸，工厂制作时采用加热炉整体退火或电加热器局部退火；仅为稳定结构尺寸时可采用振动法；工地安装焊缝采用锤击法。

②对焊件可采用一定的工艺措施控制焊接变形减小初始几何缺陷，如对于有对称截面的构件，宜采用对称于构件中和轴的顺序焊接；对长焊缝宜采用分段退焊法；采用跳焊法，避免构件局部加热集中；采用反变形法控制角变形。对运输、堆放和吊装等造成的钢构件变形，及时进行矫正。

③多层及高层钢结构安装时，必须满足相关规范要求的允许偏差，其构件安装允许偏差见表 4.9[25]，柱子的弯曲矢高及安装的允许偏差见表 4.10[25]，其整体垂直度和整体平面弯曲的允许偏差见表 4.11[25]。

多层及高层钢结构中构件安装的允许偏差(mm)　　表 4.9

项　　目	允 许 偏 差
上、下柱连接处的错口 Δ	3.0
同一层柱的各柱顶高度差 Δ	5.0
同一根梁两端顶面的高差 Δ	$\frac{l}{1000}$,且不应大于 10.0
主梁与次梁表面的高差 Δ	±2.0
压型金属板在钢梁上相邻的错位 Δ	15.0

柱子的弯曲矢高及安装的允许偏差(mm)　　表 4.10

项　　目	允 许 偏 差	图　　例
柱子的弯曲矢高	$\frac{h}{1000}$,且不应大于 10.0	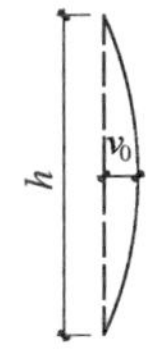
底层柱柱底轴线对定位轴线偏移	3.0	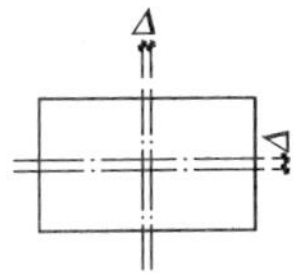
柱子定位轴线	1.0	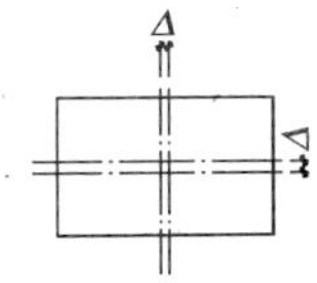
单节柱的垂直度	$\frac{h}{1000}$,且不应大于 10.0	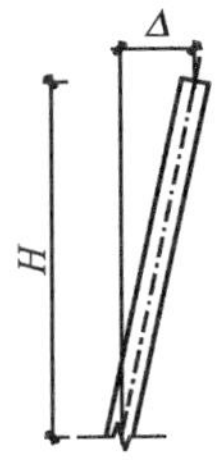

整体垂直度和整体平面弯曲的允许偏差(mm)　　表 4.11

项　　目	允 许 偏 差	图　　例
主体结构的整体垂直度	$\left(\frac{H}{2500}+10.0\right)$,且不应大于 50.0	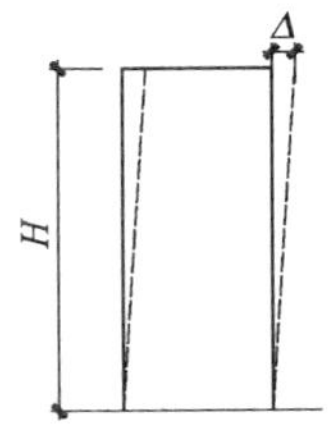

续上表

项　　目	允许偏差	图　　例
主体结构的整体平面弯曲	$\frac{L}{1500}$,且不应大于 25.0	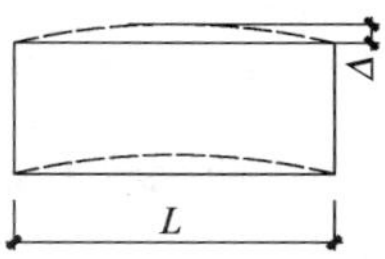

4.3.5　减小 P-Δ 效应的影响

P-Δ 效应具有增大侧移的作用,即不稳定作用。同时,它不仅使柱弯矩增大也使梁弯矩增大,其影响是全面的。因此,在高层建筑中,P-Δ 效应造成的附加弯矩与附加位移是不能忽视的。根据钢框架中各抗侧力结构受力、变形特性,选用合理的结构体系可以减小侧移,从而减小 P-Δ 效应对结构的不利影响。

(1)筒中筒与框架—核心筒结构

框筒与实腹筒组成的筒中筒结构,当结构布置和构件尺寸恰当时,可以使剪力滞后减小,柱子中的轴力分布相对均匀,框筒就能具有很大的抗侧移和抗扭刚度。而结构的周边为柱距较大的框架,实腹筒布置在内部而形成的框架-核心筒结构,除角柱外,其他柱子的轴力很小,使得剪力滞后加重。图 4.24 为两个结构平面尺寸、结构高度、所受水平荷载都相同的筒中筒与框架一核心筒结构,结构 55 层,层高 3.4m,结构楼板都采用平板。表 4.12[26] 给出了两个结构侧移的比较。

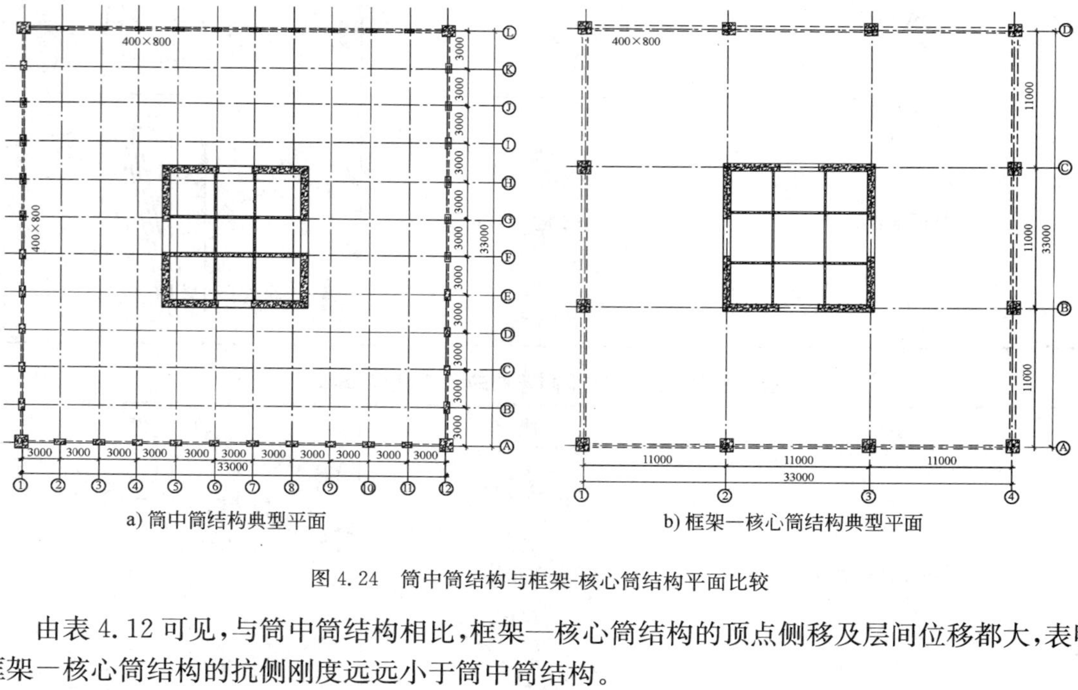

a) 筒中筒结构典型平面　　b) 框架—核心筒结构典型平面

图 4.24　筒中筒结构与框架-核心筒结构平面比较

由表 4.12 可见,与筒中筒结构相比,框架—核心筒结构的顶点侧移及层间位移都大,表明框架一核心筒结构的抗侧刚度远远小于筒中筒结构。

筒中筒结构与框架—核心筒结构抗侧刚度比较　　表 4.12

结构体系	顶点位移		最大层间位移
	Δ(mm)	Δ/H	δ/h
筒中筒	70.78	1/2642	1/2106
框架-核心筒	219.49	1/852	1/647

(2)梁板楼盖的框架-核心筒与平板楼盖的框架-核心筒

在楼板中设置连接外柱与内筒的大梁,可提高中间柱子的轴力,从而提高其抗倾覆力矩,减小剪力滞后。将图 4.24b)中的楼板加大梁,使②、③轴形成带有剪力墙的框架,如图 4.25 所示。表 4.13[26]给出了有、无楼板大梁的框架一核心筒的顶点位移的比较。可以看到,在楼板中增加大梁后,增加了结构的抗侧刚度,顶点位移减小。

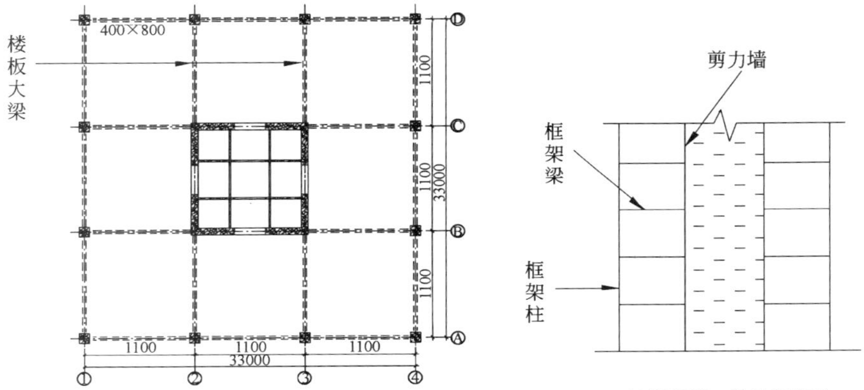

a) 结构平面图　　b) 轴线②、③结构立面

图 4.25　有板梁体系的框架—核心筒

有、无楼板大梁的框架—核心筒结构抗侧刚度比较　　表 4.13

结构	顶点位移		最大层间位移
	Δ(mm)	Δ/H	δ/h
框架—核心筒(平板)	219.49	1/852	1/647
框架—核心筒(梁板)	132.17	1/1415	1/1114

(3)框架—核心筒—伸臂结构

框架一核心筒结构在某些层设置伸臂,连接内筒与外柱,其目的是增大外框架柱的轴力,从而增大外框架的抗倾覆力矩,增大结构的抗侧刚度,减小侧移。表 4.14[26]给出高层建筑实际工程设置伸臂后侧移减小的实例。但是,因伸臂使内力沿高度发生突变,不利于抗震,尤其对柱不利,故在地震区,必须慎重设计。

应用伸臂结构效果实例　　表 4.14

工程名称	结构形式	层数	伸臂效果 R_y	伸臂设置位置
上海锦江饭店	钢框架+竖向支撑核心筒	44	85%	23 层,43 层
重庆万豪国际会展大厦	钢框架+钢支撑核心筒	74	78.8%(Δ) 75.2%(δ/h)	23 层,41 层,54 层,顶层(四道)

注:R_y为加伸臂后结构侧移与未加伸臂时结构侧移之比。

参 考 文 献

[1] 本书编委会. 钢结构设计手册(下册). 第 3 版. 北京:中国建筑工业出版社,2004.

[2] GB 50011—2001 建筑抗震设计规范 . 北京:中国建筑工业出版社,2001.

[3] 陈骥. 钢结构稳定理论与设计. 第 4 版. 北京:科学出版社,2008.

[4] 吕烈武等. 钢结构构件稳定理论. 北京:中国建筑工业出版社,1983.

[5] JGJ99—88 高层民用建筑钢结构技术规程. 北京:中国建筑工业出版社,2002.

[6] Chen W. F. and Liu,E. M. Structural Stability——Theory and Implementation. Elsevier, New York, 1987.

[7] GB 50017—2003 钢结构设计规范. 北京:中国建筑工业出版社,2003.

[8] 陈绍蕃. 钢结构稳定设计的新进展. 建筑钢结构进展,2004,6(2).

[9] Kim S. E. and chen W. F. Practical Advanced Analysis for Unbraced Steel Frame Deign. J. Struct. Engrg. , ASCE, 2006,122 (11):1266-1271.

[10] ASCE Task Committee. Effective Length and Notional Load Approaches for Assessing Frame Stability: Implications for American steel design. New York: ASCE, 1997.

[11] Bridge R. Q. and Fraster D. J. Improved G-factor Method for Evaluating Effective Lengths of Columns. J. Struc. Engrg. , ASCE, 1987 , 133 (6):1341-1356.

[12] 童根树,王金鹏. 考虑层与层相互支援的框架柱无侧移失稳计算长度. 建筑钢结构进展, 2004,20(4):8-11.

[13] 陈绍蕃. 钢结构设计原理. 第 3 版. 北京:科学出版社,2005.

[14] 李少泉. 有侧移刚架弹性屈曲的简化分析. 钢结构,1999,14(2):26-31.

[15] 童根树,施祖元,李志飚. 计算长度系数的物理意义及对各种钢框架稳定设计方法的评论. 建筑钢结构进展,2004,6(4):1-8.

[16] 舒赣平, 孟宪德, 陈绍礼. 钢框架的高等分析与设计. 建筑结构学报, 2005,26(1): 51-59.

[17] 宋向东. 钢框架结构整体稳定分析的高等分析法. 科技创新导报,2007,31:79-79,81.

[18] 邢国然. 纯框架和支撑框架弹塑性稳定分析. 浙江:浙江大学,2007.

[19] 徐伟良,吴惠弼. 钢框架二阶弹塑性分析的简化塑性区法. 重庆建筑工程学院报,1994,16 (2): 74-81.

[20] 李国强,刘玉姝. 钢结构框架体系整体非线性分析研究综述. 同济大学学报,2003,31, (2):139-144.

[21] 杨天祥. 结构力学(下册). 北京:人民教育出版社,1979.

[22] Liew J. Y. R. Notional Load Plastic-hinge Method for Frame Design. Journal of Structural Engineering, ASCE, 1994, 120:1434-1404.

[23] GB 50007—2002 建筑地基基础设计规范. 北京:中国建筑工业出版社,2002.

[24] 薛素铎,赵均,高向宇. 建筑抗震设计. 北京:科学出版社,2007.

[25] GB 50205—2001 钢结构工程施工质量验收规范. 北京:中国计划出版社,2001.

[26] 高立人,方鄂华,钱嫁茹. 高层建筑结构概念设计. 北京:中国计划出版社,2005.

第5章 钢网壳结构的整体稳定性

5.1 钢网壳结构的稳定性特点及应用

5.1.1 网壳结构及其稳定性特点

网壳结构属于空间网格结构，是一种空间曲面杆系结构，其整体结构形态为空间曲面形状但杆件常为直杆，网壳同时具有杆系结构和薄壳结构的特征。虽然网壳结构属于空间杆系结构，但从结构整体角度来看，其受力特点或传力方式类似于连续薄壳结构或拱形结构，即大部分的外荷载由结构面内内力或称为"薄膜内力"平衡或传递，因而，网壳结构特别是单层网壳结构的整体屈曲乃至屈曲后特性及缺陷敏感性，均具有薄壳结构的特征[1]~[6]。

网壳结构构件的内力，在双层网壳中为轴向力，在单层网壳中既有轴向力同时又存在弯矩，但主要为轴向力承载。整体而言，网壳结构的受力状态为薄膜受力状态，在失稳之前结构不会出现较大的曲面外横向变形。因而，网壳结构的失稳变形就是结构在荷载作用下发生偏离结构初始设计曲面位形的显著的面外横向变形或几何突变。网壳结构失稳变形的特征，类似于2.1.1节，同样可分为弹性失稳和弹塑性失稳，或者分为整体失稳和局部失稳。关于弹性失稳和弹塑性失稳，仅需根据结构失稳时构件是否发生塑性变形进行判断，对所有钢结构体系概念或定义均相同。但关于整体失稳和局部失稳，不同的钢结构体系，相应的失稳变形模式将可能不同，网壳结构的失稳变形具有自身的特点。

1)网壳结构的整体失稳

网壳结构特别是单层网壳在失稳前，其传力方式或受力状态类似于连续薄壳以面内薄膜力为主，即主要由网壳杆件的轴力来平衡外荷载，结构的应变能主要为薄膜变形能或杆件轴向变形形成的变形能，结构或构件弯曲变形能很小甚至为零。当网壳失稳时，失稳的部位将产生较大的面外横向变位或结构形态上的面外弯曲变形，导致该部位部分杆件产生较大的面外弯曲，结构中的部分薄膜变形能突变为弯曲变形能，结构的传力方式由以薄膜力为主的状态突变为有很大弯曲内力的状态。

网壳结构的整体失稳变形，是指当作用于结构上的荷载达到临界荷载时，结构的大部分甚至几乎整个结构均出现偏离初始平衡位置的几何大变形或变位，或结构形态上的大范围面外弯曲变形[1][5][6]，如图 5.1 所示。通常，网壳结构整体失稳的形态主要有：结构表面大范围的凹陷或凸起，结构表面波浪状或条状起伏变形。

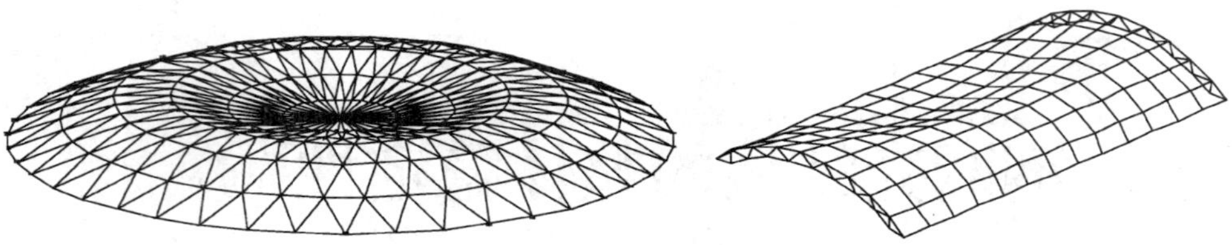

图 5.1　网壳结构的整体失稳变形

网壳结构的整体失稳将导致结构失效或倒塌。

2)网壳结构的局部失稳

网壳结构的局部失稳，是指结构的失稳变形或偏离初始平衡位置的变形仅限于结构的局部区域[1][5][6]，而结构的整体几何外形未改变或整体形态未发生面外弯曲。网壳结构的局部失稳变形主要有：个别或部分杆件弯曲失稳，个别或部分节点失稳，结构局部区域面外失稳。

(1)杆件弯曲失稳

单根杆件的失稳通常是由于杆件受力超载、长细比过大、受力状态变化或节点连接偏心所致，同时，制作或安装过程在杆件中形成的残余压应力也将削弱杆件的稳定承载力。网壳结构中个别或部分杆件的弯曲失稳变形，如图 5.2 所示。局部杆件的弯曲可能发生在网壳曲面内，也可能发生在网壳曲面外，均影响结构的稳定性。

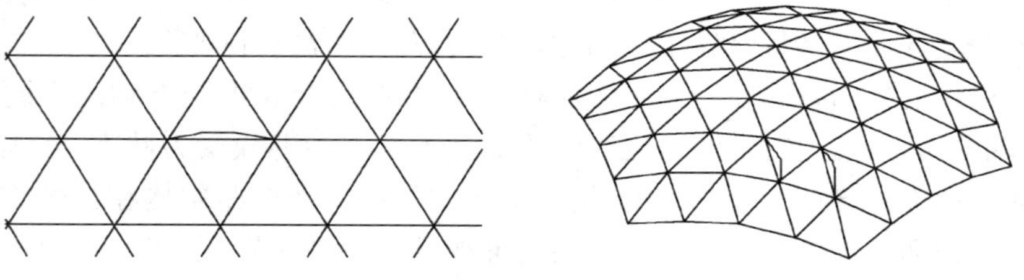

图 5.2　网壳局部杆件失稳变形

(2)节点失稳

网壳局部节点失稳通常是由于局部集中荷载或局部分布荷载过大、结构制作安装缺陷以及结构局部刚度薄弱所致。局部节点失稳主要有两种变形形式：局部节点沉陷失稳和局部节点扭曲失稳，如图 5.3 所示。

网壳节点的局部沉陷失稳通常发生在有较大集中荷载作用或局部分布荷载明显较大的部位。如果该部位的杆件及连接刚度相对薄弱，当荷载达到某一临界值时，该部位的节点可能出现较大的网壳曲面外位移，如图 5.3a)所示。

网壳节点的扭曲失稳，通常出现在连接偏心的节点。同一方向的偏心将导致杆件受力后产生绕节点的扭转变形；同样，某一受力较大杆件在节点的偏心连接，也将导致节点的扭转变形。网壳节点的扭曲失稳变形常为结构曲面内变形，但同样会引起所连接杆件的弯曲变形并可能导致杆件失稳。网壳节点的扭曲失稳变形如图 5.3b)所示。

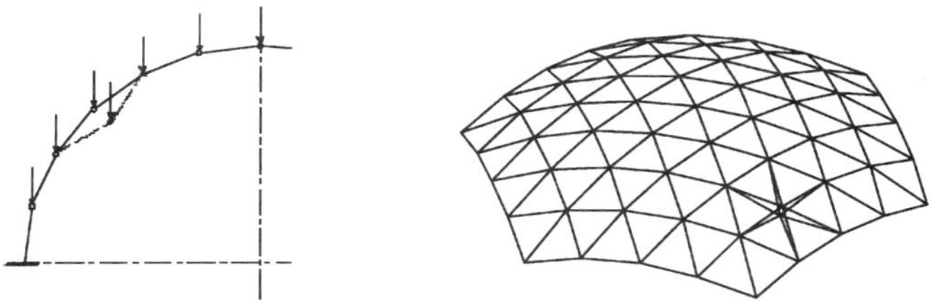

a) 局部节点沉陷失稳

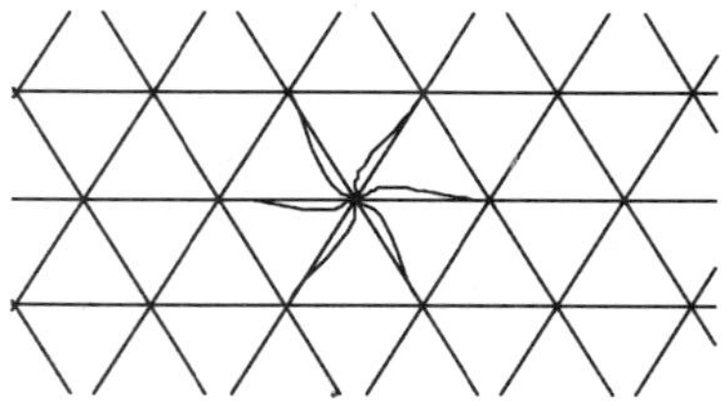

b) 局部节点扭曲失稳

图 5.3　网壳局部节点失稳变形

(3)局部区域失稳

网壳局部区域失稳通常是由于局部集中荷载过大、或局部分布荷载过大、或结构局部刚度薄弱所致。当荷载达到某一临界值时，该区域首先出现较大的面内或面外变形，导致结构局部区域失稳。网壳局部失稳变形主要表现为结构局部区域偏离初始曲面，形成面内变形或面外凹陷、凸起的变形，而结构整体几何位形未发生变化，如图 5.4 所示。

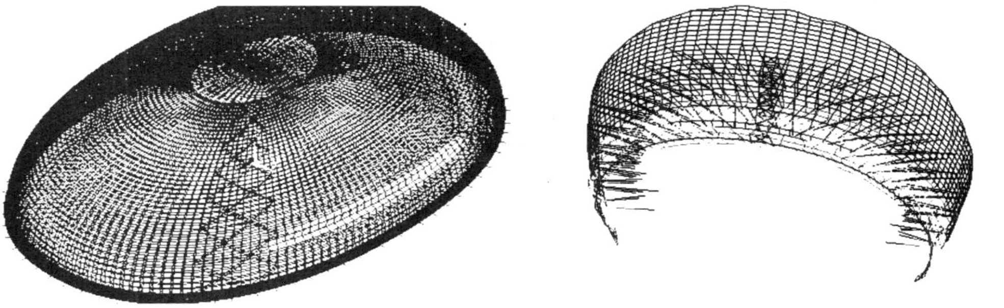

图 5.4　网壳局部区域失稳变形

影响网壳局部失稳的主要因素有：集中荷载、局部分布荷载、结构制作安装缺陷以及结构局部刚度分布，特别是不合理的刚度分布或局部刚度薄弱，易诱发局部失稳。

网壳局部失稳是否引起结构失效或倒塌，需要判断局部失稳是否传播，或者是否引起结构承载力的急剧下降。若局部失稳未发生传播且未显著降低网壳的承载力，则这种局部失稳不会导致结构失效，不影响结构的安全承载；若局部失稳导致整体网壳结构无法继续承载，则其失稳后果与整体失稳相同。

大跨度钢网壳结构在不同荷载模式作用下的失稳模式可能不同，既可能是整体失稳，又可能是局部失稳，失稳性质及其危险性需要通过进一步的分析计算确定。

5.1.2　网壳结构稳定性的应用

大跨度钢网壳结构已广泛应用于各种大型公共建筑或构筑物中，如大型影剧院、展览馆、会展馆、航站楼、候车大厅、机库、厂房、干煤棚、仓库等。与普通钢结构相比，网壳的整体稳定性是网壳结构设计的难点和重点，往往也是设计的控制因素或条件。网壳结构整体稳定性分析的内容包括：初始临界点或(和)最低临界点的确定、屈曲平衡路径的跟踪、后屈曲性态分析、缺陷敏感性分析、整体稳定极限承载能力的确定。

目前，我国《钢结构设计规范》(GB 50017—2003)在验算钢框架结构稳定性时采用计算长度系数法，即以单根杆件的稳定验算代替整个框架的稳定验算。在计算长度系数法中，杆件的内力根据线弹性假定即一阶分析计算，杆件的稳定折减系数根据杆件长细比确定，杆件长细比根据其计算长度系数确定，计算长度系数又由框架受到竖向节点荷载失稳时的杆件计算长度确定，而与验算杆件内力的工况无关，因此，由这种简化计算方法得到的结果必然存在误差。在常规情况下，这种简化计算方法往往给出偏于安全的结果，但有时也会给出不安全的结果。在网壳结构设计中，是否可以采用计算长度系数法以单根杆件的稳定验算来代替整个网壳结构的稳定验算，目前在国内外均无规范可依。同时，实际工程验算表明，对于网壳结构特别是单层网壳结构的整体稳定性验算，采用验算钢框架结构稳定的构件计算长度系数法是不安全的。因此，关于网壳结构的整体稳定性验算，目前均采用对整体网壳结构进行荷载-位移全过程非线性分析的稳定性验算方法。

对网壳结构进行整体稳定性验算，有三种不同层次的验算内容，第一层次为线性整体稳定分析，该方法不考虑杆轴方向的变形，通过求解网壳结构的初始稳定特征方程，得到结构的线性整体稳定临界荷载；第二层次为大位移几何非线性弹性整体稳定性分析，该方法考虑杆轴的变形、p-δ 效应和结构的大位移效应，通过搜索结构弹性切线刚度矩阵奇异时的荷载，得到完善网壳结构和带缺陷网壳结构的弹性大位移几何非线性整体稳定临界荷载；第三层次为几何非线性弹塑性整体稳定性分析，该方法是在第二层次方法的基础上，再考虑构件材料弹塑性的影响，通过求得结构弹塑性切线刚度矩阵奇异时的荷载，得到网壳结构的弹塑性整体稳定临界荷载。

由结构线性整体稳定分析，可得到网壳结构线性整体稳定临界荷载，但由于没有考虑非线性效应，线性理论条件下的结构受力状态与实际状态差别较大，所得理论结果往往过高，难以用来正确估计网壳结构的实际稳定性；大位移几何非线性弹性整体稳定分析，考虑了结构的几何非线性效应，对于结构整体刚度相对较柔的网壳特别是大跨度单层网壳，得到的弹性非线性稳定临界荷载比较符合结构的弹性工作状态，但对于结构整体刚度相对较大的网壳，由于没有考虑构件材料的弹塑性，所得稳定临界荷载可能较结构的实际稳定临界荷载高；几何非线性弹塑性稳定分析得到的弹塑性非线性整体稳定临界荷载，能较好地反映整体刚度相对较大的网壳结构的实际稳定临界荷载。

通过合理的非线性整体稳定分析得到的网壳结构临界荷载，才可作为评定网壳结构整体稳定性的依据。

我国《网壳结构技术规程》(JGJ 61—2003)[2]中规定了网壳结构整体稳定性分析方法与评定标准。正在修订的新标准《空间网格结构技术规程》[3]，根据《网壳结构技术规程》(JGJ 61—2003)以及网壳工程实际应用经验，对网壳结构整体稳定性评定标准进行了修正。

根据国内外关于连续薄壳结构和网壳结构稳定性态的研究成果以及实际工程经验资料，JGJ 61—2003 对需要进行整体稳定性验算的网壳结构进行了界定[3]，具体包括：

①各种单层网壳；

②厚跨比$\frac{h}{L}<\frac{1}{60}$ $\left(\text{或厚径比}\frac{h}{D}<\frac{1}{60}\right)$的双层球面网壳；

③厚跨比$\frac{h}{L}<\frac{1}{50}$的双层圆柱面网壳；

④厚跨比$\frac{h}{L}<\frac{1}{50}$的双层双曲抛物面网壳；

⑤厚跨比$\frac{h}{L}<\frac{1}{50}$的双层椭圆抛物面(或椭球)网壳。

其中，厚跨比表示网壳结构厚度 h 与其短向跨度 L 之比。

同时，JGJ 61—2003 界定了不同类型单层网壳结构适用的最大跨度[3]，具体适用范围为：单层球面网壳跨度 L 或直径 D 不宜大于 80m；两端支承的单层圆柱面网壳跨度 L 不宜大于 40m，沿纵向直边缘支承的单层圆柱面网壳跨度(或宽度)L 不宜大于 30m；单层双曲抛物面网壳跨度 L 不宜大于 60m；单层椭圆抛物面(或椭球)网壳跨度 L 不宜大于 50m。

关于双层网壳的适用跨度在 JGJ 61—2003 中没有界定，从实际工程应用可知，目前双层网壳的跨度可达 200m 以上，如美国新奥尔良体育馆超级穹顶为 213m 直径联方型双层球面网壳，日本福冈穹顶为直径 220m 的网壳，我国国家大剧院为 212m(146m 的椭球网壳，双层网壳的适用跨度应从结构材料性能、经济性能上界定。

5.2　钢网壳结构形体与整体稳定性的关系

网壳结构与连续薄壳结构具有类似的整体稳定性态。网壳结构为空间曲面网格结构，结构的整体稳定性态及其缺陷敏感性与结构的曲面形状、曲面曲率半径及矢跨比、结构的厚跨比、构件组成体系或网格形式、构件材料特性、支座或边界约束状态等密切相关。结构的几何形状不同，结构的整体稳定性态并可能不同，结构整体稳定性对缺陷的敏感性也不同；结构的网格形式或构件组成体系不同，结构的整体稳定性态及承载能力也不同。

5.2.1　网壳结构曲面与整体稳定性的关系

1)网壳结构曲面形状与整体稳定性的关系

网壳结构曲面形状按高斯曲率可分为三类：即正高斯曲率曲面网壳或同向曲面网壳、负高斯曲率曲面网壳或反向曲面网壳、零高斯曲率曲面网壳或单向曲面网壳。正高斯曲面曲率网壳和负高斯曲率曲面网壳又统称为双向曲面网壳。

空间曲面的高斯曲率为

$$k = k_1 \cdot k_2$$

其中，k_1、k_2为曲面的主曲率。

正高斯曲率曲面网壳或同向曲面网壳，其高斯曲率 $k>0$，常见的正高斯曲率曲面有球面、椭球面；负高斯曲率曲面网壳或反向曲面网壳，其高斯曲率 $k<0$，常见的负高斯曲率曲面有扭曲面、双曲抛物面或鞍形曲面；零高斯曲率曲面网壳或单向曲面网壳，其高斯曲率 $k<0$，常见的零高斯曲率曲面有圆柱面、圆锥面等。

对于周边支承的网壳结构，双向曲面网壳由于结构曲面的不可展性，相对于单向曲面网壳具有更高的整体稳定承载能力；负高斯曲率曲面网壳由于结构曲面在两个相反的方向弯曲，在外荷载作用下，有一个方向的杆件受拉，对另一个方向受压的杆件具有支撑作用，因而，相对于正高斯曲率曲面网壳具有更高的整体稳定承载能力。事实上，由于有一个方向的杆件受拉，某些周边支承的负高斯曲率曲面网壳不会发生整体失稳，这类网壳的承载能力由强度条件决定，也就是说，并非所有网壳都存在整体失稳的问题。

由此，从网壳结构曲面形状角度来定性的判定，则结论为：负高斯曲率曲面网壳的整体稳定性最好，正高斯曲率曲面网壳次之，零高斯曲率曲面网壳整体稳定性最差。

2)网壳结构曲面扁率与整体稳定性态的关系

网壳结构曲面的扁率也即矢跨比，直接影响结构的整体稳定性态。由于网壳结构与连续薄壳结构具有类似的整体稳定性态，本节通过薄壳结构的研究结果说明结构曲面扁率与整体稳定性态的关系。

理论研究与试验结果均表明[1][4]，扁球薄壳或部分球冠薄壳随着其扁度$\left(\frac{h}{L}\right)$的变化，在外荷载作用下表现出不同的屈曲特性。图 5.5 所示为周边固支、跨厚比不变的薄球壳在均匀分布外压力作用下的荷载-位移曲线，也即薄球壳屈曲性态随扁率 λ 的变化特征曲线，图中虚线为线性理论计算曲线，实线为非线性理论计算曲线，黑点(●)为薄球冠壳的分支点，圆圈(○)为相应完整薄球壳的分支点，该薄球冠壳与相应的完整薄球壳具有相同的径厚比$\left(\frac{r}{t}\right)$。其中的扁率 λ 定义为

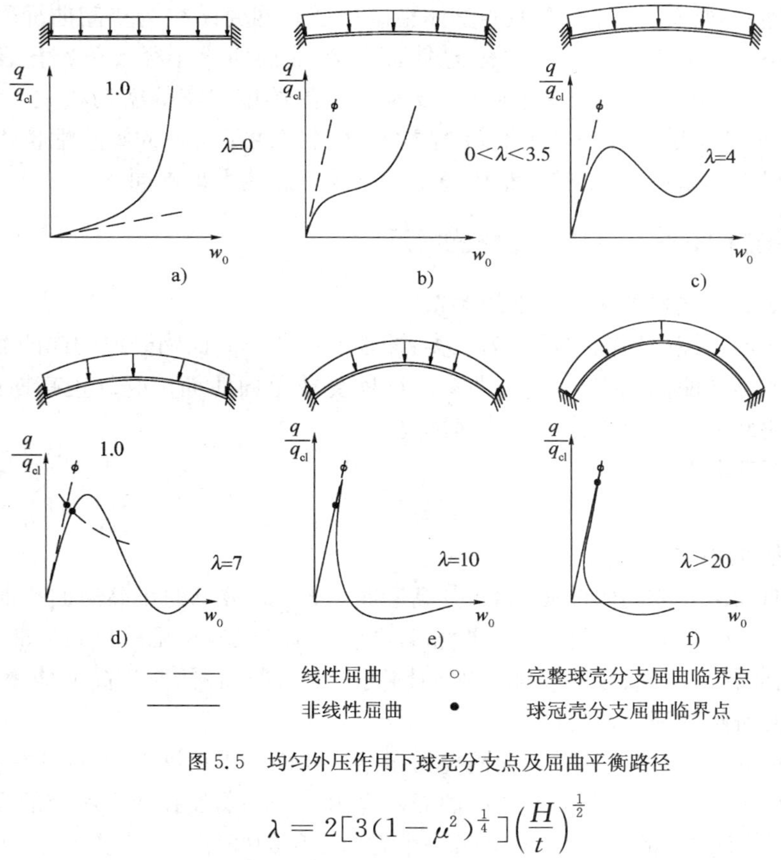

图 5.5　均匀外压作用下球壳分支点及屈曲平衡路径

$$\lambda = 2[3(1-\mu^2)^{\frac{1}{4}}]\left(\frac{H}{t}\right)^{\frac{1}{2}} \tag{5.1}$$

上式中，H、t 分别为薄壳的矢高、厚度；μ 为泊松比。

由图 5.5 可看出，$\lambda=0$ 意味着圆板（图 5.5a)），圆板在横向荷载作用下将发生弯曲且弯曲变形对称，如果考虑大变形非线性效应，圆板内将同时存在板面内薄膜张力，因而，圆板的荷载-变形曲线由于板内薄膜张力的作用，而呈现出强化的特征，不存在失稳问题。当 $0<\lambda<3.5$ 时（图 5.5b)），该结构属于矢高非常小或非常扁的球冠壳，在横向荷载作用下球冠壳的挠曲变形可能很快超过壳的矢高，使球冠薄壳产生下凹的翻转变形，进而其受力状态变为圆板的弯曲受力状态且产生壳面内薄膜张力。此类非常扁的薄球冠壳的荷载-变形曲线中没有水平切线或极值点，也不存在分支点，因而，在屈曲前平衡路径中也没有失稳问题，但壳产生下凹的反转变形也属于失稳变形，是球冠壳产生超过设计允许的大挠曲变形。同时，图示结果表明，该类薄冠壳具有显著的屈曲后承载能力。当 $\lambda=4\sim6$ 且不超过 6 时（图 5.5c)），球冠壳出现轴对称变形模态，平衡路径出现跳跃（Snap-through）屈曲，且有水平切线点或极值点，但没有分支点出现，这类薄球冠壳的失稳特征为极值性失稳，且不再具有屈曲后承载能力。当 $\lambda>6$ 时，球冠壳出现非对称变形模态，并发生分支屈曲，且分支屈曲荷载既小于完全球壳的分支点临界荷载，又小于此时结构对称跳跃屈曲的极限荷载即极值点荷载，分支点出现在极值点之前（图 5.5d)～图 5.5f)所示）。也就是说，这类薄球冠壳的失稳特征为分支性失稳，也不具有屈曲后承载能力。在 $\lambda>7$ 之后，球冠壳的初始屈曲路径愈来愈接近线性，且分支点总出现在极值点之前，特别如图 5.5f)所示，因而，这类薄球冠壳的失稳特征为分支性失稳，不具有屈曲后承载能力，这类薄球冠壳结构的失稳将是突然的、脆性的。在 $\lambda>7$ 之后，随着 λ 的增加，球冠壳在屈曲前阶段的变形在其边界附近一个较窄的范围表现出较强的不均匀性（或不对称性），然而，结构屈曲平衡路径的性状及分支点的位置（均如图 5.5f)所示）将不再改变。研究结果同时表明，薄壁球冠壳结构的临界荷载（分支点或极值点）随着 λ 的增大而增大。

另外，从图 5.5 可看出，无论 λ 增加到多大，周边固支的球冠壳与相应的完整球壳的屈曲特性均是不同的，由于边界的存在，当 λ 较大（$\lambda>7$）时，球冠壳总是在边界处较窄的范围内首先发生分支屈曲即边界屈曲效应，与完整球壳具有不同的屈曲特征，且初始屈曲分支点荷载均小于完整球壳，约为完整球壳分支点屈曲荷载的 80%～90%。

由图 5.5 分析可知，球冠薄壳结构的稳定性态随着扁率 λ 的逐渐量变而发生质的变化，球冠薄壳的屈曲后性能也发生了质的变化。球冠薄壳结构的整体稳定性态随着其扁率的变化具有以下规律性特征：

①过于平坦的薄壳结构（扁率 $\lambda<3.5$），在外荷载作用下不会出现失稳现象，但可能会出现超过设计允许的大变形，特别是薄壳的翻转变形，可能会导致结构使用功能失效，但结构仍然具有大变形后的承载能力；

②对于较扁的薄壳结构（扁率 $\lambda=4\sim6$），在外荷载作用下结构的整体稳定性态为极值点性态，平衡路径出现跳跃（Snap-through）屈曲，第一个极值点即为结构的第一临界点，该类结构没有屈曲后承载能力；

③对于扁率较大或较深的薄壳结构（扁率 $\lambda>6$），在外荷载作用下结构的整体稳定性态为分支点性态，分支点总是出现在极值点之前，且分支点总是低于极值点，第一个分支点即为结构的第一临界点，该类结构也没有屈曲后承载能力；

④薄壁球冠壳结构的临界荷载（分支点或极值点）随着扁率 λ 的增大而增大，也就是说，随着薄壳矢跨比的增大，结构整体稳定临界荷载增大；

⑤由于扁率 λ 的增大($\lambda>6$ 后),薄壁球冠壳结构的整体稳定屈曲性态转变为不具有后屈曲承载能力的分支性态,因此,扁率 λ 较大的结构的稳定性将对缺陷是敏感的,甚至是非常敏感的。

大跨度网壳结构特别是单层网壳,与薄壳结构的整体稳定性态类似,因而,球状网壳的稳定性态也存在着随扁率 λ 变化的相同特征,特别是屈曲后性态的本质变化。其他各种穹顶网壳以及筒状网壳结构也具有类似的稳定性特征,只是发生整体稳定性态质变的扁率 λ 可能不同,需要设计时特别注意。

根据国内外工程经验统计资料,网壳结构的矢跨比可参考下列方法确定:

球面网壳

$$\frac{f}{L}=\frac{1}{5}\sim\frac{1}{2}$$

柱面网壳

$$\frac{f}{L}=\frac{1}{6}\sim\frac{1}{3}$$

双曲扁网壳

$$\frac{f}{L}=\frac{1}{10}\sim\frac{1}{6}$$

单块扭网壳

$$\frac{f}{L}=\frac{1}{4}\sim\frac{1}{2}$$

5.2.2 网壳结构网格体系与整体稳定性的关系

网壳结构不同的网格划分方式或不同的杆件布置方式,形成了不同的网壳结构网格体系。网格体系不同,网壳的传力方式和等效刚度不同,特别是面内薄膜刚度不同,将导致网壳的整体稳定性和极限承载能力也不同。

1)网壳结构的网格体系

目前,网壳结构的分类大多先根据网壳的曲面形状、层数进行分类,在此基础上,再按照网壳的网格划分形式进行网格体系分类,主要的网格体系包括[1]:

(1)单层球面网壳的网格体系

单层球面网壳的网格体系主要有:肋环型、施威德勒(Schwedler)型(肋环+斜杆)、联方网格型(或菱形)、三向网格型、凯威特(Keiwitt)型及短程线型。

(2)单层柱面网壳的网格体系

单层柱面(主要是圆柱面)网壳的网格体系主要有:联方网格型、人字斜杆型(弗普尔式)、单斜杆型、双斜杆型和三向网格型。

单层双曲扁网壳和单层双曲抛物面网壳的网格体系与单层柱面网壳相同。

(3)双层网壳的网格体系

双层网壳的网格体系与平面网架结构相同,包括:交叉桁架体系、四角锥体系(肋环型四角锥、联方型四角锥)、三角锥体系。

无论网壳结构的网格体系如何分类,从几何形状上可汇总为两大类:即三角形网格体系和四边形网格体系。在网壳结构的曲面内，三角形网格体系比四边形网格体系具有更好的几何稳定性，也就具有更高的面内薄膜刚度。

2)网壳结构的等效刚度与整体稳定性

从结构宏观分析的角度，根据基于连续化假定的拟壳法，网壳结构的整体刚度由两部分组成，即薄膜刚度 T 和弯曲刚度 B，相应的结构整体等效刚度为[6]

$$K = \sqrt{BT} \tag{5.2}$$

网壳结构的等效刚度 K，特别是薄膜刚度 T，与其网格体系或杆件布置方式直接相关，而网壳结构的整体稳定性态及其稳定承载能力又取决于网壳结构的等效刚度 K，因而，网壳的网格体系直接影响网壳结构的整体稳定性。不同的网格体系，所对应的等效刚度不同。研究结果表明，网壳的整体等效刚度 K 愈大，则其稳定性愈高。

在网壳结构其他参数相同的条件下，三角形网格体系由于在网壳曲面内具有几何稳定的特征，相对于四边形网格体系具有较大的薄膜刚度 T，因而，也就具有较大的整体等效刚度 K。因此，三角形网格体系网壳具有较高的整体稳定性，而四边形网格体系网壳的整体稳定性相对较低。

5.3 钢网壳结构整体稳定性分析与评定方法

5.3.1 网壳结构整体稳定性分析方法及其临界荷载

网壳结构整体稳定性的分析方法，可分为两大类，即连续化的“拟壳法”和离散化的有限元法。

1)连续化的拟壳法

拟壳法根据刚度相等的原则，将网壳结构等代为一个形状和跨度相同的连续薄壳结构，然后采用现有薄壳结构的分析理论，分析计算连续薄壳结构的整体稳定性，由此近似求得相应形状和跨度的网壳结构的整体稳定临界荷载。

不同的网壳结构形状和不同的网格体系，由连续化等代方法得到的等效刚度不同。等效刚度的理论推导过程较为复杂，本节仅给出部分网壳结构等效刚度的计算公式，具体的推导过程可参考相关参考书籍或文献(如参考文献[5]～[8])。

(1)球面网壳结构的等效刚度

对于网格沿经、纬向(即肋、环向)划分的网壳，如肋环型、联方型网壳，其特点为球面中部网格密集、杆件长度小，结构边缘部位网格稀疏、杆件长度大；同一纬度网格分布均匀，同类杆件长度相等，但不同纬度网格大小不同，特别是相距较远的网格单元大小差异很大。这类网壳的网格形式有图5.6所示几种，相应的结构等效刚度计算公式为[5]

薄膜刚度：径向

$$T_{\phi\phi} = \frac{EA_\phi}{b_\theta} + 2\frac{EA_c}{b_c}\sin^4\alpha$$

纬向

$$T_{\theta\theta} = \frac{EA_\theta}{b_\phi} + 2\frac{EA_c}{b_c}\cos^4\alpha$$

剪切

$$T_{\phi\theta} = T_{\theta\phi} = 2\,\frac{EA_c}{b_c}\cos^2\alpha\sin^2\alpha$$

弯曲刚度：径向

$$B_{\phi\phi} = \frac{EI_\phi}{b_\theta} + 2\,\frac{EI_c}{b_c}\sin^4\alpha$$

纬向

$$B_{\theta\theta} = \frac{EI_\theta}{b_\phi} + 2\,\frac{EI_c}{b_c}\cos^4\alpha$$

扭转

$$B_{\phi\theta} = B_{\theta\phi} = 2\,\frac{EI_c}{b_c}\cos^2\alpha\sin^2\alpha$$

上式中，A_ϕ、I_ϕ及A_θ、I_θ分别为径向及纬向杆件的截面积、惯性矩；b_ϕ、b_θ及b_c分别为径向杆、纬向杆及斜杆间距；α为斜杆倾角。

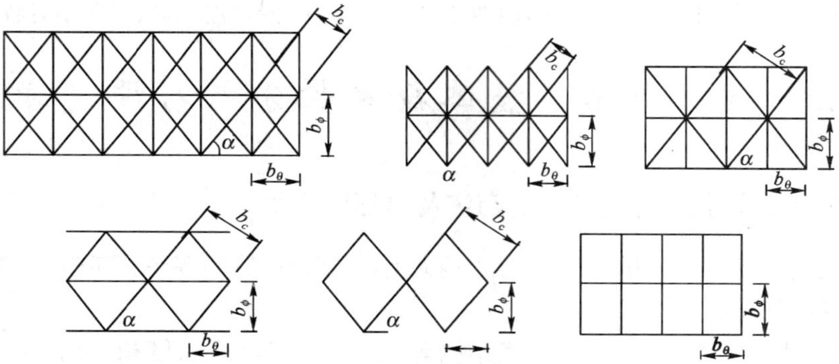

图 5.6　经纬向(即肋环向)划分的网格体系

对于网格大小较为均匀的三角形网格网壳，如凯威特(Keiwitt)型、短程线型、三向网格型网壳，其特点为网格划分没有严格遵循经纬向(即肋环向)的规则，斜杆倾角不一致，杆件长度规格较多，但网格大小较为均匀，杆件长度差异较小。然而，这类网格体系通常有几条主要的经线将球面划分为几个扇形区域，在每个扇形区域内采用尺寸较为均匀的三角形网格进行二次划分，因此，这类网壳的等效刚度可通过一个标准扇形区的杆件布置推导。截取两个相邻的经向杆件的扇形区域，并取某个纬度的组成杆件如图 5.7 所示，则推导可得这类网格形式的网壳相应的结构等效刚度计算公式为[5]

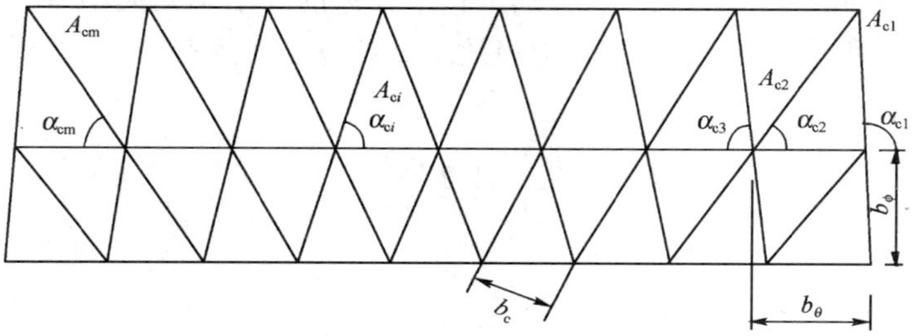

图 5.7　经纬向(即肋环向)划分的网格体系

薄膜刚度:径向

$$T_{\phi\phi}=\frac{1}{m+2}\frac{EA_{\phi}}{b_{\theta}}+\frac{2}{m+2}\sum_{i=1}^{m}\frac{EA_{ci}}{b_{ci}}\sin^4\alpha_i$$

纬向

$$T_{\theta\theta}=\frac{EA_{\theta}}{b_{\phi}}+\frac{2}{m+2}\sum_{i=1}^{m}\frac{EA_{ci}}{b_{ci}}\cos^4\alpha_i$$

剪切

$$T_{\phi\theta}=T_{\theta\phi}=\frac{2}{m+2}\sum_{i=1}^{m}\frac{EA_{ci}}{b_{ci}}\cos^2\alpha_i\sin^2\alpha_i$$

弯曲刚度:径向

$$B_{\phi\phi}=\frac{1}{m+2}\frac{EI_{\phi}}{b_{\theta}}+\frac{2}{m+2}\sum_{i=1}^{m}\frac{EI_{ci}}{b_{ci}}\sin^4\alpha_i$$

纬向

$$B_{\theta\theta}=\frac{EI_{\theta}}{b_{\phi}}+\frac{2}{m+2}\sum_{i=1}^{m}\frac{EI_{ci}}{b_{ci}}\cos^4\alpha_i$$

扭转

$$B_{\phi\theta}=B_{\theta\phi}=\frac{2}{m+2}\sum_{i=1}^{m}\frac{EI_{ci}}{b_{ci}}\cos^2\alpha_i\sin^2\alpha_i$$

上式中,A_{ϕ}、I_{ϕ}及A_{θ}、I_{θ}分别为径向及纬向杆件的截面积、惯性矩;b_{ϕ}、b_{θ}及b_{c}分别为径向杆、纬向杆及斜杆间距;α_i为第i根斜杆的倾角;m为该纬度扇形区域内的斜杆数量。

(2)柱面网壳结构的等效刚度

常见的柱面网壳网格体系主要有图5.8所示的几种形式[5],除联方网格型外,其余均为三角形网格,对于沿轴向和弧向构成矩形或正方形的网格体系,如图5.8b)～图5.8d)所示,相应的结构等效刚度计算公式可简化为

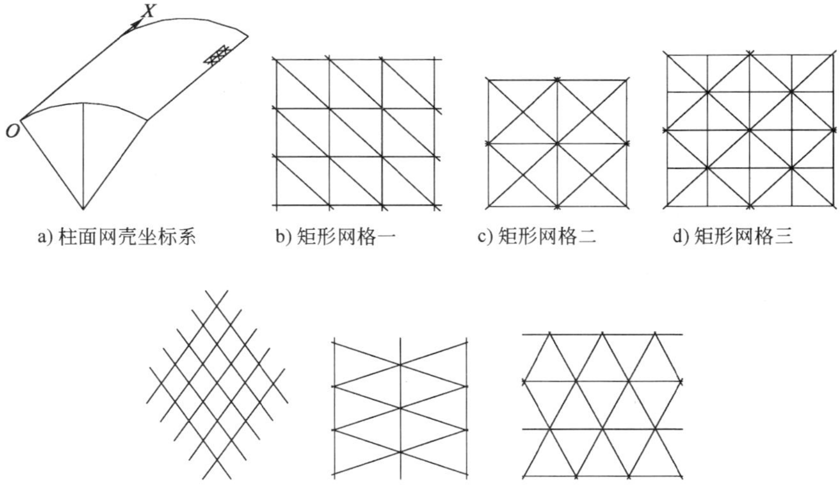

a) 柱面网壳坐标系　b) 矩形网格一　c) 矩形网格二　d) 矩形网格三

e) 联方型网格一　f) 联方型网格二　g) 联方型网格三

图5.8　柱面网壳的网格体系

薄膜刚度：弧向

$$T_{\phi\phi}=\frac{EA_{\phi}}{b_x}+\frac{EA_{c}}{b_c}\sin^4\alpha$$

轴向

$$T_{xx}=\frac{EA_{x}}{b_{\phi}}+\frac{EA_{c}}{b_c}\cos^4\alpha$$

剪切

$$T_{\phi x}=T_{x\phi}=\frac{EA_{c}}{b_c}\cos^2\alpha\sin^2\alpha$$

弯曲刚度：弧向

$$B_{\phi\phi}=\frac{EI_{\phi}}{b_x}+\frac{EI_{c}}{b_c}\sin^4\alpha$$

轴向

$$B_{xx}=\frac{EI_{x}}{b_{\phi}}+\frac{EI_{c}}{b_c}\cos^4\alpha$$

扭转

$$B_{\phi x}=B_{x\phi}=\frac{EI_{c}}{b_c}\cos^2\alpha\sin^2\alpha$$

上式中，A_{ϕ}、I_{ϕ}及A_x、I_x分别为弧向及轴向杆件的截面积、惯性矩；b_{ϕ}、b_x及b_c分别为弧向杆、轴向杆及斜杆间距；α为斜杆的倾角。

对于沿弧向没有布置杆件的网格体系，如图 5.8e)～图 5.8g)所示，相应的结构等效刚度计算公式可简化为

薄膜刚度：弧向

$$T_{\phi\phi}=2\frac{EA_{c}}{b_c}\sin^4\alpha$$

轴向

$$T_{xx}=\frac{EA_{x}}{b_{\phi}}+2\frac{EA_{c}}{b_c}\cos^4\alpha$$

剪切

$$T_{\phi x}=T_{x\phi}=2\frac{EA_{c}}{b_c}\cos^2\alpha\sin^2\alpha$$

弯曲刚度：弧向

$$B_{\phi\phi}=2\frac{EI_{c}}{b_c}\sin^4\alpha$$

轴向

$$B_{xx}=\frac{EI_{x}}{b_{\phi}}+2\frac{EI_{c}}{b_c}\cos^4\alpha$$

扭转

$$B_{\phi x}=B_{x\phi}=2\frac{EI_{c}}{b_c}\cos^2\alpha\sin^2\alpha$$

上式中，A_x、I_x分别为轴向杆件的截面积、惯性矩；b_{ϕ}、b_c分别为轴向杆、斜杆间距，α为斜杆

的倾角。对于没有布置轴向杆件的网格，A_x、I_x为0。

(3)常见网壳结构的整体稳定临界荷载简化公式

在求得不同网壳结构、不同网格体系的连续化等代刚度后，可根据连续薄壳结构的经典理论，进行薄壳结构的稳定分析，获得网壳结构整体稳定临界荷载。限于篇幅，关于连续薄壳结构的经典理论，此处不再赘述。本节参照《空间网格结构技术规程》(报批稿)，给出几种典型网壳结构的整体稳定临界荷载。

①单层球面网壳

在均匀横向外荷载作用下，非线性整体稳定极限荷载为

$$q_{cr} = 0.25\frac{\sqrt{TB}}{r^2} \tag{5.3}$$

其中，r为球面半径；T、B分别为网壳结构的等效薄膜刚度和弯曲刚度，当两个主方向等效刚度不相同时，可取两个方向等效刚度的平均值。

②单层椭圆抛物面网壳

在均匀横向外荷载作用下，非线性整体稳定极限荷载为

$$q_{cr} = 0.28\mu\frac{\sqrt{TB}}{r_1 r_2} \tag{5.4}$$

$$\mu = \frac{1}{1 + 0.956\dfrac{q}{g} + 0.076\left(\dfrac{q}{g}\right)^2}$$

其中，r_1、r_2为椭圆抛物面两个主方向的曲率半径；T、B分别为网壳结构的等效薄膜刚度和弯曲刚度，当两个主方向等效刚度不相同时，应取两个方向等效刚度的平均值；q、g分别为作用在网壳上的恒荷载与活荷载，且$\dfrac{q}{g}=0\sim2$。

③单层柱面网壳

当网壳四边支承时

$$q_{cr} = 17.1\frac{B_{e1}}{r^3\left(\dfrac{l}{b}\right)^3} + 4.6\times10^{-5}\frac{T_{e2}}{r\left(\dfrac{l}{b}\right)} + 17.8\frac{B_{e2}}{(r+3f)b^3} \tag{5.5}$$

当柱面网壳的长宽比($\dfrac{l}{b}$)不大于1.2时，上式应乘以折减系数μ

$$\mu = 0.6 + \frac{1}{2.5 + 5\dfrac{q}{g}}$$

当网壳仅沿纵边(直边)支承时

$$q_{cr} = 17.8\frac{B_{e2}}{(r+3f)b^2} \tag{5.6}$$

当网壳仅两端(弧边)支承时

$$q_{cr} = \mu\left(0.015\frac{\sqrt{B_{e1}T_{e1}}}{r^2\sqrt{\dfrac{l}{b}}} + 0.033\frac{\sqrt{B_{e2}T_{e2}}}{r^2\left(\dfrac{l}{b}\right)\xi} + 0.020\frac{\sqrt{I_h I_v}}{r^2\sqrt{lr}}\right) \tag{5.7}$$

$$\xi = 0.96 + 0.16\left(1.8 + \frac{l}{b}\right)^4$$

上式中，r 为圆柱面网壳的曲率半径；T_{e1} 和 T_{e2}、B_{e1} 和 B_{e2} 分别为网壳结构的等效轴向和弧向薄膜刚度、等效轴向和弧向弯曲刚度；l、b、f 分别为圆柱面网壳的长、宽、矢高；q、g 分别为作用在网壳上的恒荷载与活荷载，且 $\frac{q}{g}=0\sim2$；I_h、I_v 分别为边梁水平向、竖向线刚度，对于桁架式边梁，其线刚度为

$$I_h \text{ 或 } I_v = E\frac{A_1a_1^2 + A_2a_2^2}{l}$$

其中，A_1、A_2、a_1、a_2 分别为两根弦杆的面积、形心距。

对于两端支承的柱面网壳，应考虑荷载不均匀分布的影响，则上式（5.7）应乘以折减系数 μ

$$\mu = 1.0 - 0.2\frac{l}{b}$$

拟壳法是计算机及计算技术较为落后时代的简化算法，该方法计算简便，概念清晰，计算量小，适用于已具有解析解的特定边界条件的柱面壳、球面壳及双曲扁壳等，但这种方法不能求解尚不具有解析解的薄壳结构以及具有任意几何形体、任意边界条件及任意荷载条件的薄壳结构。同时，由于等代转换的原因，计算结果误差较大。然而，作为结构设计的初步计算或估算，拟壳法仍然是一种简便实用的方法。

2）离散化的有限元法

随着高速度、大容量计算机及计算技术的发展，非线性有限元及相应的非线性数值分析技术已成为精确分析网壳结构非线性整体稳定性态的主要方法。采用有限元法时，先根据网壳结构杆系的组成规律将其划分为空间杆系结构计算模型，再进行非线性整体稳定数值计算。有限元法计算模型符合网壳结构的构造特点，同时，有限元数值分析法不受结构形式、荷载模式、边界条件等的限制，适用于任意结构体系，因而，具有广泛的适用性。

采用有限元法进行网壳结构整体稳定性分析，主要内容包括：单元及结构模型的确定与建立、荷载及其组合模式的确定、结构初始临界点或(和)最低临界点的确定、屈曲平衡路径的跟踪、结构后屈曲性态分析、缺陷敏感性分析、整体稳定极限承载能力的确定。

（1）网壳结构整体稳定分析的单元模型

网壳结构整体稳定性分析所采用的单元模式通常有两种：即两端铰接的空间杆单元、两端刚接的空间梁单元或梁—柱单元。关于空间杆单元和空间梁单元的理论模型，可参见本书 2.2 节。

单层网壳结构的杆件常采用空间梁单元或梁-柱单元模拟，而双层网壳结构的杆件常采用空间杆单元模拟。此外，为了考虑杆件失稳与结构失稳的耦合效应，在常规分析模型中，可采用“一杆多单元模型”。

（2）网壳结构整体稳定分析的荷载及其组合

网壳结构整体稳定分析所考虑的荷载主要包括：恒荷载、活荷载或雪荷载、风荷载，且应尽量考虑荷载不同分布的影响，如不同的风向、不同的恒荷载或活荷载分布模式。

所考虑的荷载组合为上述荷载的标准组合。

（3）网壳结构整体稳定临界荷载的确定及屈曲平衡路径的跟踪

网壳结构整体稳定的临界点或临界荷载包括：线性屈曲临界荷载、完善结构大位移几何非

线性屈曲临界荷载、有缺陷结构大位移几何非线性屈曲临界荷载以及有缺陷结构大位移弹塑性屈曲临界荷载。

关于网壳结构整体稳定临界点的确定方法及屈曲平衡路径跟踪计算技术，可参见 2.3 节。

网壳结构整体稳定线性屈曲临界荷载，通过对完善网壳结构初始刚度矩阵$[K]_0$或$[K_T]_0$的特征方程式(2-97)分析得到，由特征方程分析得到的最小特征值λ_{min}，作为结构线性屈曲最小临界荷载系数λ_{crl}。

关于网壳结构整体稳定非线性屈曲临界荷载，目前大多数方法为，采用通用软件进行相应的非线性分析，跟踪计算完善(或有缺陷)网壳结构的屈曲平衡路径全过程即非线性荷载-位移曲线，然后通过观察该非线性荷载-位移曲线，找到曲线上的第一个荷载极值点(图 2-10a)中的点 L)，将该荷载极值点作为结构整体稳定的临界点，并确定相应的荷载为网壳结构非线性整体稳定临界荷载λ_{crn}(或有缺陷为λ_{crn}^{imp})或整体稳定极限承载力。相应的物理意义为，当网壳结构上的外荷载不超过临界荷载λ_{crn}(或λ_{crn}^{imp})时，则结构不会失稳。

在网壳结构大位移几何非线性整体稳定分析中，有时可能会出现计算得到完善结构的大位移几何非线性屈曲临界荷载大于线性屈曲临界荷载的现象。出现这种现象的原因，是由于在几何非线性分析过程中仅进行增量迭代计算，求得荷载-位移空间的一系列平衡点，而没有在增量迭代计算过程中进行结构切线刚度矩阵$[K_T]$的特征分析，无法搜索到第一个极值点前的分支点，特别是荷载-位移曲线不具有水平切线的非对称分支点。因而，这种仅跟踪荷载-位移曲线而不测试结构切线刚度矩阵$[K_T]$特性的增量迭代计算，很可能遗漏结构屈曲平衡路径上的初始临界点，而这个或这些初始临界点往往可能是较低或最低的临界点。如果结构整体稳定数值计算出现几何非线性屈曲临界荷载大于线性屈曲临界荷载的现象，则遗漏的初始临界点将是分支点。要避免遗漏初始临界点的现象发生，就应在跟踪结构几何非线性屈曲平衡路径的增量迭代计算过程中，自增量线性化的某一步(通常应在线性屈曲临界荷载前较早一步)开始，同时采用特征分析的方法、或 2.3 节的方法、或其他类似方法测试结构切线刚度矩阵$[K_T]$特性，求得初始临界点或初始临界荷载。

另外，在仅考虑几何非线性而不考虑弹塑性效应的结构屈曲平衡路径跟踪的增量迭代计算过程中，有时结构的屈曲平衡路径可能不会出现荷载的极值点。如果在增量迭代计算过程中已测试了结构切线刚度矩阵$[K_T]$的特性，也没有搜索到临界点，此时，应将网壳结构使用过程中不允许出现的最大变形或挠曲变形(或该变形的某一倍数)，作为结构承载能力限定的指标，对应于该位移或变形的荷载可作为网壳结构的极限承载荷载。

(4)网壳结构整体稳定的缺陷敏感性分析

由于加工制作、施工安装等原因，网壳结构中不可避免的存在初始缺陷。关于钢结构中初始缺陷的类型、初始缺陷对结构稳定性态的影响以及网壳结构整体稳定分析中初始缺陷的引入方法，可参见 2.4 节。

网壳结构整体稳定的缺陷敏感性分析，需要根据不同的荷载组合模式$LC_i(i=1,\cdots,n)$，分别进行线性整体稳定分析，求得相应的线性屈曲模态矩阵$[\Phi]_i=[\{\phi_1\}\cdots\{\phi_j\}\cdots\{\phi_n\}]_i$。然后分别取各屈曲模态矩阵$[\Phi]_i$中的第一阶线性屈曲模态$\{\phi_1\}_i$作为结构初始几何缺陷的分布模式，再根据《空间网格结构技术规程》(报批稿)[3]规定的几何缺陷幅值即$\frac{L_2}{300}$(L_2为网壳结构短向跨度)，按式(2-165)形成理论上的网壳结构初始几何缺陷$\{\Delta_{imp}\}_i$，并引入网壳结构几何模型，进行有缺陷结构的弹性或弹塑性非线性整体稳定分析，求得不同荷载组合条件下的结构整体稳定最小临界荷载或极限承载力λ_{crni}^{imp}(或λ_{crpi}^{imp})，最后，取所有临界荷载中的最小者，为网壳结构整体稳定的临界荷载λ_{crn}^{imp}(或λ_{crp}^{imp})，即

$$\lambda_{crn}^{imp}=\min(\lambda_{crn1}^{imp},\cdots,\lambda_{crn1}^{imp}\cdots,\lambda_{crnn}^{imp}) \tag{5.8a}$$

或

$$\lambda_{crp}^{imp}=\min(\lambda_{crp1}^{imp},\cdots,\lambda_{crp1}^{imp}\cdots,\lambda_{crpn}^{imp}) \tag{5.8b}$$

当某一荷载组合条件下的第一阶线性屈曲模态$\{\phi_1\}_i$为二重或多重模态(即相应的特征根为重特征根)时，网壳结构整体稳定的缺陷敏感性分析，应采用所有的重屈曲模态。

当某一荷载组合条件下的第一阶线性屈曲荷载因子λ_{cri1}与第二阶线性屈曲荷载因子λ_{cri2}相差很小时，网壳结构整体稳定的缺陷敏感性分析，应同时采用第一阶线性屈曲模态$\{\phi_1\}_i$和第二阶线性屈曲模态$\{\phi_2\}_i$进行计算。

网壳结构整体稳定的缺陷敏感性可定义为

$$\beta=\frac{\lambda_{crn}-\lambda_{crn}^{imp}}{\lambda_{crn}}\times 100\% \tag{5.9}$$

式中，β为缺陷敏感性系数；λ_{crn}、λ_{crn}^{imp}分别为完善结构和有缺陷结构的非线性整体稳定临界荷载或荷载因子。

另外，对于大跨度网壳结构，由5.2.1节可知，当结构的矢跨比较小时，结构的稳定性态为极值点性态；而当结构的矢跨比较大时，结构的稳定性态为分支点性态。研究结果表明，当引入初始几何缺陷后，不论结构的矢跨比如何变化，网壳结构的稳定性态都将表现为极值点性态。

5.3.2 网壳结构整体稳定性的评定方法

1)网壳结构整体稳定设计承载能力评定

在传统的结构线性分析理论中，人们常把结构的强度与稳定割裂开来[6]，分别进行分析计算与设计。但在结构非线性分析理论中，特别是在引入一定模式与幅度的初始几何缺陷之后，结构分析考虑了结构及构件内力的二阶效应或压弯耦合效应，这样，在非线性理论中，结构的强度与稳定相互关联，结构或构件的失稳将同时导致强度破坏。因此，考虑二阶效应后的稳定问题，最终仍然属于强度问题。目前，工程上均称之为极限承载能力问题。

关于大跨度网壳结构的整体稳定性或极限承载能力评定，虽然“拟壳法”能给出部分特殊几何形状、荷载条件和边界条件的临界荷载计算公式，但由于其计算精度较低，且能给出解析公式的结构体系范围有限，因而不能广泛应用。现代大跨度网壳结构通常规模庞大、形状奇异、体系复杂，其荷载模式特别是风荷载难以准确预测或模拟，因而，只能通过非线性数值分析的方法，求得关于网壳结构整体稳定临界荷载或极限承载能力的一系列具体数值结果，进而根据相应的设计规程进行评定。

通过非线性数值分析，由式(5-8)求得含有缺陷的网壳结构的非线性整体稳定临界荷载或极限承载力λ_{crn}后，可根据《空间网格结构技术规程》(报批稿)[3]，评定网壳结构的整体稳定设计承载力，具体规定如下：

①由大位移弹性几何非线性分析得到的网壳结构整体稳定临界荷载λ_{crn}，不应小于4.2；

②由大位移弹塑性非线性分析得到的网壳结构整体稳定临界荷载 λ_{crp}，不应小于 2.0。

2)网壳结构整体失稳变形的判定

当由网壳结构的线性整体稳定性分析得到的最初几阶屈曲模态为网壳的整体失稳变形模态时，在此基础上进行完善结构以及缺陷结构的非线性整体稳定性分析，得到网壳结构的整体稳定临界荷载或极限承载力，并进行网壳结构的整体稳定性评定以及整体稳定设计承载能力确定，显然是正确合理的、经济的。

然而，对于具有主次受力体系或复合体系的大跨度网壳结构，如拱支网壳、斜拉网壳、局部设置格构式肋或其他构件加强的网壳、局部区域悬挑的网壳、辅助结构作为支撑及参与工作的网壳以及与其他结构体系混合应用的网壳，通常由于结构形态多变、体系复杂、体量庞大、构件众多且构件主次作用差异较大。因此，在线性整体稳定性的特征方程求解时，经常会出现结构的最初几阶、几十阶甚至上百阶屈曲模态可能是局部失稳的现象。这些首先出现失稳的局部区域或节点或构件，通常虽属网壳结构体系的组成部分，但多为结构的次要构件或附属区域，因而，即使这类局部区域失稳，通常不会发生失稳传播，也不会导致网壳结构的整体失稳。在此情况下，如果不对结构进行改进或不对结构计算模型进行合理的修正，直接按线性分析得到的局部失稳模态进行结构的整体稳定非线性分析以及确定结构整体稳定承载能力，显然是保守的、不经济的。因此，如果由线性整体稳定分析得到网壳的最初几阶或几十阶屈曲模态是局部失稳模态，为了经济合理地确定网壳结构的整体稳定极限承载能力，应对结构体系进行改进，或对结构计算模型进行合理的修正，期望结构线性整体稳定分析得到的最初几阶屈曲模态为整体失稳模态或可能导致失稳传播的局部失稳模态。通常可采用的方法有：修改设计，加强出现局部失稳的区域或构件，这可能是不经济的做法；或者在结构整体计算模型中删去出现局部失稳的构件，这可能是经济合理的方法。

特别需要说明的是，若由结构线性整体稳定分析得到的最初几阶屈曲模态虽为局部失稳模态，但发生局部失稳的构件为网壳结构的主要受力构件，或者该局部失稳可能引起失稳传播并导致网壳结构最终的整体失稳，则这类局部失稳模态与整体失稳模态产生的后果相同。根据此局部失稳模态进行有缺陷结构非线性分析，得到的临界荷载应作为网壳结构整体稳定的临界荷载或极限承载力。

5.3.3 网壳结构整体稳定性分析的内容与步骤

目前，工程上关于网壳结构整体稳定性分析验算的主要内容为：网壳结构线性整体稳定性分析；网壳结构弹性大位移几何非线性整体稳定性分析，包括完善结构和有缺陷结构；网壳结构大位移弹塑性整体稳定性分析，也包括完善结构和有缺陷结构。

网壳结构整体稳定性分析及整体稳定承载能力评定的主要步骤包括：

(1)建立完善网壳结构的整体力学模型

按理论设计的网壳构型及结构体系，建立完善结构整体计算模型，包括结构几何模型、单元模型、构件规格尺寸、构件材料特性、结构边界条件等。

(2)确定需要验算网壳整体稳定性的荷载组合

对于活荷载需要按不同的分布模式分别组合；对于风荷载需要按不同的风向分别组合。

(3)网壳结构线性整体稳定性分析

对每一种荷载组合，通过对结构初始刚度矩阵的特征分析，分别计算结构线性整体稳定的临界荷载因子 $\lambda_{crli}(i=1,\cdots,n)$ 及相应的屈曲模态矩阵 $[\Phi]=[\{\phi_1\},\cdots,\{\phi_n\}]_i$。

(4)确定网壳结构的初始几何缺陷模型

网壳结构的初始几何缺陷模式，可根据“一致缺陷模态法”采用线性整体稳定分析得到的第一阶屈曲模态模拟。缺陷幅值按《空间网格结构技术规程》(报批稿)[3]确定，为 $\frac{L_2}{300}$(L_2 为网壳结构短向跨度)。

(5)网壳结构大位移几何非线性整体稳定性分析

其包括完善结构和有缺陷结构的非线性整体稳定分析。对每一种荷载组合，获得相应的网壳整体稳定最小临界荷载因子 λ_{crni} 和 λ_{crni}^{imp}。

(6)判断网壳构件是否出现屈服变形现象

对每一种荷载组合，在几何非线性分析过程中，判断当荷载达到整体稳定最小临界荷载因子 λ_{crni}^{imp} 之前，主要受力构件是否屈服，若未屈服，则转第(8)步，进行结构整体稳定性评定，否则，进入第(7)步。

(7)网壳结构大位移弹塑性整体稳定性分析

对每一种荷载组合，分析有缺陷网壳结构的弹塑性整体稳定性，获得相应的整体稳定最小临界荷载因子 λ_{crpi}^{imp}。

(8)网壳结构整体稳定性判定

根据第(5) 或第(7) 步的数值计算结果，分别判定不同荷载组合条件下结构的整体稳定性态。

(9)网壳结构缺陷敏感性判定

根据数值计算得到的 λ_{crni} 和 λ_{crni}^{imp}，按式 (5-9) 评定网壳结构的缺陷敏感性。

(10)网壳结构整体稳定设计承载力确定

根据《空间网格结构技术规程》(报批稿)[3]，确定网壳结构整体稳定的最大设计临界荷载因子 λ_{cr}。

5.4 实际工程网壳结构整体稳定性分析

本节通过以下实际工程的整体稳定性分析，说明网壳结构整体稳定性数值计算的内容、方法、步骤与评定的过程。

5.4.1 单层球面网壳结构的整体稳定性

1)网壳结构的工程概况

某立式钢储罐的顶盖为单层网壳结构[10]，网壳跨度 37.64m，矢高 5.19m，网格体系为中部 K6 型与周边联方型的组合形式，网壳顶盖支承于高度 17.82m 的储罐筒体顶部，周边节点为支座节点且为固定铰支座。网壳杆件采用 I14 工字型截面构件，材料为 Q235B 钢材，节点为“承插式节点”，网壳结构网格及节点构造如图 5.9 所示。

网壳上的主要荷载包括：恒荷载(网壳自重及 6mm 厚蒙皮板)0.75 kN/m^2；活荷载(附加

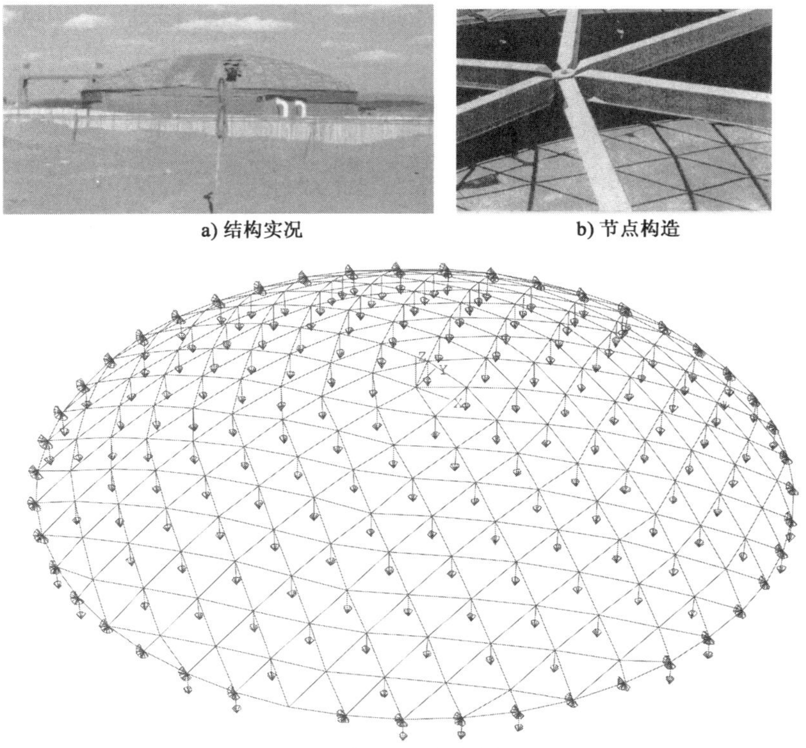

a) 结构实况　　b) 节点构造

c) 网壳结构计算模型

图 5.9　单层球面网壳及网格体系

荷载)1.20 kN/m²。本工程进行结构整体稳定验算时,所考虑的荷载组合为 1.2×恒荷载+1.4×活荷载[10]。

该单层网壳节点连接采用承插式节点。由于承插式节点的连接刚度较弱,达不到刚性连接的要求,但又有一定的刚度而不属于铰接连接,同时,关于这种弱刚度的节点连接,目前尚没有具体的刚度计算方法。为此,为了了解该单层网壳可能的整体失稳模式及其临界屈曲荷载的变化范围,参考文献[10]在该单层网壳的整体稳定性分析中,在采用刚接节点建立计算模型进行非线性整体稳定计算的同时,也分析了节点铰接模型的稳定性,以了解该网壳结构整体稳定的下限。网壳结构的计算模型如图 5.9c)所示。

2)网壳结构的线性整体稳定性分析

采用刚接节点模型对该单层网壳结构进行线性屈曲分析,得到的第一阶线性屈曲临界荷载因子 $\lambda_{crl}=6.7$,相应的屈曲模态如图 5.10a)所示;采用铰接节点模型对该单层网壳结构进行线性屈曲分析,得到的屈曲模态如图 5.10b)所示[10]。

3)网壳结构的非线性整体稳定性分析

该网壳结构非线性整体稳定性分析所引入的初始几何缺陷,根据现行《网壳结构技术规程》(JGJ 61—2003)确定。按照一致模态法,网壳的缺陷模式为由线性整体稳定分析得到的第一阶屈曲模态,几何缺陷的幅值取结构跨度 L 的 $\frac{1}{300}$,即

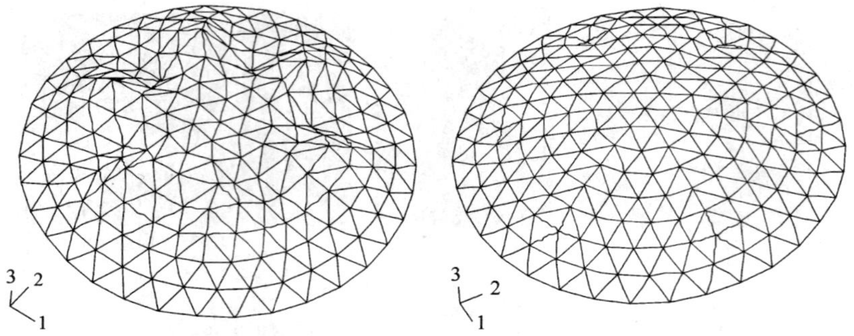

a) 网壳结构节点刚接　　b) 网壳结构节点铰接

图 5.10　单层球面网壳第一阶线性屈曲模态

$$\Delta_{\text{imp}}=\frac{L}{300}=\frac{37.64}{300}\approx 0.126\text{m}$$

采用增量迭代法对有缺陷网壳进行数值分析，得到的刚接节点网壳模型大位移弹塑性整体稳定临界荷载系数为 $\lambda_{\text{crp}}=5.1$，结构典型节点的荷载一位移曲线示于图 5.11 中[10]。

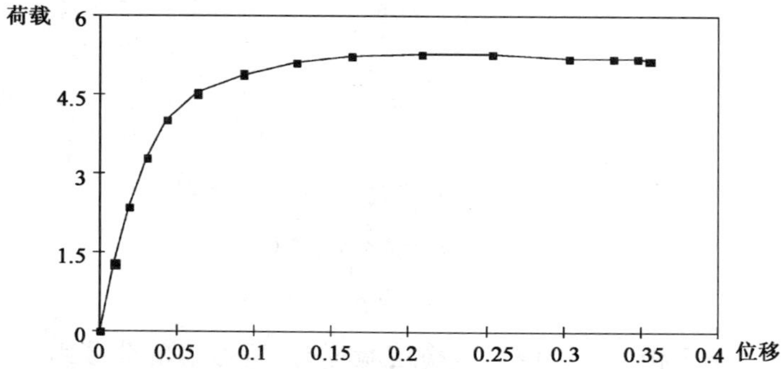

图 5.11　节点刚接单层球面网壳大位移弹塑性荷载-位移曲线

对铰接节点网壳模型的非线性分析表明，有缺陷结构的整体稳定临界荷载系数远小于 1.0，为此，参考文献[10]对该铰接节点网壳的完善结构模型进行非线性分析，数值计算得到的荷载-位移曲线如图 5.12 所示。完善结构的非线性整体稳定临界荷载系数仅为 $\lambda_{\text{crp}}=2.2$。

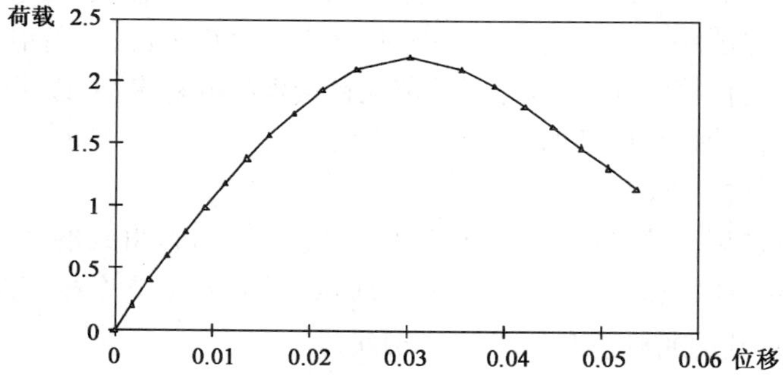

图 5.12　节点铰接单层球面网壳大位移弹塑性荷载-位移曲线

理论分析结果表明，单层球面网壳节点为刚接时，网壳的整体稳定性良好，满足《网壳结构技术规程》(JGJ 61—2003)的要求。当节点为铰接时，网壳的非线性失稳临界荷载大幅降低。然而，实际网壳结构的整体稳定性介于两者之间，整体稳定性能的高低，取决于承插式节点的节点刚度。

5.4.2　单层球状网壳结构的整体稳定性

1)网壳结构的工程概况

某工程的一个馆建筑造型为球状[11]，跨度或直径为 30m，高度为 20m，结构体系采用单层球面钢网壳，网壳网格体系采用联方型与凯威特型相结合的形式，如图 5.13 所示。考虑网壳整体稳定性及屋面覆盖玻璃尺寸的要求，三角形网格尺寸均匀分布且取约 2.0m。网壳杆件为薄壁矩形钢管型，根据设计选用□ 120×60×3 和□ 100×60×3 两种，材料为 Q235B 钢材。

网壳结构整体稳定性计算模型如图 5.13 所示，所有杆件均采用梁单元模拟，节点为刚性连接，网壳结构最下层开口处节点均为支座节点，所有支座均为固定支座。

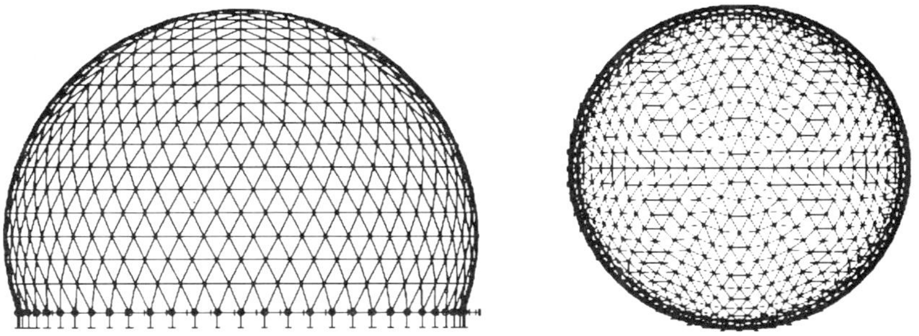

图 5.13　单层球面网壳及网格体系

网壳结构整体稳定分析验算所考虑的荷载包括[11]：屋面恒荷载 1.00kN/m^2，屋面活荷载 0.50kN/m^2，基本风压 0.70kN/m^2，B 类地貌，网壳上的风荷载分布如图 5.14 所示。

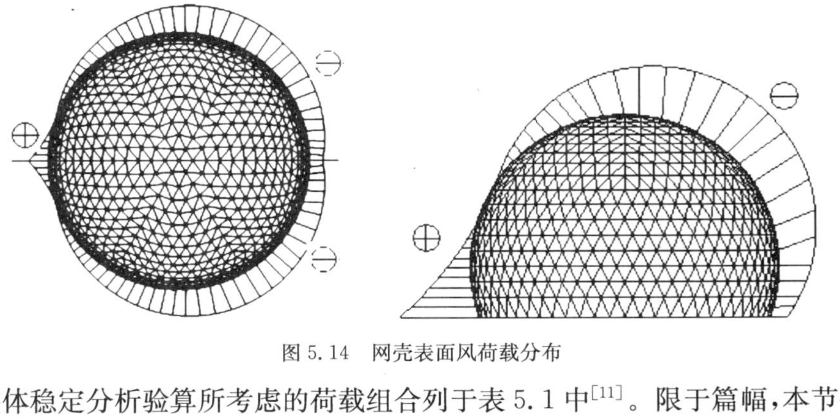

图 5.14　网壳表面风荷载分布

结构整体稳定分析验算所考虑的荷载组合列于表 5.1 中[11]。限于篇幅，本节仅给出部分整体稳定数值计算结果。

整体稳定分析荷载组合表　　表 5.1

序　号	荷载组合类型	序　号	荷载组合类型
1	恒载＋活载	4	恒载＋0.70×活载工况＋风载
2	恒载＋风载	5	恒载＋半跨活载
3	恒载＋活载工况＋0.60×风载		

2)网壳结构的线性整体稳定性分析

数值计算得到该网壳结构的前4阶线性整体稳定临界荷载系数列于表5.2,相应的结构前3阶屈曲模态示于图5.15~图5.19中[11]。

网壳结构线性整体稳定临界荷载系数 λ_{crl} 表5.2

荷载组合	第1模态	第2模态	第3模态	第4模态
恒载+活载	42.281	42.433	42.433	42.989
恒载+风载	68.292	68.298	68.324	68.327
恒载+活载+0.6×风载	52.629	52.672	52.717	52.926
恒载+0.7×活载+风载	55.241	55.258	55.311	55.429
恒载+半跨活载	43.615	44.538	44.820	45.583

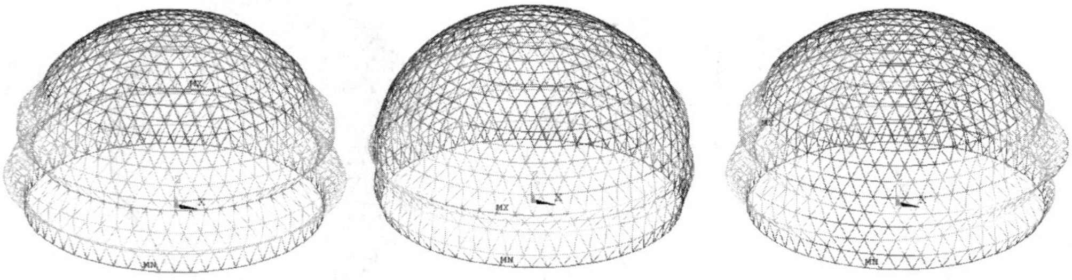

a) Mode 1　　b) Mode 2　　c) Mode 3

图5.15　恒载+活载组合下网壳结构的屈曲模态

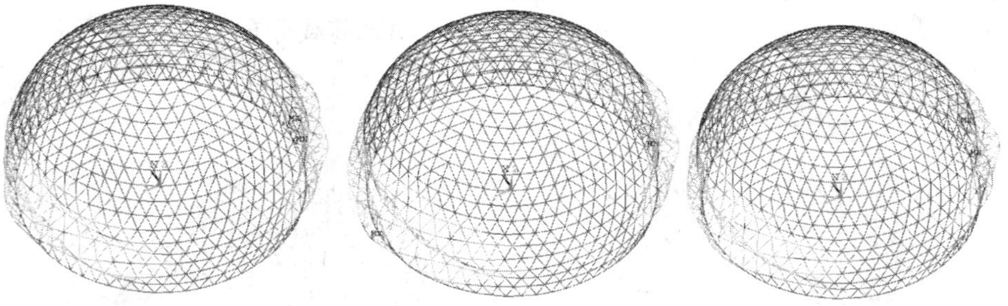

a) Mode 1　　b) Mode 2　　c) Mode 3

图5.16　恒载+风载组合下网壳结构的屈曲模态

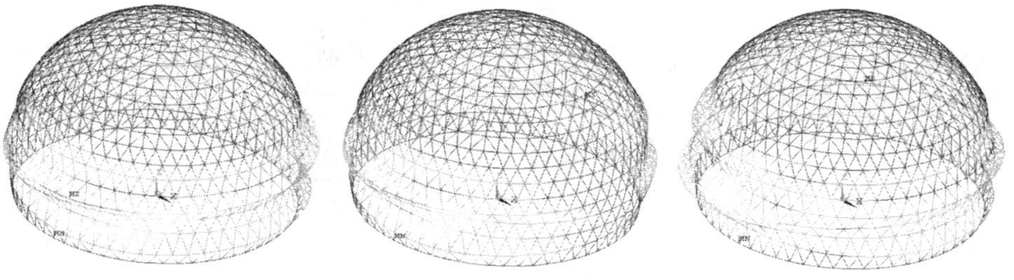

a) Mode 1　　b) Mode 2　　c) Mode 3

图5.17　恒载+活载+0.6×风载组合下网壳结构的屈曲模态

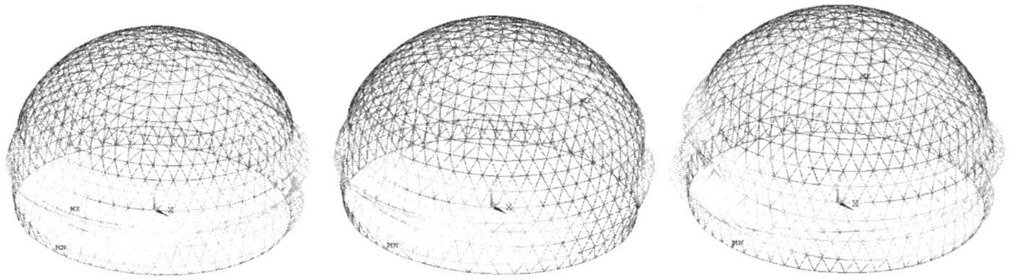

a) Mode 1　　b) Mode 2　　c) Mode 3

图 5.18　恒载＋0.7×活载＋风载组合下网壳结构的屈曲模态

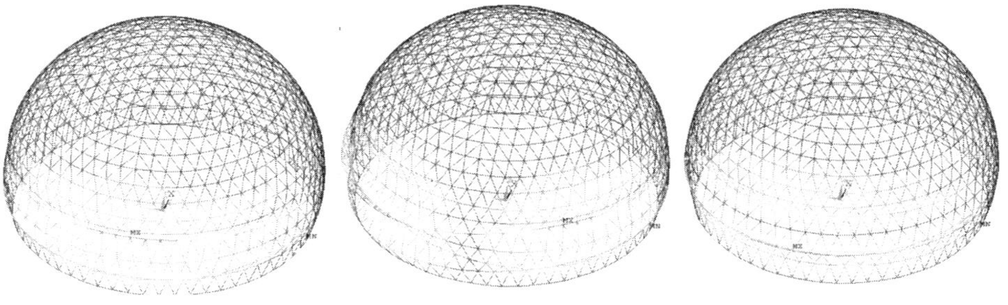

a) Mode 1　　b) Mode 2　　c) Mode 3

图 5.19　恒载＋半跨活载组合下网壳结构的屈曲模态

从表 5.2 的数值结果可见，五种荷载组合下网壳结构的线性整体稳定临界荷载系数接近，主要是由于恒荷载所占比例较大。同时，恒载＋半跨活载组合下的临界荷载系数均略小于恒载＋活载组合。说明对于单层球面网壳，当恒荷载为主要荷载时，结构对半跨活荷载不敏感，即恒载＋半跨活载不属于设计控制荷载。

该网壳结构的屈曲模态，除恒载＋半跨活载组合外，其余组合下均为网壳的整体屈曲变形，恒载＋半跨活载组合下的网壳屈曲变形为局部屈曲变形，但这种位于网壳一侧且具有边界屈曲效应的局部屈曲变形，也可能导致结构的屈曲失效，因此，也应作为整体失稳的破坏模式之一。

3)网壳结构的非线性整体稳定性分析

该网壳结构非线性整体稳定性分析所引入的初始几何缺陷，根据现行《网壳结构技术规程》(JGJ 61—2003)确定。按照一致模态法，不同荷载组合条件下网壳的缺陷模式为相应荷载组合条件下由线性整体稳定分析得到的第一阶屈曲模态，几何缺陷的幅值取结构跨度 L 的 $\frac{1}{300}$，即

$$\Delta_{\text{imp}}=\frac{L}{300}=100.0\text{mm}$$

采用增量迭代法对有缺陷网壳进行数值分析，所得的大位移几何非线性以及大位移弹塑性整体稳定临界荷载系数列于表 5.3，结构典型节点的荷载-位移曲线示于图 5.20、图 5.21[11]。

网壳结构非线性稳定临界荷载系数 λ_{crn}　　表 5.3

荷载组合类型	几何非线性	几何和材料非线性
恒载＋活载	23.3	4.769
恒载＋半跨活载	23.7	5.582
恒载＋风载	23.5	6.139
恒载＋0.7×活载＋风载	24.4	4.848
恒载＋活载＋0.6×风载	24.2	4.846

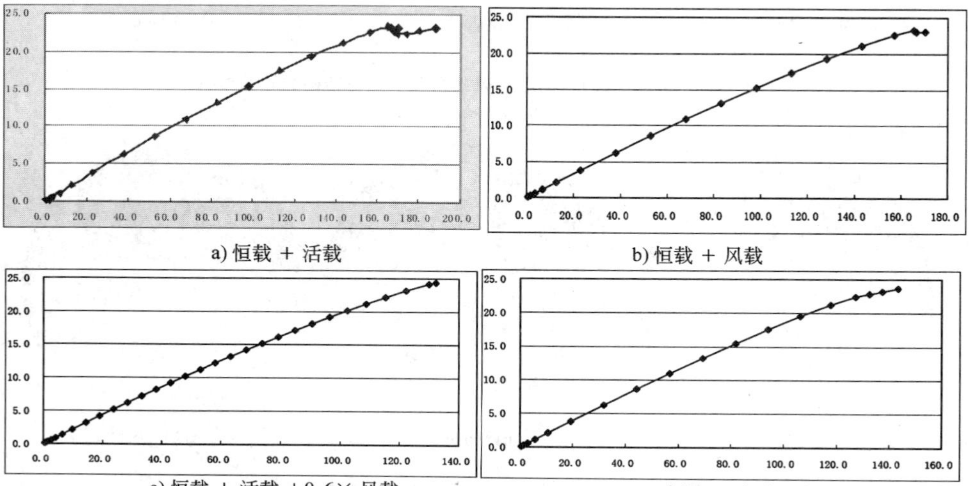

a) 恒载 ＋ 活载　　b) 恒载 ＋ 风载

c) 恒载 ＋ 活载 ＋0.6× 风载　　d) 恒载 ＋ 半跨活载

图 5.20　大位移几何非线性分析网壳顶点荷载-位移曲线

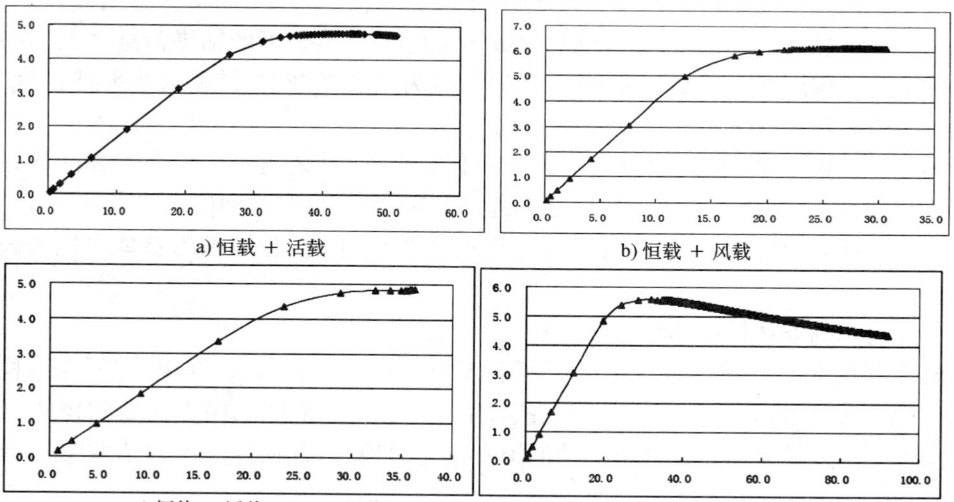

a) 恒载 ＋ 活载　　b) 恒载 ＋ 风载

c) 恒载 ＋ 活载 ＋0.6× 风载　　d) 恒载 ＋ 半跨活载

图 5.21　大位移弹塑性分析网壳顶点荷载-位移曲线

由表 5.3 可看出，该带缺陷网壳结构的弹性几何非线性整体稳定临界荷载系数均大于 5.0，最小值为 23.3，对应于恒载＋活载的荷载组合；弹塑性整体稳定临界荷载系数均大于 2.0，最小值为 4.769，也对应于恒载＋活载的荷载组合。由此可知，恒载＋活载的荷载组合是该网壳整体稳定的控制荷载组合，同时，验算表明该网壳的整体稳定性满足规范规定的要求。

a) 屋盖建筑造型

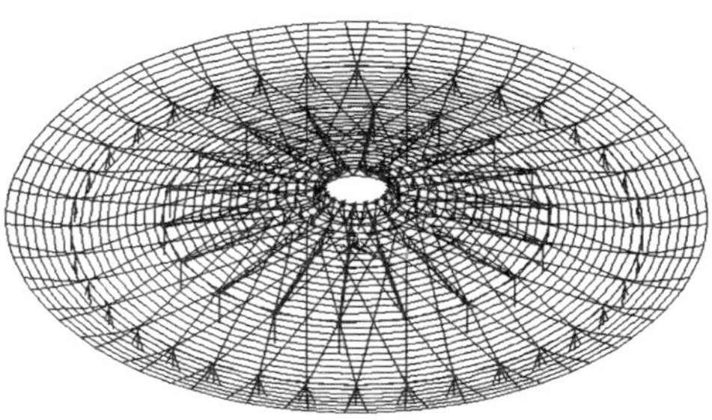

b) 钢屋盖结构体系

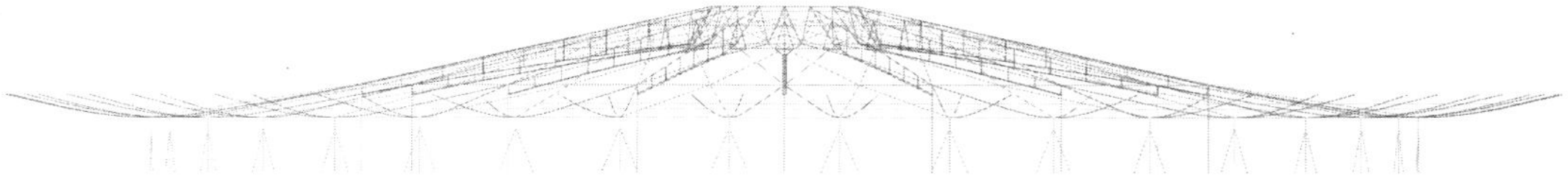

c) 钢屋盖整体结构体系

图 5.22 上海南站屋盖建筑及结构体系

由图 5.20、图 5.21 可看出，该网壳结构的弹性荷载-位移曲线呈现明显的线性特征，由于未考虑杆件材料的塑性变形，结构的屈曲平衡路径表现出显著的屈曲后承载能力。在考虑杆件材料的塑性变形后，荷载-位移曲线整体呈现极值点特性，且不具备屈曲后承载能力，特别是恒载＋半跨活载的组合，在后屈曲阶段曲线下降，表现为不稳定平衡性态。

5.4.3 上海南站大跨度钢屋盖结构的整体稳定性

1)大跨度钢屋盖结构概况

上海南站钢结构屋盖平面形状为圆形[12][13]，直径约 275m，由三部分曲面组成，外柱和顶压环之间区域为扁圆锥曲面，外径 224.0m，内径 26.0m，矢高(相对于外柱柱顶)19.187m。中央顶压环直径 26.0m，为该圆锥曲面中心部分，顶压环在主梁内端处升高 2.6m，形成一突出圆锥顶屋面，顶压环处矢高(相对于外柱柱顶)24.28m。外柱以外边缘悬挑 25.567m，形成边缘上翘的圆环曲面。该屋盖的建筑造型及钢结构体系见图 5.22 所示。

该屋盖结构下设两圈支柱，内圈柱分布在直径为 152.0m 的圆周上，共 18 根 ϕ650mm 的钢管混凝土柱。外圈柱分布在直径为 224.0m 的圆周上，共 36 根 ϕ800mm 的钢管混凝土柱，外柱沿圆周向两侧设有从柱顶到地面的斜向拉索，以提高柱子的侧向稳定。

结构主梁共 18 根，沿结构平面射线方向(径向)与内柱以同样方式均匀对称布置。梁的外形(平面形状)为二次分岔的 Y 型梁，分岔点均位于内、外柱支点处。梁的截面形式为沿轴线变截面(变截面尺寸但不变形状)的橄榄型薄壁闭口截面，材料为 Q345。同时，主梁在内柱以内部分均设有下弦预应力钢棒和刚性撑杆，如图 5.23 所示。

屋面檩条为钢管，连接于橄榄型主梁截面的中线上，檩条径向间距为 3.832m，如图 5.22b)。在半径分别为 28.045m、46.699m、76.000m(内柱处)和 112.000m(外柱处)处的檩条，同时作为屋盖结构体系中的联系构件，与梁间 X 形钢棒索一起形成屋面支撑，故称之为主檩条，如

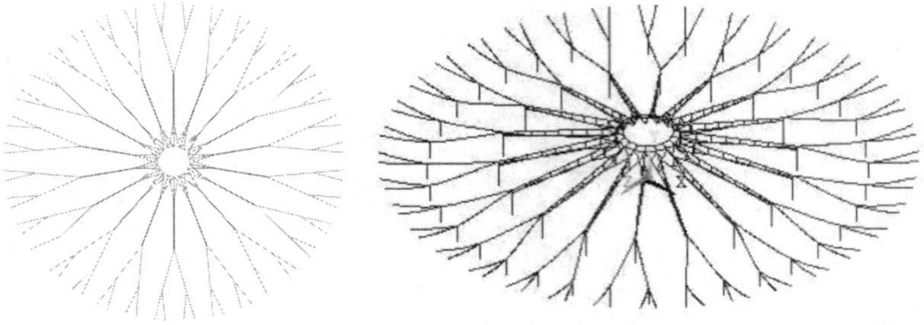

a)屋盖结构径向主梁系

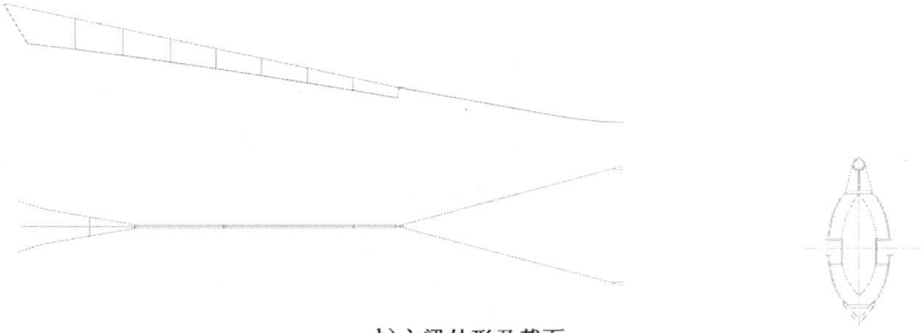

b)主梁外形及截面

图 5.23　屋盖结构径向主梁布置及其构造

图 5.24a)所示。主檩条处同时设有加强系杆,以提高其刚度。

屋盖主梁间除檩条外,另设有 4 道 X 形预应力钢棒索。X 型钢棒索的布置范围为第 1 道(半径 28.045m)和第 4 道(半径 112.0m)主檩条之间区域,梁间的预应力钢棒索均为 Y 型主梁分岔点处分支梁的反向延伸,如图 5.24b)所示。

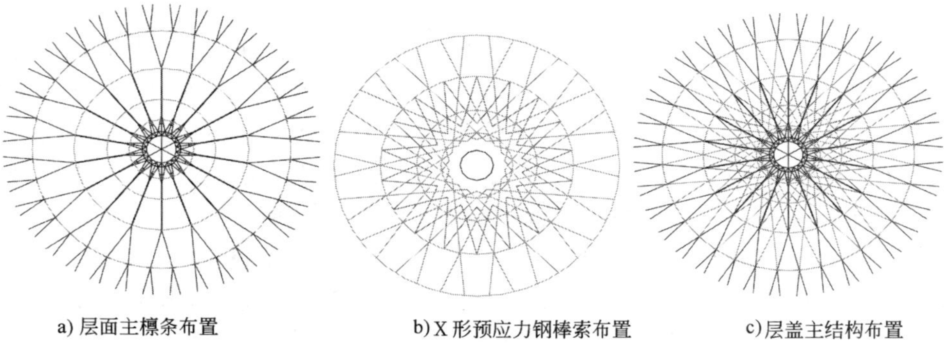

a) 层面主檩条布置　　b) X 形预应力钢棒索布置　　c)层盖主结构布置

图 5.24　屋盖结构径向主梁布置及其构造

屋盖主梁均径向铰支于内、外圈两排柱顶,结构中央的顶压环放置在主梁的内悬臂端,将主梁梁端连接在一起。为了减小由于温度变化引起的柱内弯矩,在外柱与主梁连接处中设置了弹簧连接。

屋面恒荷载标准值为 1.3kN/m^2,屋面活荷载标准值为 0.3kN/m^2,基本风压为 0.55kN/m^2。限于篇幅,本节仅给出 1.0×恒载+1.0×活载组合作用下,该屋盖结构的整体稳定性分析结果。

2)屋盖结构的线性整体稳定性分析

屋盖结构整体稳定分析初步计算模型包括主檩条、屋面支撑及节点弹簧[13]，所有主索预应力均取为100MPa。对该屋盖结构进行线性整体稳定数值计算，得到的前81阶线性整体稳定临界荷载系数列于表5.4，3个代表性的屈曲模态示于图5.25。

1.0×恒载+1.0×活载组合作用下的线性屈曲临界荷载系数 λ_{cr1} 表5.4

模态	Mode 1	Mode 2	Mode 3	Mode 4	Mode 5	Mode 6	Mode 7	Mode 8	Mode 9
λ_{cr}	3.987	3.988	4.167	4.170	4.170	4.176	4.214	4.216	4.218
模态	Mode 10	Mode 11	Mode 12	Mode 13	Mode 14	Mode 15	Mode 16	Mode 17	Mode 18
λ_{cr}	4.218	4.223	4.223	4.230	4.230	4.232	4.232	4.233	4.233
模态	Mode 19	Mode 20	Mode 21	Mode 22	Mode 23	Mode 24	Mode 25	Mode 26	Mode 27
λ_{cr}	4.234	4.236	4.233	4.242	4.242	4.243	4.245	4.245	4.245
模态	Mode 28	Mode 29	Mode 30	Mode 31	Mode 32	Mode 33	Mode 34	Mode 35	Mode 36
λ_{cr}	4.246	4.246	4.246	4.247	4.247	4.247	4.247	4.247	4.247
模态	Mode 37	Mode 38	Mode 39	Mode 40	Mode 41	Mode 42	Mode 43	Mode 44	Mode 45
λ_{cr}	4.964	4.974	4.974	4.984	4.985	4.988	6.057	6.074	6.074
模态	Mode 46	Mode 47	Mode 48	Mode 49	Mode 50	Mode 51	Mode 52	Mode 53	Mode 54
λ_{cr}	6.104	6.104	6.122	6.342	6.381	6.381	6.452	6.452	6.486
模态	Mode 55	Mode 56	Mode 57	Mode 58	Mode 59	Mode 60	Mode 61	Mode 62	Mode 63
λ_{cr}	7.338	8.569	8.569	9.836	9.836	10.264	10.327	10.327	10.452
模态	Mode 64	Mode 65	Mode 66	Mode 67	Mode 68	Mode 69	Mode 70	Mode 71	Mode 72
λ_{cr}	10.453	10.572	11.519	12.185	12.185	12.189	12.362	12.363	12.946
模态	Mode 73	Mode 74	Mode 75	Mode 76	Mode 77	Mode 78	Mode 79	Mode 80	Mode 81
λ_{cr}	12.946	13.619	13.619	13.633	13.807	13.866	13.870	13.871	13.874

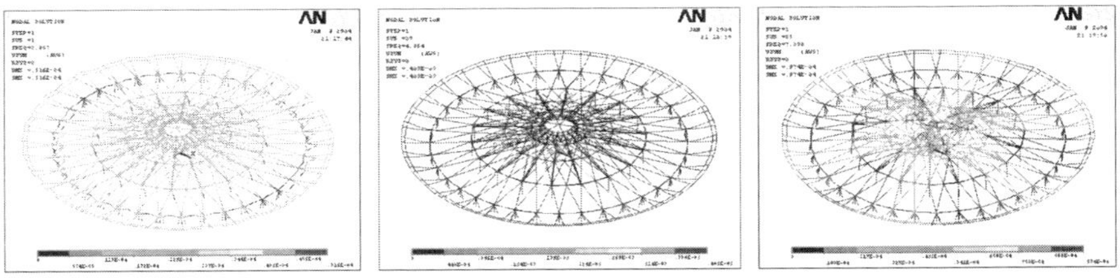

a)第1阶线性屈曲模态　b)第37阶线性屈曲模态　c)第55阶线性屈曲模态

图5.25 屋盖结构屈曲模态

数值分析结果表明，在1.0×恒载+1.0×活载的荷载组合作用下，结构的前36阶线性屈曲荷载系数非常接近，且屈曲模态近似，均为外柱柱顶弹簧的径向屈曲变形，结构的第1阶屈曲模态见图5.25a)；从第37阶到第54阶，结构的屈曲模态为主檩条的屈曲变形，第37阶屈曲模态见图5.25b)；从第55阶开始，屋盖结构才出现了主梁的整体性屈曲变形，且仅出现在顶压环区域，结构的第55阶屈曲模态见图5.25c)。

由结构屈曲变形的特征可知，前36阶均为局部屈曲变形，出现在外柱柱顶弹簧上，该弹簧设计上的作用是释放温度变形，因而，其刚度相对于主要受力构件如主梁显然要小得多，但结构环境温度是有限的，因此，该变形也是受限的，不可能任意发展。此后出现屈曲变形的是主檩条，虽然主檩条不属于主要受力构件，失稳后不会导致结构的整体失效，但其失稳仍然会影响结构的空间整体性，可将该失稳模态作为结构失稳的模态，但显然是保守的。由此可见，屋盖结构的前36阶局部屈曲变形，不会发生失稳传播，不影响屋盖结构的整体稳定性，如果依次局部屈曲来判定结构的整体稳定性，显然是过于保守，也没有必要为此加强这些部位。因而，应该对验算屋盖结构整体稳定性的计算模型进行简化或修正，过滤不影响整体稳定性的局部屈曲模态，使得线性整体稳定分析得到的初始模态为整体屈曲模态或影响整体稳定性的局部屈曲模态。

根据屋盖结构初步模型整体稳定计算结果，对该屋盖力学模型进行修正和优化[13]，具体方法为：在整体稳定计算模型中删去柱顶弹簧，调整钢棒索预应力。调整后的最优预应力组合列于表5.5。

调整后的最优预应力组合(单位：MPa)　　表5.5

	最外环	次外环	次内环	最内环	外柱斜索 A	外柱斜索 B
最优预应力组合	40.0	90.0	100.0	160.0	30.0	130.0

对修正后屋盖结构计算模型进行线性整体稳定数值计算，得到的前36阶线性整体稳定临界荷载系数列于表5.6，3个代表性的屈曲模态示于图5.26。

1.0×恒载+1.0×活载组合作用下的线性屈曲临界荷载系数 λ_{crl}　　表5.6

模态	Mode 1	Mode 2	Mode 3	Mode 4	Mode 5	Mode 6	Mode 7	Mode 8	Mode 9
λ_{cr}	4.722	4.722	4.753	4.778	4.778	4.843	4.843	4.885	4.885
模态	Mode 10	Mode 11	Mode 12	Mode 13	Mode 14	Mode 15	Mode 16	Mode 17	Mode 18
λ_{cr}	4.958	4.958	5.044	5.044	5.142	5.142	5.246	5.246	5.335
模态	Mode 19	Mode 20	Mode 21	Mode 22	Mode 23	Mode 24	Mode 25	Mode 26	Mode 27
λ_{cr}	5.335	5.372	6.212	6.212	8.775	8.775	9.261	9.349	9.349
模态	Mode 28	Mode 29	Mode 30	Mode 31	Mode 32	Mode 33	Mode 34	Mode 35	Mode 36
λ_{cr}	9.573	9.573	9.887	9.887	9.955	9.955	10.331	10.331	11.050

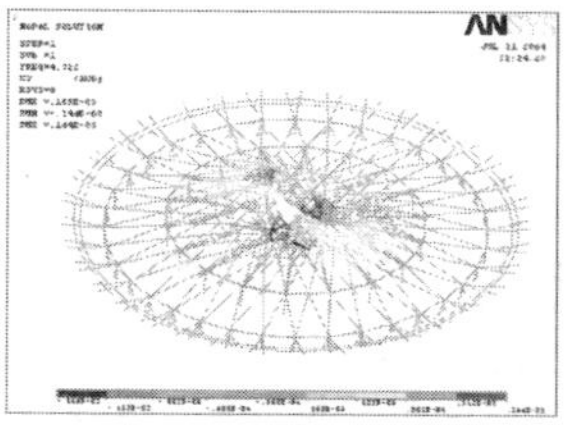
a) 第1阶线性屈曲模态

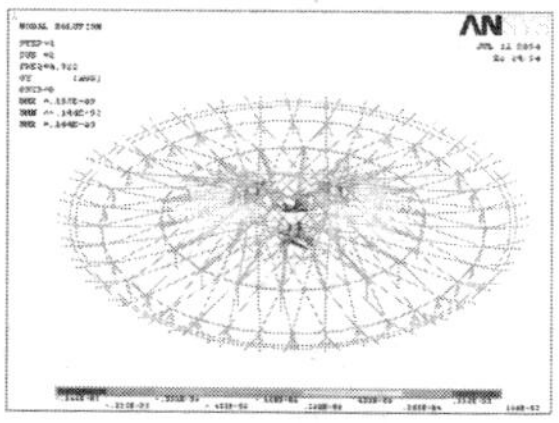
b) 第2阶线性屈曲模态

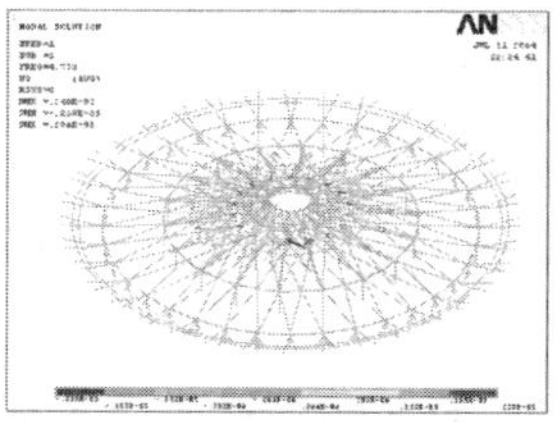
c) 第3阶线性屈曲模态

图5.26　屋盖结构屈曲模态

数值分析结果表明，调整后的结构计算模型，在 1.0×恒载＋1.0×活载的荷载组合作用下，结构的初始线性屈曲模态为出现在顶压环区域的整体屈曲模态，显然结构主梁尚未屈曲。

3)屋盖结构的非线性整体稳定性分析

屋盖结构非线性整体稳定性分析所引入的初始几何缺陷，参照现行《网壳结构技术规程》(JGJ 61—2003)按照一致模态法确定。缺陷模式为线性整体稳定分析得到的第一阶屈曲模态，几何缺陷的幅值取结构跨度 L 的$\frac{1}{300}$，即$\frac{L}{300}=0.5067\text{m}$。

采用增量迭代法对有缺陷屋盖结构进行数值分析，所得的大位移弹塑性整体稳定临界荷载系数为 4.002，结构典型节点的荷载-位移曲线及失稳变形模式示于图 5.27[13]。

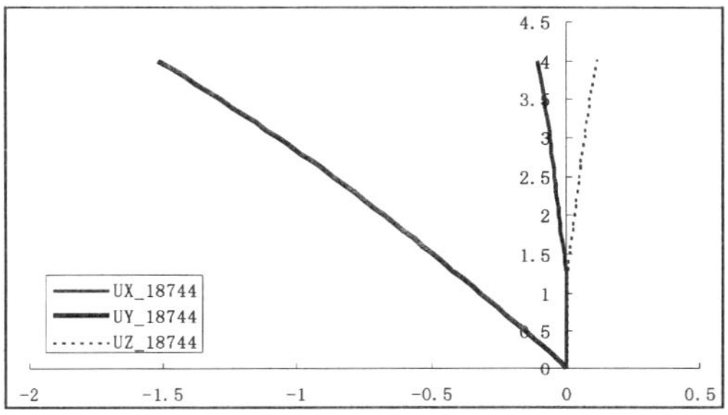

a) 关键点的荷载－位移曲线

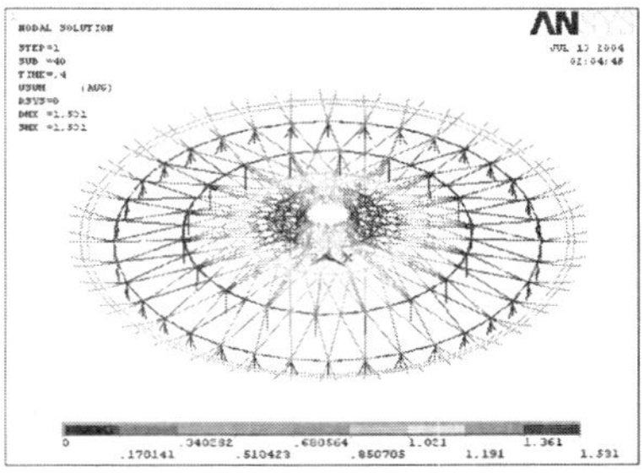

b) 结构的非线性屈曲变形模式

图 5.27　屋盖结构屈曲模态

由计算结果可知，带缺陷屋盖结构的弹塑性整体稳定临界荷载系数大于 2.0，说明在 1.0×恒载＋1.0×活载组合作用下，该屋盖结构的整体稳定性满足相关规范规定的要求。

另外，由于屋盖结构整体稳定性分析过程中主梁均未失稳，该工程特别对结构主梁稳定临界承载力进行数值计算[13]，限于篇幅，本节仅给出主梁稳定临界荷载系数。主梁在 1.35×恒载＋1.4×活载组合下的几何非线性稳定临界荷载系数为 4.66，弹塑性稳定临界荷载系数为 2.905。

5.5　提高网壳结构稳定性的措施

5.5.1　影响网壳结构整体稳定性的主要因素

影响网壳结构整体稳定性态的因素很多[9]，不同类型的因素，产生影响的方式和影响造成的效果或程度不同。要提高或改进网壳结构的整体稳定性能，就需要了解网壳结构的整体稳定性对不同因素的敏感程度，掌握了不同因素对网壳结构整体稳定性的影响机理，才能合理地探索提高网壳结构稳定性的措施。影响网壳稳定性的主要因素有：结构的初始缺陷、结构形状及曲率、网格体系及其密度、结构整体刚度、节点刚度、荷载分布模式、结构边界约束条件、结构的非线性特征。

1)网壳结构的初始缺陷

网壳结构的初始缺陷主要包括：结构外形的几何偏差、杆件初弯曲、杆件在节点处的初偏心、杆件材料不均匀、杆件的初应力、外荷载作用偏心、支座偏心等。初始缺陷的存在，可能改变网壳结构的传力机理和稳定性态，有时可能会引起力学性态性质的变化。

2)网壳曲面形状及曲率

由 5.2 节可知，具有不同曲面形状及曲率或矢跨比的网壳结构，其整体稳定性态不同，相应的整体稳定临界荷载也不同，对初始缺陷的敏感性也不同。负高斯曲面网壳整体稳定性高于正高斯曲面网壳，且对缺陷不敏感；双向曲面网壳整体稳定性高于单向曲面网壳；过于平坦的扁网壳$\left(\text{矢跨比}\frac{f}{l}\text{小}\right)$常为极值型失稳，并具有屈曲后承载能力，且对缺陷不敏感；深$\left(\text{或矢跨比}\frac{f}{l}\text{大}\right)$网壳常为分支型失稳，并不具备屈曲后承载能力，且对缺陷敏感或非常敏感。同时，大矢跨比的网壳结构易产生边界屈曲效应，即网壳结构的失稳总是首先出现于结构边界附近的区域。

3)结构构件的材料特性

结构构件材料的特性如弹性模量 E、屈服强度 f_y，直接影响结构的刚度和构件的承载能力。刚度愈小，愈易变形，也就愈易失稳；构件屈服强度愈低，受力后愈早进入塑性变形，也就愈易发生弹塑性失稳。

4)网壳的整体刚度

网壳结构的整体刚度由薄膜刚度 T 和弯曲刚度 B 组成，用等效刚度 K 表示，如式(5-2)所示。等效刚度 K 越大，网壳的整体稳定性越高。等效刚度 K 的大小，即取决于结构构件的刚度，也取决于网壳的网格体系和结构本身的厚度。

当网壳结构的曲面外弯曲刚度 B 较大时，如 5.1.2 节列出的规程[3]规定的厚跨比$\frac{h}{L}$超过一定值时，这类网壳结构可能不易发生面外弯曲变形，也就不易发生整体失稳。

5)网壳的网格体系

不同的网格体系具有不同的网壳面内薄膜刚度 T，同一网格体系不同的网格密度，网壳的面内薄膜刚度 T 也不同。因而，不同网格体系或不同网格密度的网壳，即使在杆件规格相同的条件下，将具有不同的等效刚度 K，也表现出不同的整体稳定性态，具有不同的整体稳定承载能力。

三角形网格网壳的整体稳定性高于四边形网格网壳，双层网壳的整体稳定性高于单层网壳。

6)网壳的节点刚度

节点刚度反映节点对杆件的嵌固作用，节点刚度越大，杆件越不易弯曲，则网壳的面外弯曲刚度 B 越大，等效刚度 K 越大，结构的整体稳定性越高。因而，刚性节点网壳比铰接节点网壳整体稳定性高。

7)荷载分布模式

大跨度网壳结构通常为轻型屋面结构，结构自重及恒荷载较轻，结构在使用过程中的雪荷载、风荷载对结构整体稳定性的影响较大，特别是非对称分布荷载更易诱发网壳结构，特别是单层网壳的失稳。已有实际网壳结构的倒塌，多数是由于非对称分布荷载引起的，如布加勒斯特 93.5m 的单层穹顶网壳，在非均匀分布的雪荷载作用下失稳倒塌。

8)结构边界约束条件

网壳的边界约束条件或支承条件包括:支座点的数量、支座点的布置、支座点的约束方向以及约束刚度。网壳的边界约束条件,反映基础或支承结构对网壳结构的嵌固或限制作用,边界约束刚度越大,嵌固作用越强,网壳越不易变形,结构整体稳定性越高。

研究表明,周边支承网壳的整体稳定性比点支承网壳高,周边固支网壳的整体稳定性比周边铰支的网壳高。

9)结构的非线性特征

事实上,面内薄膜刚度较大而面外弯曲刚度较小或较柔的轴向受力结构体系(如拱系结构),在横向荷载作用下,除发生面内轴向变形外也容易产生面外弯曲变形,进而导致压弯耦合效应,呈现出较强的非线性特征。正是这种较强的非线性及其压弯耦合效应,加剧了受压构件的失稳变形,导致结构过早失稳。

网壳结构的整体失稳,是其薄膜内力达到一定程度时,部分薄膜应变能向弯曲应变能突然转变的现象,或网壳的薄膜变形状态向面外弯曲变形状态突然转变的现象。大跨度网壳结构特别是单层网壳,主要以面内薄膜刚度抵抗外荷载,而面外弯曲刚度相对较小,在外荷载作用下除面内薄膜变形外也容易产生面外弯曲变形,也就容易产生构件的压弯耦合的非线性效应,进而导致更大的网壳面外变形。因此,较强的非线性特征容易诱发网壳结构的失稳。

然而,非线性特征较强的网壳结构,往往对初始几何缺陷并不敏感。

5.5.2 提高网壳结构整体稳定性的措施

根据已掌握的影响网壳结构整体稳定性的主要因素,通过分析这些影响因素的作用机理及网壳结构的敏感程度,可总结出提高网壳结构整体稳定性的适当措施。目前,可采用的具体方法有:

(1)优化网壳的曲面形状及曲率

这里的优化,是指在满足建筑造型的条件下,选择对缺陷不敏感的曲面形状和矢跨比。对于周边支承的网壳,较大矢跨比的反向曲面较为经济合理。

(2)选择合理的网格体系和网格密度

三角形网格面内刚度大;网格密度应以杆件的失稳不早于网壳整体失稳为原则;结构整体不应有明显的刚度薄弱区域。

(3)选择合理的节点连接方式

刚性节点利于整体稳定,但大矢跨比的网壳,在刚性边界节点处需要规格较大的杆件,否则可能出现显著的局部边界屈曲效应。

(4)选择合理的杆件材料

杆件材料弹性模量 E 大,网壳结构刚度大,受荷载作用变形小,整体稳定性高。另外,单层网壳结构,采用闭口截面杆件利于稳定,当采用矩形钢管时,长边应垂直于结构曲面。

(5)结构刚度分布合理

网壳结构的整体等效刚度 $K=\sqrt{BT}$ 与杆件规格、网格体系、结构层数有关。相对于薄膜刚度 T,若弯曲刚度 B 过小,则对整体稳定性不利。因而,大跨度网壳结构宜采用双层结构体系。

(6)合理的支座约束

支座约束包括:支座数量、布置方式、约束方向、约束刚度。对于大跨度网壳结构,周边支承比点支承稳定性高;树状支撑比单柱支撑稳定性高;支座约束刚度大稳定性高。大跨度网壳的支座布置应均匀,且每个主肋下均应设置支座。

(7)采用不同结构体系的组合

单一形状或单一体系的网壳结构,其传力机理或传力模式是单一的、固定的,当结构跨度较大时,难以避免出现薄弱区域或薄弱环节,否则所构造的结构将是不经济的。同时,这类单一的网壳结构,常常对缺陷是敏感的,有时对荷载的作用模式也是敏感的。在大跨度结构中采用不同结构体系的组合,可使不同结构体系扬长避短、相互支撑,充分发挥各自的优点,能够达到安全、经济的目的。如大跨度拱支网壳结构,巨型拱实质上是网壳的主肋,而相邻拱间的网壳又对拱起着侧向支撑的作用,因而,拱支网壳的整体稳定性及经济性能要比单一体系的网壳结构好。又如斜拉网壳结构,高强度钢索为网壳提供了弹性支撑,减小了结构的实际跨度,显著提高了结构的整体稳定性。

参考文献

[1] 沈祖炎等. 钢结构学. 北京:中国建筑工业出版社,2005.
[2] JGJ 61—2003 网壳结构技术规程. 北京:中国建筑工程业出版社,2003.
[3] 空间网格结构技术规程(征求意见稿). 北京:中国建筑工业出版社,2006.
[4] D. Bushnell. Computered Buckling Analysis of Shells. Kluwer Academic Publishers, 1985.
[5] 尹德钰, 刘善维, 钱若军. 网壳结构设计. 北京:中国建筑工业出版社, 1996.
[6] 沈士钊, 陈昕. 网壳结构稳定性. 北京:科学出版社,1999.
[7] 董石麟, 钱若军. 空间网格结构分析理论与计算方法. 北京:中国建筑工业出版社,2005.
[8] 杜文凤, 张惠. 空间结构. 北京:中国电力出版社,2008.
[9] 董石麟, 罗尧治, 赵阳. 新型空间结构分析、设计与施工. 北京:人民交通出版社, 2006.
[10] 刘锡良, 韩庆华, 尹越. 储罐钢网壳结构的设计评估. 2005.
[11] 潘斌. 钢结构单层网壳设计. 上海:同济大学, 2009.
[12] DS Wang, JL Zhou, S Li. Roof Structure Design of Shanghai South Railway Station. Advances in Steel Structures: ICASS 05. 2005, 11(3), 21-30.
[13] 同济大学. 上海南站正题稳定计算报告. 2004.

第6章 弦支结构的整体稳定性

6.1 弦支结构体系的分类及工程应用

弦支结构的本质，是用撑杆连接上弦受压杆件和下弦受拉杆件，通过在张拉结构的弦(通常是拉索)上施加预应力，使结构产生反挠度，从而减小荷载作用下结构的最终挠度，改善上弦杆件的负担，并且通过调整受拉构件中预应力来减小结构对支座产生的水平推力，使之成为自平衡体系。

6.1.1 弦支结构体系的分类

按照结构的不同布置方式，可以将弦支结构分为平面弦支结构和空间弦支结构。其中平面弦支结构又可以分为单向弦支结构、双向弦支结构、多向弦支结构、辐射式弦支结构等四类；而空间弦支结构主要是指弦支穹顶，同时还有弦支筒壳。

1)平面弦支结构

平面弦支结构是指结构可以拆分为多榀平面弦支构件的组合，而每榀构件都是平面的。根据各榀构件的组合方式，可以将平面弦支结构分为单向弦支结构、双向弦支结构、多向弦支结构和辐射式弦支结构四类。

(1)单向弦支结构

将数榀平面弦支构件平行布置，通过连接构件将相邻两榀平面构件在纵向进行连接，即为单向弦支结构(如图6.1)，整个结构由上弦杆件、撑杆和弦及纵向连接构件组成。

在单向弦支结构中，连接构件为各榀平面构件提供纵向支点，屋面荷载由各榀构件单向传递，整体结构呈平面传力体系；纵向连接构件往往采用高强索，并要对其施加预应力。

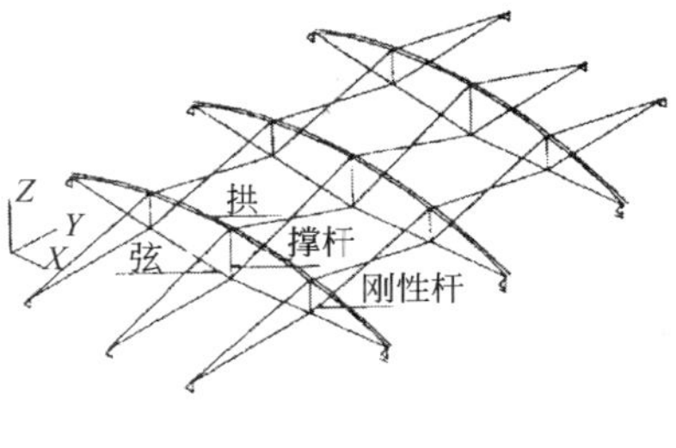

图6.1 单向弦支结构

单向弦支结构比桁架节点少，所以整体结构构造简单、运输方便、造价低。该结构较适用于矩形平面。

(2)双向弦支结构

双向弦支结构，是将数榀弦支平面构件沿纵、横向交叉布置(见图 6.2)而得，结构也是由上弦杆件、撑杆和弦组合而成。因为上弦杆件交叉连接，侧向约束相比单向弦支结构明显加强，结构呈空间传力，但比单向弦支结构节点处理要复杂。该形式较适用于矩形、圆形和椭圆形平面。

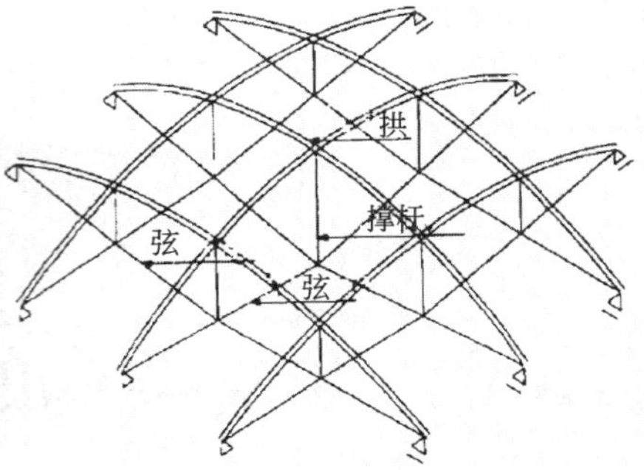

图 6.2　双向弦支结构

(3)多向弦支结构

多向弦支结构，是将数榀平面弦支结构构件多向交叉布置而成(见图 6.3)，结构呈空间传力体系，受力合理，但与单向、双向弦支结构比较，其制作更为复杂，较适用于多边形平面。

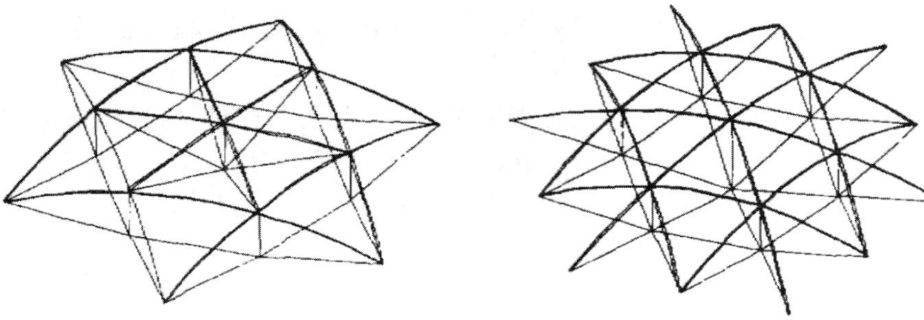
图 6.3　多向弦支结构

(4)辐射式弦支结构

辐射式弦支结构，是各榀平面弦支构件按中央辐射式放置，撑杆下端与环索或斜索连接(见图 6.4)。辐射式弦支结构具有力流直接，易于施工和刚度大等优点。

2)空间弦支结构

上述四类平面弦支结构，均是将数榀平面弦支构件按单向、双向、多向和辐射式布置形成的，其中上弦杆件多为压弯杆件(拱)。从弦支结构的定义出发，上弦杆件也可以直接采用空间结构，如网壳、网架等等。当单层球面网壳作为上弦构件时称为弦支穹顶(如图 6.5)。之所以

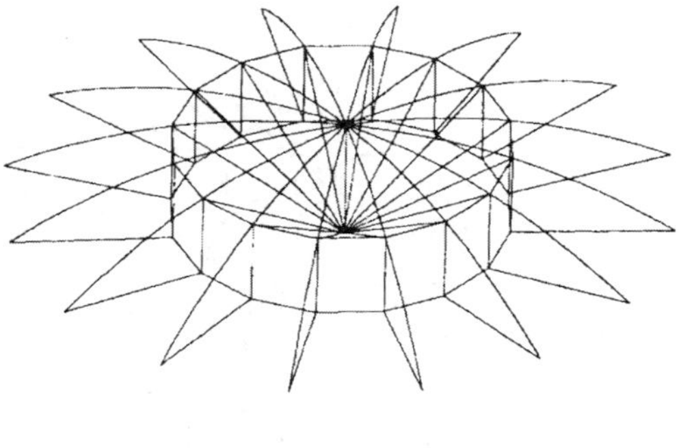
图 6.4　辐射式弦支结构

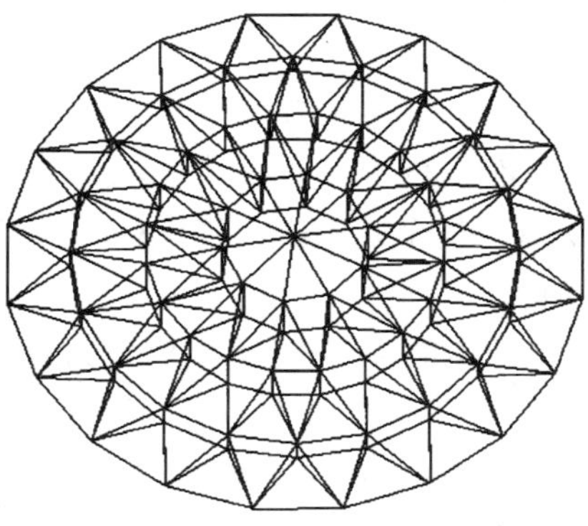
图 6.5　弦支穹顶

称弦支穹顶为空间弦支结构，是因为弦支穹顶中找不到成榀的平面弦支结构构件，整体结构呈空间受力体系，受力性能更好，刚度更大，撑杆通过斜索和环索连接。结构较适用于圆形平面。根据上层单层网壳的不同形式，弦支穹顶又可以分为以下几种。

(1)肋环型弦支穹顶

肋环型弦支穹顶，是在肋环型单层球面网壳的基础上形成的。上弦网壳是由径肋和环杆组成。在此穹顶结构下部加上撑杆及斜向、环向拉索之后，便形成肋环型弦支穹顶结构，如图 6.6 所示，主要用于中、小跨度结构。

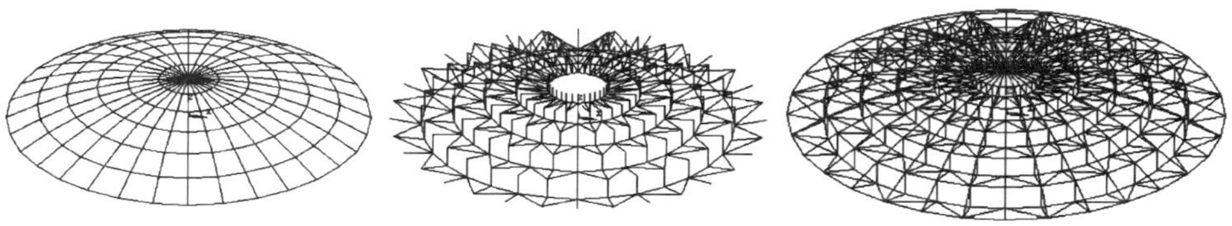

图 6.6　肋环型弦支穹顶

(2)施威德勒型弦支穹顶

这种弦支穹顶以施威德勒型网壳为基础形成。施威德勒单层球壳是肋环型单层球壳的改进形式，由径向杆、纬向杆和斜杆组成。斜杆的设置可以提高网壳的刚度，提高抵抗非对称荷载的能力。斜杆布置方法主要有：左斜单斜杆、右斜单斜杆、双斜杆及无纬向杆的双斜杆等。选用何种布置方法要视网壳的跨度、荷载的种类和大小等来确定。

对于弦支穹顶结构来说，由于其下部张拉体系部分的斜向拉索具有对称性，故采用双斜杆单层网壳作为其上部穹顶结构最为合理、美观，于是有了下面的双斜杆施威德勒型弦支穹顶的模型，见图 6.7。

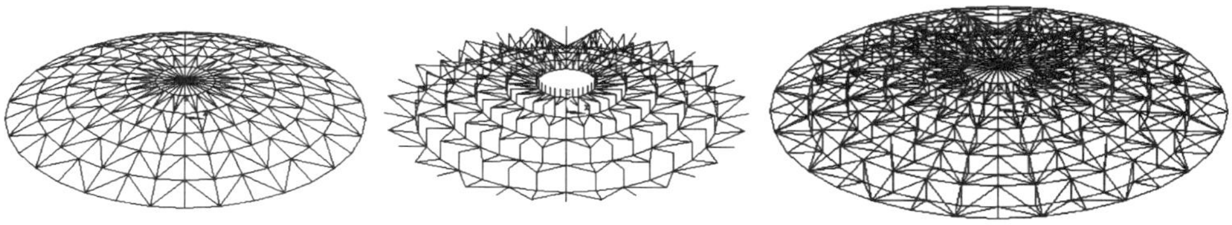

图 6.7　施威德勒型弦支穹顶

(3)联方型弦支穹顶

联方型弦支穹顶，以联方型网壳为基础形成。典型的联方型单层球面网壳是由左斜杆和右斜杆形成菱形的网格，两斜杆的交角为 30°～50°，造型优美。为了增强这种网壳的刚度和稳定性，一般都加设纬向杆件组成三角形网格。在较大的风载和地震作用下有良好的受力性能，可用于较大的跨度。

典型的联方型弦支穹顶的模型如图 6.8 所示。可以看到，当跨度增加、网格划分密集时，联方型网壳(前面提及的肋环型、施威德勒型弦支穹顶也会有此问题)会出现内外圈网格尺寸差异很大的现象，这样势必会造成杆件受力不均，规格偏多以及施工上的不便。因此，工程中常采用一种复合的凯威特-联方型单层网壳作为弦支穹顶的上层结构，以使网格尺寸相对均匀，减少了不必要的杆件，受力更合理，同时也方便施工(肋环型、施威德勒型弦支穹顶也可以采用相应的方式进行改良)。具体的模型见图 6.9。

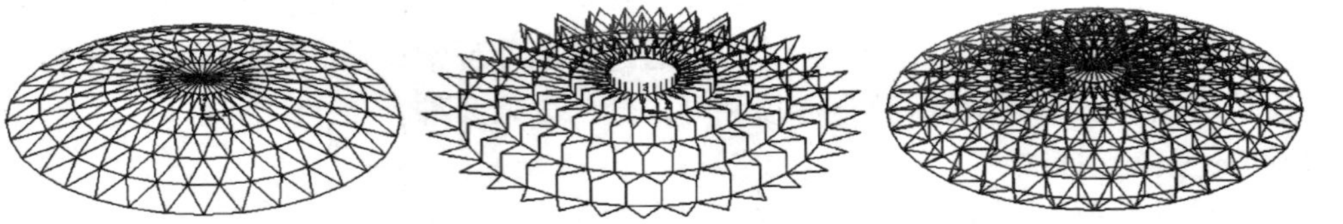

图 6.8 联方型弦支穹顶

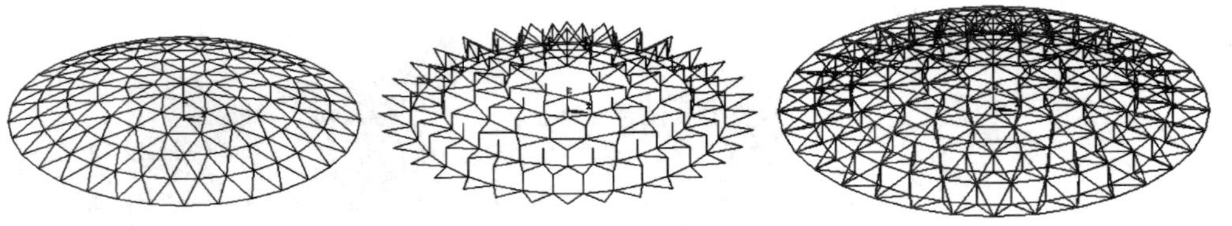

图 6.9 改良的联方型弦支穹顶

(4)凯威特型弦支穹顶

前面提到的各种弦支穹顶的网壳部分都存在网格大小不均匀的缺点，而凯威特网壳则正是为了改善这一点而诞生的。它是由 $n(n=6、8、12\cdots)$根通长的径向杆线把球面分为 n 个对称扇形曲面，然后在每个扇形曲面内，再由纬向杆系和斜向杆系将此曲面划分为大小比较均匀的三角形网格。每个扇形平面中各左斜杆平行、各右斜杆平行，故这种网壳也称为平行联方型网壳。它综合了旋转式划分法与均匀三角形划分法的优点，因此，不但网格大小均匀，而且内力分布均匀，常用于大、中跨度结构。具体的模型见图 6.10。

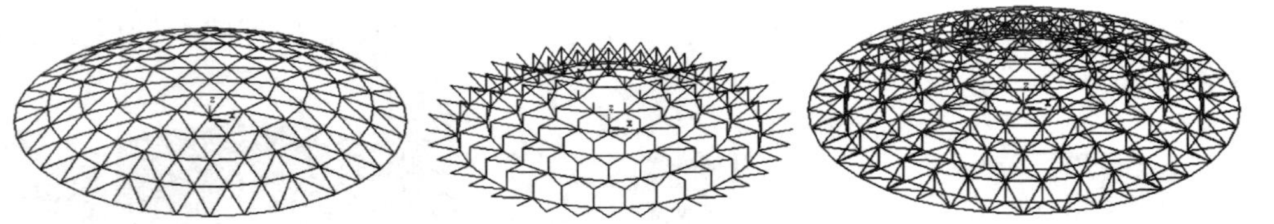

图 6.10 凯威特弦支穹顶

(5)三向网格弦支穹顶

这种网壳的网格是在球面上用三个方向相交成 60°的大圆构成，或在球面的水平投影面上，将跨度 n 等分，再做出正三角形网格，投影到球面上后，即可得到三向网格型球面网壳。这种网壳的每一杆件都是与球面有相同曲率中心的弧的一部分，其结构形式优美，受力性能较好。三向网格弦支穹顶由于其特殊的网格划分方式，使得其弦支穹顶模型较前几种有一定的不同。典型的三向网格弦支穹顶模型如图 6.11 所示。

(6)短程线型弦支穹顶

一个完整的球面可以划分为 20 个完全相同的球面三角形(等二十面体)；短程线型网壳的网格就是以这种等二十面体的球面划分为基础，然后对每个球面三角形再进行不同频数(NF)的细划分形成的。由于这一特点，短程线型球面网壳最常见的应用形式有四分之一球面(包含五个球面三角形)、四分之三球面(包含十五个球面三角形)和整球三种类型。一般屋盖中最常用的短程线型网壳大多属于四分之一球面类的，或者基本上由五个大球面三角形组成；根据跨度的大小，对每个大球面三角形进行不同频数的再分割，形成适当大小的网格。

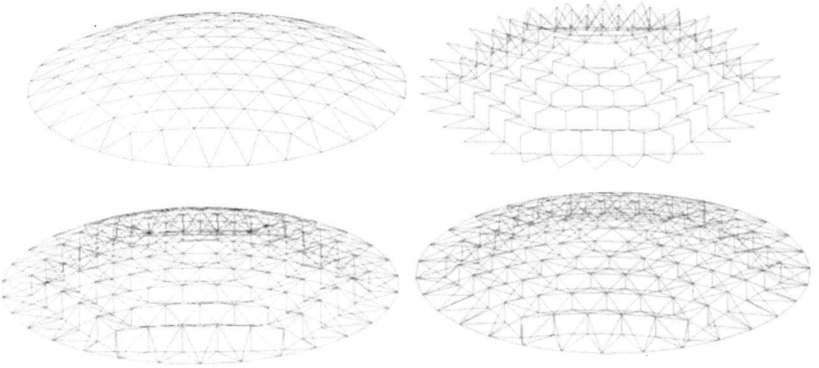

图6.11 三向网格弦支穹顶

与三向网格弦支穹顶模型类似，对于短程线型弦支穹顶，由于上面提到的划分特点，使得上弦单层网壳每圈节点的高度及距网壳中心点的距离都有所差别。这将给下部的各圈弦支层的布置带来不便。这里采取两种布置方式：第一种布置方式与前面几种常用的弦支穹顶模型一样，每个弦支层撑杆长度相同。这种布置的好处在于撑杆杆件种类较少，制造施工方便；另外，径向拉索的倾斜角度一致，每个弦支层径向拉索对上部单层网壳约束加强作用比较均匀；弦支穹顶的厚度也较为均匀。而这样布置的不利方面在于每个弦支层的环向拉索都不为水平，且倾角各不相同。作为下部张拉体系中最为主要的受力构件——环向拉索，它的受力状况将直接影响到撑杆的工作及径向索拉力的分布，这将使下部张拉体系的受力情况变得复杂。另一种布置方式则是在每个弦支层采用不同的撑杆长度，旨在保证下弦各节点的高度一致，即环向拉索保持水平，环索的受力较第一种布置更加均匀；而各个弦支层的撑杆高度及径向拉索的角度则有不同程度的变化，每个弦支层径向拉索及竖向撑杆对上部网壳的约束加强作用没有第一种布置均匀；整个结构的厚度也将不均匀。这两种布置方式的弦支穹顶模型分别见图6.12a)、图6.12b)。在此仅给出两种模型形式并提出问题，具体哪种布置方式较优亦或存在其他更有效的布置方式，还有待进一步探索并给予理论上的证明。

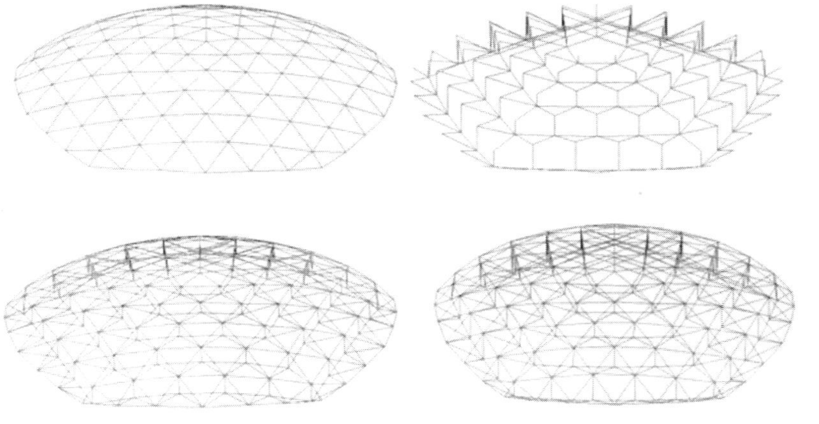

a)撑杆等长布置的弦支穹顶模型　　b)环索水平布置的弦支穹顶模型

图6.12 短程线型弦支穹顶

除此之外，当单层柱面网壳作为上层结构时就形成弦支筒壳结构。柱面网壳是工程中常用的一种网壳结构，它具有网壳结构的建筑造型优美、结构受力合理、计算设计软件成熟、加工机械化程度高等优点。但是当建筑要求结构跨度较大时，单层柱面网壳或厚度较小的双层柱面网壳由于自身平面外稳定性差，因而难以实现较大的跨度。弦支筒壳结构体系，它通过在柱面网壳的适当位置设置撑杆及拉索形成弦支筒壳结构体系，一方面由于拉索的设置，使得整体结构刚度增加，解决了单层柱面网壳或厚度较小的双层柱面网壳由于稳定性差而难以跨越较大跨度的问题；另一方面，由于筒壳部分采用单层或厚度较小的双层柱面网壳，降低了用钢量，从而结构施工难度也大大降低。同时由于拉索的设置，可以在拉索内设置预拉力，减小支座水平推力，降低下部结构设计负担。

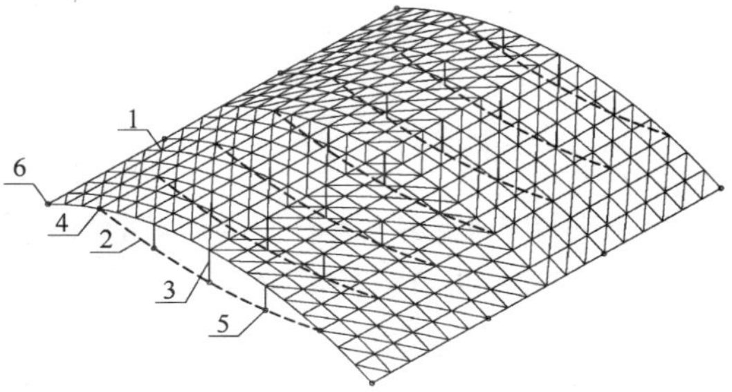

图 6.13　弦支筒壳结构示意图

1-柱面网壳；2-拉索；3-撑杆；4-锚固节点；5-转折节点；6-支座节点

弦支筒壳结构体系（图 6.13），包括筒壳、撑杆、拉索、锚固节点和转折节点。拉索通过锚固节点与筒壳连接，拉索通过转折节点与撑杆下端连接，撑杆上端与筒壳连接。筒壳可采用单层柱面网壳结构，也可采用厚度较小双层柱面网壳结构。锚固节点可设置在筒壳跨间或筒壳支座节点处。

6.1.2　弦支结构体系的工程应用

1）平面弦支结构在国外的工程应用

（1）日本五洋建筑研究所的多功能试验楼

日本五洋建筑技术研究所的多功能试验楼屋盖属于单向弦支结构，屋面覆盖材料采用膜材，平面尺寸为 22.4m×35m，将三榀张弦梁结构以 8.75m 的间距平行布置，用钢量约为 $10kg/m^2$，见图 6.14。

图 6.14　日本五洋建设研究所

（2）贝尔格莱德新体育馆屋盖

1994 年，前南斯拉夫建造的贝尔格莱德新体育馆采用的即是双向张弦梁结构形式。不过该工程中上弦采用钢筋混凝土梁，3 榀沿体育馆的纵向，4 榀沿体育馆的横向；下弦为 8 束预应力筋；在纵横向梁的 12 个交叉点处设置金字塔形的撑杆，撑杆由 4 根 35cm×35cm 的钢筋混凝土柱构成。

2）空间弦支结构在国外的工程应用

（1）日本光球穹顶

图 6.15 所示为日本东京于 1994 年 3 月建成的光球穹顶外景，图 6.16 为光球穹顶在施工中的情形。该弦支穹顶跨度 35m，建于前田会社体育馆的屋顶上，屋顶最大高度为 14m，结构总质量为 1274kg，上层网壳由工字形钢梁组成。

图 6.15 光球穹顶外景

图 6.16 光球穹顶施工中

(2)日本 Maebashi 绿色穹顶

日本的 Maebashi 绿色穹顶(Green Doom Maebashi)是一多功能大厅的屋顶,具有 2 万多座观众席,屋面呈 167m×122m 的椭圆形。由 34 个张弦梁呈辐射状布置而成,张弦梁的上弦梁构件采用桁架(桁架的上弦和下弦均采用 H 型钢),梁的高度为 2.1m,下弦为钢缆,用钢量 135kg/m^2,穹顶自重为 2.4kN/m^2。

3)平面弦支结构在国内的工程应用

(1)上海浦东国际机场航站楼屋盖

上海浦东国际机场航站楼屋盖张弦梁的上、下弦均为圆弧形,其上弦由三根平行方钢管组成,中间主弦为 400mm×600mm 焊接方管,两侧副弦为 300mm×300mm 方管,由两个冷弯槽钢焊成,主副弦之间由短管相连;腹杆为圆钢管。张弦梁纵向间距为 9m,通过纵向桁架将荷载传给倾斜的钢柱或直接支承在混凝土剪力墙上。钢柱为双腹板工字柱,按 18m 轴线间距成对称布置,见图 6.17。

图 6.17 上海浦东国际机场航站楼屋盖外景图

(2)北京安福大厦中厅屋盖结构

北京安福大厦中厅屋盖结构,采用平面尺寸为 50.4m×16.8m 的双向张弦梁结构体系。张弦直梁的上弦截面为 400mm×250mm×12mm×20mm 箱形梁,撑杆采用 ϕ140×10 圆钢管,撑杆与上弦梁铰接;下弦索横向采用 ϕ30 钢索,纵向采用 ϕ10 钢索;桁架上下弦采用 400mm×250mm×12mm×20mm 箱形截面;腹杆采用 150mm×6mm 方钢管。考虑两榀桁架的支撑条件不同，在桁架的上下弦端部设置水平支撑，结构布置见图 6.18。

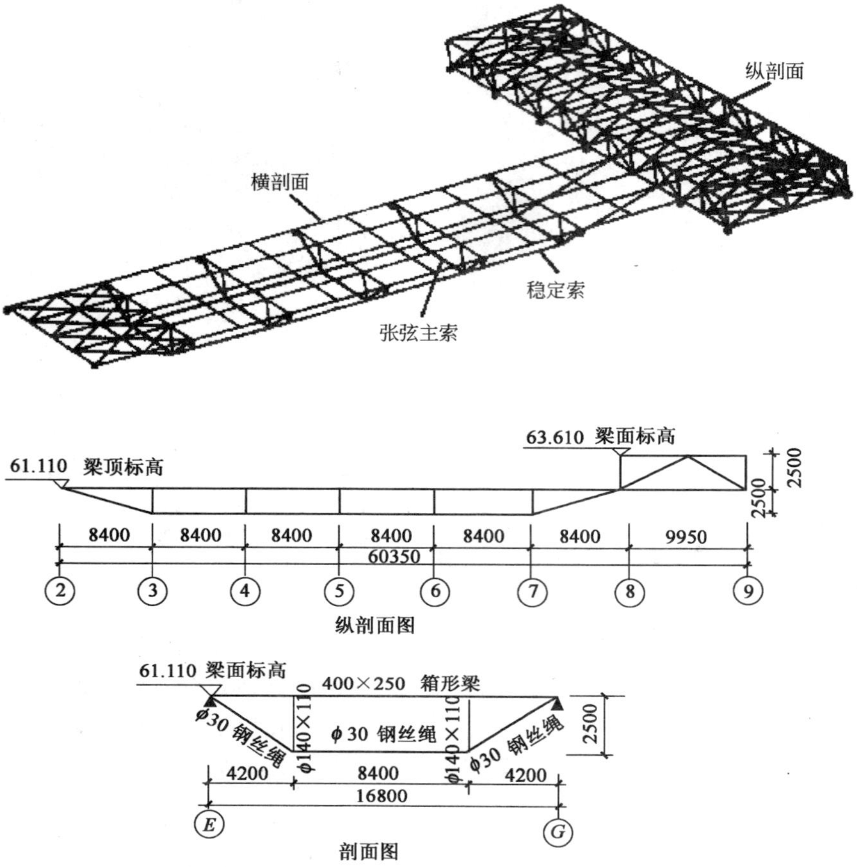

图 6.18　北京安福大厦中厅屋盖结构布置图(单位:mm)

(3)塘沽农用机库屋盖

天津市塘沽农用航空服务站机库工程(图 6.19)屋面采用弧形造型，平面投影为 4 个平行四边形。该工程平面长 106m，宽 21m，最高处标高 15m，中间设有 4 个 24m×21m 的飞机库。

图 6.19　机库效果图

根据建筑造型，屋面为弧形，结构跨度 21m，两边悬挑部分最大为 4.775m，在悬挑最大处设置圆钢管柱进行支承。因此，屋面承重体系选用张弦梁结构，根据建筑造型张弦梁布置间距为 2m；由于纵向柱距 24m，因此在柱顶设置跨度 24m 托架以支承张弦梁结构；结构布置见图 6.20 所示。

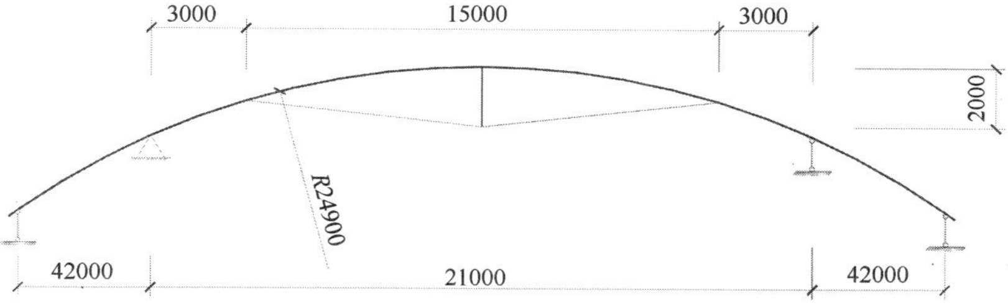

图 6.20 结构布置图(单位：mm)

(4)天津消防所研究基地雨棚

公安部天津市消防研究所南河试验基地工地消防通道雨棚为钢结构，平面尺寸 16m×6m，采用了两榀弦支梁结构体系，索垂度 1.2m。图 6.21 为结构效果图，图 6.22 为建成外景图。

图 6.21 为结构效果图

图 6.22 建成外景图

(5)迁安会展中心弦支梁结构体系

迁安文化会展中心屋盖为张弦梁钢结构，张弦梁跨度 48m，梁间距 8m，张弦梁屋盖最高点标高 21.098m。图 6.23 为施工中的弦支梁结构。

图 6.23 迁安会展中心弦支梁结构体系

(6)黄河口物理模型试验厅

黄河口物理模型试验厅位于山东省东营市胜利大街，为黄河口模型试验基地内的主要建筑。黄河口模型试验厅效果图如图 6.24 所示。

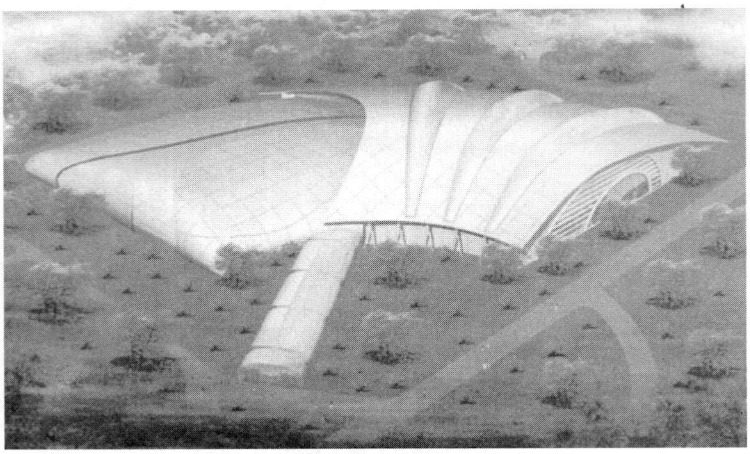

图 6.24　黄河口模型试验厅效果图

整个建筑由海域厅 A、海域厅 B 及河道厅三部分组成。河道厅屋盖采用螺栓球节点网壳；海域厅 A、B 屋盖为扇形三维曲面焊接球节点网架，外圆弧半径 232m，内圆弧半径 84m，跨度 148m，圆心角为 98°，靠近河道厅一侧较高。海域厅 B 屋盖由九榀径向主桁架及环向次桁架组成，其中一榀主桁架安装在钢筋混凝土柱上，其余八榀为张弦网架，跨度为 148m。施工现场见图 6.25。

图 6.25　黄河口模型试验厅施工现场

(7)天津宁发花园东苑四季厅屋顶

天津宁发花园东苑四季厅屋顶，采用辐射式弦支结构，平面直径为 12.6m，屋顶为圆形，每榀跨度 12.6m。结构屋顶平面图如图 6.26 所示，索平面图如图 6.27 所示，剖面图如图 6.28 所示。

除此之外，国内还有北京金融街 F7/9 工程中厅、上海浦东源深体育馆、南京会议展览中心、金融街 F3 钢结构屋架、北京农业生态试验基地配套工程温泉区、北京凯晨广场、奥体中心综合训练馆、涿州职工活动中心、南京紫峰大厦幕墙张弦梁、大连周水子国际机场航站楼等采用单向弦支结构。北京大学 2008 奥运会乒乓球馆、中国石油大厦工程、上海虹桥国际机场扩建工程、农行天津培训学院、南山集团近海岸会议中心、厦门会展中心二期采用双向、辐射式弦支结构。

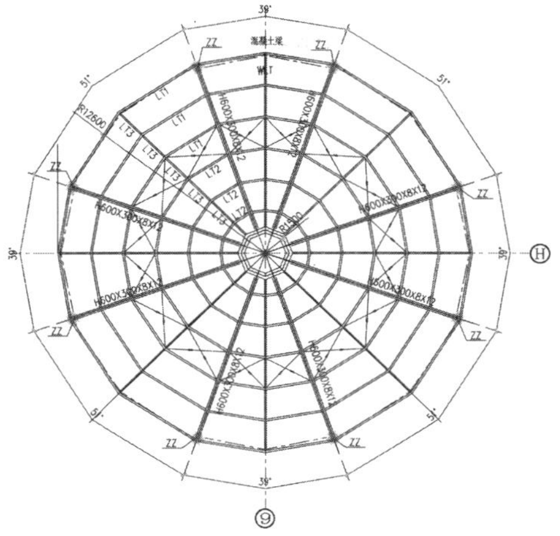

图 6.26　屋顶平面图

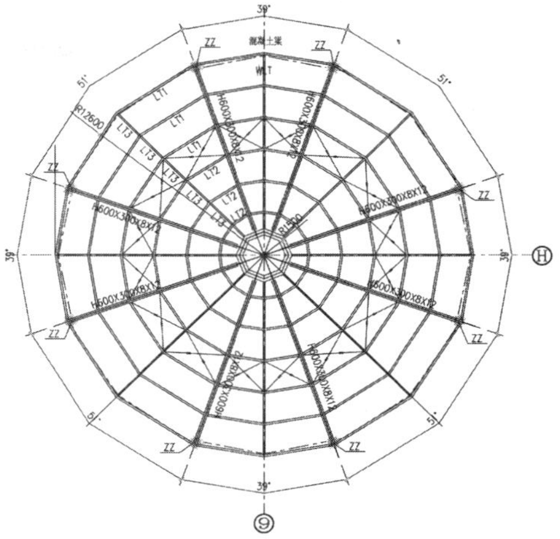

图 6.27　索平面图

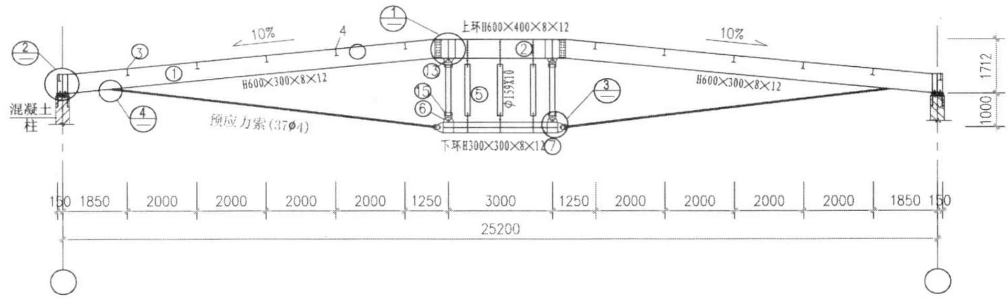

图 6.28　剖面图

4)空间弦支结构在国内的工程应用

(1)天津市保税区国际商务中心大堂屋盖

天津保税区商务中心大堂屋盖弦支穹顶直径 35.4m,周边支承于沿圆周布置的 15 根钢筋混凝土柱及柱顶圈梁上。上层单层网壳部分采用联方型网格,沿径向划分为 5 个网格,外圈环向划分为 32 个网格,到中心缩减为 8 个。图 6.29、图 6.30 分别为施工中和建成后的结构。

图 6.29　屋盖施工中

图 6.30　屋盖建成外景图

(2)天津博物馆贵宾厅屋盖

天津博物馆贵宾厅屋盖采用刚性弦支穹顶结构体系，跨度 18.500m，矢高 1.284m，结构采用焊接球节点。屋盖结构简图如图 6.31 所示、屋盖施工现场如图 6.32 所示。

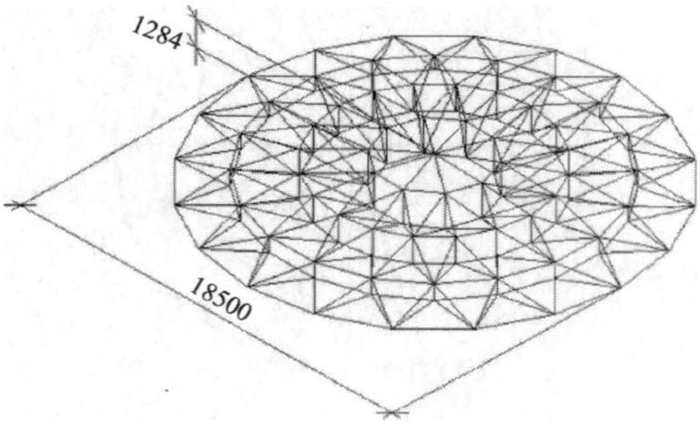

图 6.31　屋盖结构简图

图 6.32　屋盖施工现场

(3)茌平体育中心体育馆屋盖

茌平体育馆屋顶为部分球面外形，底面直径约为 110m，底面标高约 14.0m，曲面顶点标高约 40.85m。屋面结构体系经过优化比较分析后，优先选用弦支穹顶结构体系，并与屋面顶部的两个空间曲线斜拱形成整体结构体系，空间曲线拱最高点截面中心标高 45.5m。两个空间曲线拱直接落地，屋盖结构支承在混凝土柱上，如图 6.33、图 6.34 所示。

图 6.33　茌平体育中心体育馆屋盖效果图

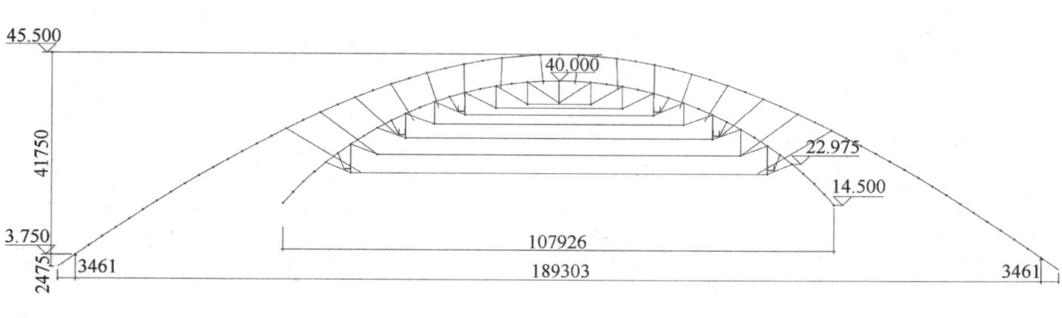

图 6.34　茌平体育中心体育馆结构布置图(单位：mm)

(4)济南奥体中心体育馆屋盖

济南奥体中心体育馆屋盖部分跨度122m，矢高12.2m，采用弦支穹顶结构，是目前世界上已建的最大跨度弦支穹顶结构。此工程弦支穹顶结构网壳部分为凯威特型和葵花型内外混合型布置，弦支部分为设置三道环索的肋环型布置。整个弦支穹顶结构支承于周边混凝土圈梁上。体育馆主馆建成后如图6.35、图6.36所示。

图6.35 体育馆主馆外景图

图6.36 体育馆主馆建成后内景

除此之外，安徽大学体育馆、常州体育会展中心体育馆、三亚体育中心体育馆、金沙遗址博物馆也采用弦支穹顶结构。

(5)辽宁营口纺织厂钢结构屋盖

辽宁营口纺织厂车间部分的屋盖为筒壳形钢结构，长408.5m，跨度为50m。屋盖钢结构被分为独立的四段，每段之间间隔0.8m。屋顶结构中心线标高为14.9m，支座处的标高为10.6m，下弦索最低点的标高为9.9m。屋盖选用弦支筒壳结构，这种结构由上层的单层网壳、中间撑杆和下部拉索构成，是一种高效的结构体系。屋盖剖面图和建筑效果图见图6.37和图6.38。

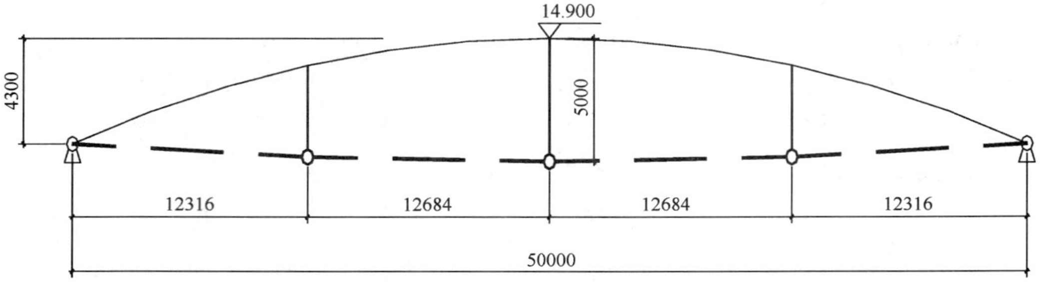

图 6.37　屋盖剖面图(尺寸单位:mm)

图 6.38　建筑效果图

6.2　弦支结构整体稳定性分析与评定方法

6.2.1　平面弦支结构整体稳定性分析

平面弦支结构的稳定性分析可以分两个阶段:一是初始阶段,二是荷载作用阶段。在初始阶段(初始态),由于下弦索预应力的作用,使结构整体向上拱起或是出现出平面的位移,从而使结构出现失稳。在荷载作用下,整个结构产生向下的位移(挠曲),当位移过大时,整个结构可能出现平面内或平面外的失稳现象。此外,作为结构的单个构件的上弦压杆及撑杆,都可能由于压力过大出现平面外或平面内的失稳。

1)平面弦支结构平面内整体稳定性理论分析

(1)基本假定

本节根据平面弦支结构的受力特点,建立其稳定分析的简化模型。平面弦支结构简化模型的主要问题是对下弦索的简化。首先,由于索的张力远大于索的自重,因此,可忽略自重影响,这样索单元的变形曲线可简化为直线。此外,在实际结构中,下弦索与撑杆的连接并非象折线索的理想模型一样可在转折出忽略摩擦力的影响。事实上,下弦拉索与撑杆连接处往往通过穿心钢球扣紧钢索,不允许其自由的滑动,所以可将索的两端视为不可滑动的固定端。综上所述，平面弦支结构的下弦各索段，可用只受拉不受压的铰接杆单元来模拟，下弦索和撑杆的连接简化为铰接。

此外，对平面弦支结构进行稳定分析时作如下假定：

①平面弦支结构的上弦构件为拱形构件，截面为实腹型；上弦构件为空间桁架可用等效刚度法转化为实腹式。

②平面弦支结构的上弦构件始终为弹性构件。

③竖向撑杆的刚度远远大于索的抗拉刚度。

④不计索自重的影响，索的变形曲线为直线；索只承受拉力，不承受弯矩和压力。

⑤索与撑杆的连接为固定铰连接，索与撑杆之间不产生自由滑动，撑杆与上弦拱连接同样为铰连接。

由以上假定，可以将平面弦支结构简化为如下的计算模型(图6.39)。

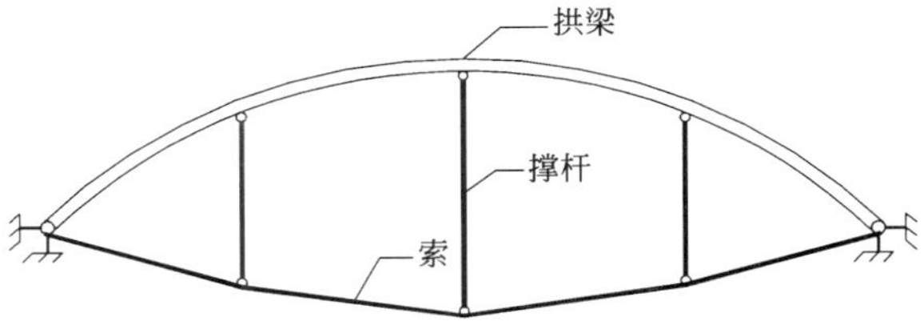

图6.39 计算模型

(2)模型建立及进一步简化

平面弦支结构中的竖向撑杆，对上弦刚性构件起支撑作用。由于拉索的拉应力大，且截面的面积小，索的变形远远大于上弦构件的变形。因此，可将撑杆简化为若干有弹性系数的弹性支撑。弹性系数 K，可根据分析的状态确定，不同的分析状态，确定的方法不同(详细分析见下文)。同时，由于荷载作用，结构在横向有位移，因此，原结构可简化为图6.40所示的模型，作为稳定分析的简化模型。

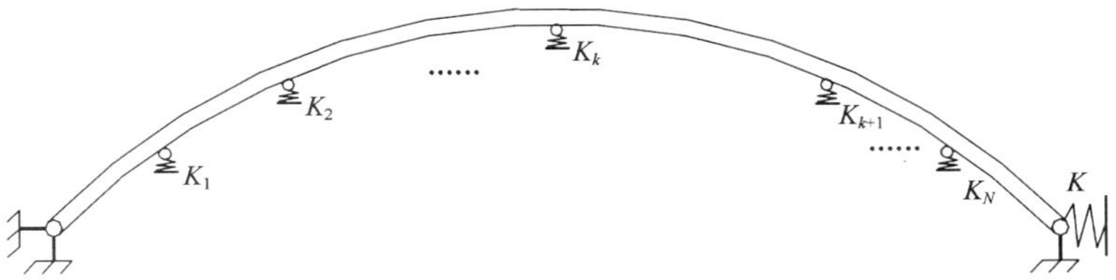

图6.40 张弦梁结构平面内稳定分析简化模型

(3)平面弦支结构稳定分析简化模型中系数 K 的确定

①不考虑索的几何非线性时系数 K 的确定

在不考虑索的几何非线性的情况下，撑杆对上弦的刚性构件起到弹性支承的作用，中间弹性支撑的数目即是竖向撑杆的数目。弹性系数 K_i 由以下的方法近似确定。

由第3条假定，竖向撑杆的刚度远大于拉索的刚度，因此，索杆节点的位移由下弦索变形引起。又因为平面弦支结构上弦的刚度较大，所以，可以将其简化为固定界面，如图6.41所示。撑杆的刚度系数近似地由图6.42所示的计算简图来确定。

若求 K_i 的值，可将上述结构中 K_i 相对应的竖向撑杆去掉，代之作用一竖向的力，如图6.42。求得图6.41中结构 i 处的竖向位移，即为该处的柔性系数 f_i，则弹性系数 $K_i=\dfrac{1}{f_i}$，即假定在 $P_i=1$ 作用下 i 处的竖向挠度为 f_i。由于竖向撑杆的刚度大而内力小，其他撑杆的下端竖向位移近似为零。

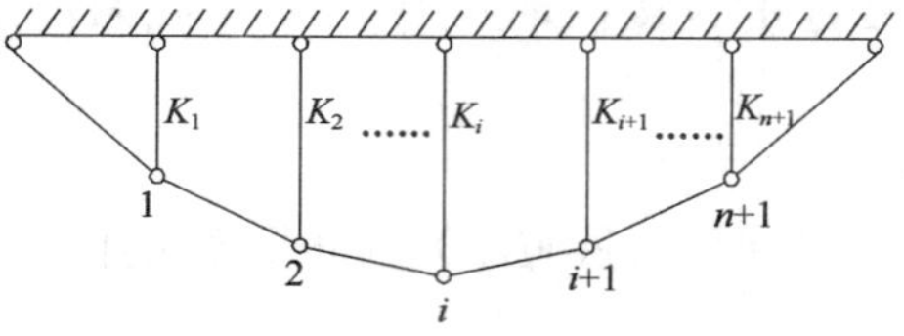

图 6.41　求解弹性系数模型

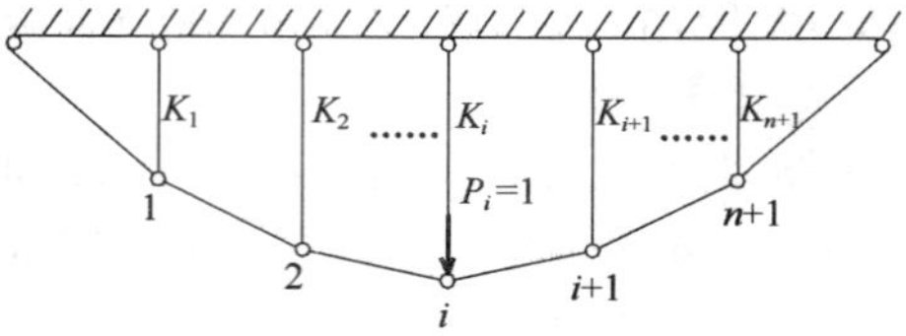

图 6.42　计算简图

②考虑索的几何非线性时系数 K 的确定

在考虑索的几何非线性的情况下，由于索受力较大且变形呈现非线性变化，此时撑杆对于上弦刚性拱的支承的弹性系数将不再是常数，将随索的几何非线性的变化而变化。考虑索的几何非线性的前提下，可通过图 6.41 的简化模型来推导系数 K。此时，结构在单位力 $P_i=1$ 的作用下的位移，可以通过索的位移来确定，和 i 点相连接的索长度分别为 L_1 和 L_2，索的位移分别为 d_1 和 d_2。考虑索的几何非线性，其应力和应变关系为

$$\varepsilon_1=\frac{d_1}{L_1}+\frac{1}{2}\left(\frac{d_1}{L_1}\right)^2 \tag{6.1}$$

$$\varepsilon_2=\frac{d_2}{L_2}+\frac{1}{2}\left(\frac{d_2}{L_2}\right)^2 \tag{6.2}$$

式中，d_1 和 d_2 分别为索的位移。

当不计索面积的变化时，由于应力和应变的线性关系，可得

$$\frac{E_1A_1}{L_1}\left(1+\frac{d_1}{L_1}\right)d_1=T_1 \tag{6.3}$$

$$\frac{E_2A_2}{L_2}\left(1+\frac{d_2}{L_2}\right)d_2=T_2 \tag{6.4}$$

T_1 和 T_2 可以用单位力来表达，从而进一步确定索的位移 d_1 和 d_2。索的位移确定后，在单位力作用下 i 的位移即可以确定，因此，系数 K 可以确定。

按照设置初参数的方法，对结构稳定性进行分析，可以求得结构的极限荷载以及相应的屈曲形式。

2）平面弦支结构平面内整体稳定性有限元分析

平面弦支结构的整体稳定性分析，通常采用有限元法。相关研究表明，平面弦支结构在荷载态分析时，考虑几何非线性效应的分析结果和线性分析结果非常接近，该类结构荷载态分析符合小变形的假定，可以不考虑几何非线性的影响。对于跨度较大的平面弦支结构，出于对上弦构件放样尺寸精确性的考虑，建议考虑几何非线性的效应，因此，需要采用非线性有限元方法进行分析。对于上弦构件，如果为实腹式或格构式构件，一般定义为梁单元，如果上弦构件为桁架，通常将桁架中的杆件定义为杆单元；当结构中仅存在竖向撑杆时，一般下弦拉索与撑杆的节点为固定铰，即不允许拉索滑动。因此，结构分析时索在节点处分段，每段按直线索单元模拟。有时，平面弦支结构的腹杆设置，像普通桁架一样采用交叉腹杆，且拉索可以绕下弦节点滑动，这时下弦拉索应该按折线索单元处理。对于撑杆，一般按杆单元处理。

3）平面弦支结构平面外稳定分析

对于空间无侧向支撑的平面弦支结构，其平面外稳定性分析模型可以不考虑撑杆和索的影响，按照拱的平面外稳定性分析方法进行分析，其计算长度为整个跨度。对于有侧向支撑的

结构，可以将其计算长度取支撑间的长度，其计算方法同无侧向支撑一样。

4)平面弦支结构撑杆的稳定性

讨论张弦结构撑杆的稳定性，在此以平面张弦结构作为对象。撑杆的上端连接于刚性的上弦梁腹部，其节点在平面内一般设计为铰接；在平面外，根据连接构造的不同，可能是铰接或者略带转动刚度的近似铰接。撑杆的下端同拉索连接，为双向铰接。

撑杆是两侧拉索支承下的轴心压杆。拉索对撑杆的作用有两个：

①提供撑杆在平面内、平面外的弹性刚度；

②对撑杆施加了一定的轴向荷载。

因此，撑杆可以看成是含有平移弹性约束的轴心压杆。压杆的屈曲可分为两种：压杆自身的弯曲屈曲及结构的侧移屈曲。对于自身弯曲屈曲，即所谓构件失稳，压杆在轴线荷载(合力)下的计算长度系数为1；对于侧移屈曲，需要从包含弹性支承(拉索)的整体结构大挠度分析中判断。两种屈曲均需要在结构大挠度整体分析的过程中完成。

撑杆的稳定性问题，是一般情况下两端铰支杆在大变形结构中的稳定性问题，可以同时通过整体结构稳定性验算及撑杆自身弯曲稳定性验算进行分析。其分析过程可大致分为以下几个步骤：

①根据组合荷载的分布，施加整体结构的初始缺陷(扰动荷载或结构缺陷)；

②进行组合荷载分布模式下结构的荷载-位移全过程非线性计算，得到荷载峰值；

③根据整体结构计算得到的撑杆的最大轴向荷载，进行构件稳定验算，包括撑杆自身稳定性验算，其计算长度系数取1.0。

值得注意的是，由于在前面的压杆稳定性分析中只考虑弯曲屈曲变形，而实际工程中根据构件的类型，不能排除发生扭转屈曲或弯扭屈曲的可能，因此，在撑杆或其他受压构件的稳定验算时，除了按照计算长度系数为1.0验算弯曲失稳之外，根据撑杆的具体情况，可能还需要进行扭转失稳或弯扭失稳等其他形式的失稳验算。

6.2.2 空间弦支结构整体稳定性分析

1)分析方法

空间弦支结构，是由大量节点、杆件及拉索构成的空间网格结构体系，只有采用有限元法，才能对具有如此大量自由度的复杂结构体系进行分析。由于拉索的存在，使得其理论分析中首先要解决是否考虑因结构大变形而导致的几何非线性问题。网壳节点的连接，可分为铰接连接和刚接连接两大类。通常，双层网壳多采用铰接连接，单层网壳应采用刚接连接。对于铰接连接网壳，采用空间杆单元有限单元法；对于刚接连接网壳，宜采用空间梁-柱单元有限单元法。目前，对空间弦支结构进行整体稳定分析，主要采用空间杆单元的非线性有限元法和空间梁杆混合单元有限元法。

(1)空间杆单元的非线性有限元法

空间杆单元非线性有限单元法，以结构的各个杆件作为基本单元，以节点位移作为基本未知量。先对杆件单元进行分析，建立单元杆件内力与位移之间关系，然后再对结构进行整体分析。根据各节点的变形协调条件和静力平衡条件，建立结构节点荷载和节点位移之间的关系，形成结构的总体刚度矩阵和总体刚度方程。求解总体刚度方程得到各节点位移值后，再由单元杆件内力和位移之间的关系，求出杆件内力。

弦支穹顶结构是一种新型的空间杂交结构体系，其中有两种不同的单元形式：杆单元和索单元。索单元和空间杆单元最大的区别是索单元不能承受压力，即结构的下部拉索在任何受力状态下都不能出现预拉力松弛现象。在较大的预拉力作用下，拉索一般不会出现压应力，故可将索单元简化成空间杆单元，而不考虑索段的自重和初始垂度的影响。

(2)空间梁杆混合单元的非线性有限元法

如果将拉索简化为只能承受拉力的空间杆单元，弦支穹顶结构的计算模型可以全部由空间梁、杆单元混合构成(单层球面网壳节点刚接)。由于空间梁、杆单元节点的自由度数目不同。因此，对单层球面网壳弦支穹顶结构，采用刚接节点进行有限元分析时，必须采用先处理法处理。所谓先处理法就是先根据单元、节点种类及约束条件，确定节点基本自由度，然后集成总刚矩阵。

在先处理法中，不但需对结构的每个节点编号，而且对每一个不为零的基本位移也要编号，凡是约束对应的位移或完全铰节点的转角位移均编为零号。这样就大大减少了未知数的数目，缩小了总刚度矩阵的体积，减小了有限元计算的工作量。通常采用节点位移编号数组来对基本位移进行编号，该数组的行数是结构的节点数，列数则根据结点的自由度数而定，数组中的每一个非零值，表示特定节点特定自由度的位移编号，而零值说明该节点的特定自由度被约束或并非基本未知量。节点编号数组的最后一个非零值，就表示了该结构的基本未知数的数目。

空间弦支结构的稳定性，可按考虑几何非线性的有限元分析方法进行分析，分析中可假定材料保持为线弹性。其全过程分析可按满跨均布荷载进行，柱面网壳结构应补充考虑半跨活荷载分布。分析时应考虑初始几何缺陷的影响，并取结构的最低阶屈曲模态作为初始缺陷的分布模态。

2)空间弦支结构的整体稳定性评定方法

空间弦支结构的整体稳定性分析，需根据其上部的刚性结构(即单层球面网壳结构和柱面网壳结构)来确定结构是否需要进行稳定分析。单层球面网壳结构、柱面网壳结构及厚度小于正常范围$\left(\text{球面网壳为}\frac{L}{60}\text{，柱面网壳为}\frac{L}{50}\text{，}L\text{ 为结构跨度}\right)$的双层网壳均应进行稳定性计算。

由全过程分析求得的第一个临界点处的荷载值，可作为该空间弦支结构的临界荷载值P_{cr}，将临界荷载除以安全系数后，即为结构的整体稳定容许承载力标准值，即

$$[n_{ks}] = \frac{P_{cr}}{K} \tag{6.5}$$

式中，K 为安全系数，可取 $K=5$。

6.3 提高弦支结构稳定性的措施

6.3.1 平面弦支结构

1)影响平面弦支结构稳定性的因素

(1)支承刚度对平面弦支结构稳定性能的影响

实际的平面弦支结构的支承方式，可能是两端固定铰支，此时支承刚度 K 为无穷大；也可

能是一端固定铰支，另一端滑动铰支，此时支承刚度 K 接近于0；还可能是支承在其他结构如框架柱上，此时支承刚度 K 为一有限非零值。支承刚度越大，结构在预应力阶段的反拱挠度越小。这是因为支承刚度约束了下弦的伸长与收缩。支承刚度越大，结构的荷载-位移曲线越陡，同样是因为支承刚度约束了下弦的伸长与收缩。支承刚度越大，结构失稳极值点越低，并且下降段的幅度越大。支承刚度越大，结构类似于拱的特性越明显，因此失稳的曲线的幅度越大；支承刚度越小时，结构类似于梁的特性越明显，因此失稳的曲线趋于平缓。

(2)垂度对平面弦支结构稳定性能的影响

垂度越大，结构的初始刚度越大。主要是因为索的垂度增大，增大了结构的整体高度，因此，增加了结构的刚度。垂度越大，结构的失稳极值点越高。当拉索垂度超过5m时，极值点甚至消失，曲线始终处于上升趋势。但是曲线仍然存在拐点，说明结构反应的本质仍然是应力软化再转化为应力刚化的过程，中间经过刚度极小点。

(3)预应力对平面弦支结构稳定性能的影响

考察不同的拉索预应力对张弦结构稳定性的影响可知，预应力越大，结构失稳极值点越高。这是因为预应力越大，结构类似于拱的特性越明显。上弦拱的弯曲应力所占应力的比重越小，轴向应力占的比重越大。虽然预应力越大亦会增加轴向应力，但其弯曲应力仍然起控制作用。由于上弦拱本身的截面高度不大，其抗弯能力较小，因此，其在弯曲应力的作用下会较早进入塑性状态。

(4)矢高对平面弦支结构稳定性能的影响

矢高越大，结构初始刚度越大，这同垂度的效果与原因相同。矢高越大(＞5m)，结构的失稳极值点越高，而且失稳现象越明显，表现在结构的下降段幅度越大。这是由于当矢高越大，结构类似于拱的特性越明显。当矢高越小(＜4m)，结构的失稳极值点消失，曲线一直呈上升趋势，但仍然存在拐点，矢高越小，拐点越低。

(5)撑杆数量对平面弦支结构稳定性能的影响

结构在失稳前，撑杆数量对结构的影响十分的微小。这同撑杆原本就受力较小有关系。在失稳后，撑杆对结构的屈曲后路径有较明显的影响。撑杆数量越多，屈曲后路径的刚度越大。这是因为结构主要是由于上弦拱发生塑性而引发失稳。撑杆越多，提供给上弦拱的约束和支承就越多且均匀，使上弦拱各截面处的应力越均匀，其产生塑性转角的趋势越小。

(6)上弦刚度对平面弦支结构稳定性能的影响

上弦刚度越大，结构的整体初始刚度越大，但其影响幅度非常小。上弦刚度越大，结构的失稳极值点越高。上弦刚度越大，其自身的抗弯性能越好，截面进入塑性状态的时间越晚，因此能较明显地提高结构的稳定性。

(7)荷载分布对平面弦支结构稳定性能的影响

半跨荷载时，结构失稳极值点消失，但是拐点较低。其原因是：半跨荷载作用下，结构呈现不对称变形。受荷载作用的半跨上弦拱较早进入塑性，从而带来拐点的出现，但另外未受荷载作用的半跨上弦拱保证了结构的整体刚度不会减小至零。

2)改进措施

①结构的上弦刚度越大，结构的失稳极值点越高。因此，上弦构件可以采用刚度比较大的形式，例如桁架等。这样对提高结构的整体稳定性有利。

②结构矢高和垂度对整体稳定性的影响原因一致。在结构设计中，适当地提高结构的矢高和垂度，对结构整体稳定性的提高都有一定的帮助。

③鉴于撑杆数目在结构失稳后对结构的屈曲后路径有较明显的影响，在建筑空间允许的条件下，可适当的增大撑杆数目，使结构获得更好的稳定性和更大的承载能力。

6.3.2 弦支穹顶

1)影响弦支穹顶稳定性能的因素

(1)环索的预拉力对弦支穹顶结构稳定性能的影响

通过对未施加预拉力的弦支穹顶和施加不同预拉力的弦支穹顶的线性屈曲分析和非线性屈曲分析可知，同未施加预拉力的弦支穹顶一样，具有不同预拉力的弦支穹顶的失稳形式均为环状失稳，所不同的是，具有预应力的弦支穹顶的失稳位置更靠近结构中心；另外，具有预应力的弦支穹顶的失稳临界荷载，高于未施加预拉力的弦支穹顶的临界荷载，且随着预拉力的增加，临界荷载也随之增大。因而，预拉力改善了整个结构的性能，提高了其稳定极限承载力。

(2)撑杆长度对弦支穹顶结构稳定性能的影响

在弦支穹顶结构中，撑杆的作用主要是连接索，并通过传递索力到上部单层网壳中，达到调整上部单层网壳受力目的。图 6.43 所示为上层单层网壳和下部的径向索，虽然在其自身平面内为两根，有一定的夹角，但在计算中不妨把它们与撑杆假设在一个平面内。

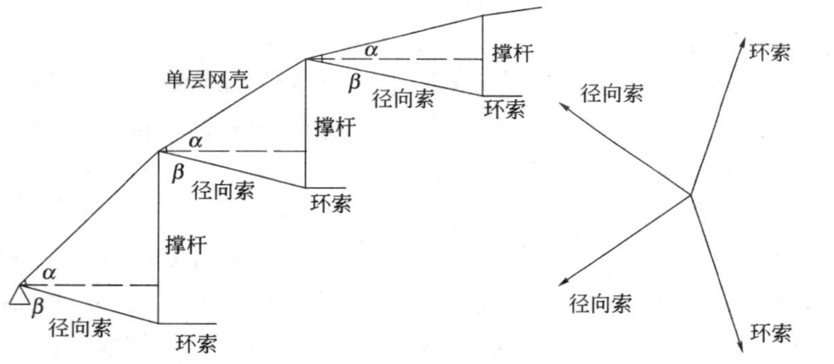

图 6.43 弦支穹顶结构剖面图

如果保持环索的预拉力不变，则径向索对单层网壳的水平拉力并不随着 β 角的改变而改变，但是撑杆对单层网壳的向上的力则随着 β 角的增大而增大，随 β 角的减小而减小。随着 β 角的增大，竖向撑杆的长度增加，结构的极限承载能力得到明显的提高；节点最大竖向变形有小幅的增大，但不明显；而节点的初始位移则变化很小。不同撑杆长度条件下，弦支穹顶结构在屈曲前都有一段线性或接近线性的阶段，并且随着撑杆长度的增大，线性阶段有所增长，最终使得弦支穹顶结构在小幅增加极限位移的情况下，大幅的提高极限承载力，这一点与预应力增大对弦支穹顶的影响是类似的。

(3)初始缺陷对弦支穹顶结构稳定性能的影响

实际结构必然存在这样或那样的初始缺陷，对于单层球面网壳等缺陷敏感性结构，其临界荷载可能会因极小的初始缺陷而大大降低。因此，结构稳定性对初始缺陷的敏感程度，是评价结构稳定性的重要因素。初始缺陷包括结构的几何偏差、杆件的初应力、材料缺陷及荷载偏心等等。采用一致缺陷模态法对弦支穹顶结构及相应的单层球面网壳进行简要的初始缺陷分析，可得出，随着初始缺陷的增大，结构的临界荷载值下降得很快。但是，弦支穹顶对初始缺陷的敏感度要远远低于单层网壳。

(4)矢跨比对弦支穹顶结构稳定性能的影响

在适当的范围内，单层球面网壳的矢跨比增大，结构的稳定承载力会提高，而且影响的幅度较大，即结构的稳定承载力对矢跨比较敏感。随着矢跨比的增大，弦支穹顶结构的稳定承载能力是上升的，而且提高幅度相当的明显，而结构发生失稳时的位移只有小幅的提升，并没有太大的波动。与环索预拉力及撑杆长度这两个影响因素一样，弦支穹顶与同矢跨比的单层网壳相比，在屈曲前存在明显的线性阶段，并且在矢跨比较小时，荷载-位移的线性阶段更长更明显；而随着矢跨比的增加，结构的稳定承载能力提高的幅度却是明显下降的。

(5)拉索布置对弦支穹顶结构稳定性能的影响

在对弦支穹顶结构稳定性能影响的分析时可以看到，在下部张拉体系中，环向拉索由于施加了预应力，是主要的受力构件，对弦支穹顶结构稳定能力起着重要的影响作用。同时也可以观察到，最外圈的环索在受外荷作用之后，拉力都在增加，而里圈环索的拉力都有不同程度的降低。这说明各圈环索对弦支穹顶结构的作用并不是均等的，外圈要强，里圈要弱。研究拉索布置对弦支穹顶结构稳定性能的影响，可得出，布置最外圈一、二道拉索的弦支穹顶的极限承载能力较全部布置拉索的情况丝毫没有降低，反而略有提高；发生在第二圈主肋节点上的最大节点位移没有太大的变化，拉索完全布置时略有增大。

从另一个角度可以想到，由于网壳主要是在靠近外圈的第二圈主肋节点处发生屈曲，因此在此处布置一至两圈张拉体系，施以合适的预应力，将能最直接有效地提高结构的稳定性能。而弦支穹顶内部，就如同一个更小跨度的单层网壳，此网壳较之原来没有布置一至两圈张拉体系的单层网壳相比，自然稳定性能更好。因此，在内圈布置拉索及撑杆，已并无太大的实际意义，只能局部调整内部网壳杆件的受力和节点的竖向变形，对结构稳定性能的贡献已不大。

(6)节点刚度对弦支穹顶结构稳定性能的影响

螺栓球节点和焊接空心球节点，是圆钢管杆件相连的两种主要节点形式。螺栓球节点通过螺栓、套筒等零件将杆件与实心球连接起来，只能传递杆端轴向力，在理论分析中只能按铰接节点计算。焊接空心球节点由两个热压成半球后再对焊而成空心球，采用对接焊缝或角焊缝将杆件焊在球面上。由于其可以传递一定的杆端弯矩，因而理论分析中按刚接节点计算。

刚接弦支穹顶和单层网壳的失稳都发生在靠外圈的节点上。略有不同的是，弦支穹顶发生的是环状失稳，而单层球面网壳则是先在某些点发生失稳，进而引发周围节点相继发生失稳。

相同矢跨比条件下，节点刚接时，弦支穹顶的稳定承载力远大于节点铰接，前者一般为后者的5倍以上。一方面，这是由于节点刚接使相应的单层球面网壳的曲面外刚度有了较大的提高；另一方面，节点刚接的弦支穹顶相对单层网壳来说，稳定承载力有了更大的提高，前者承载力一般都在后者的2倍以上。

刚接弦支穹顶在改变预应力大小比例以后，其承载力并没有显著的提高。这与铰接弦支穹顶有很大的不同，归根结底是由于预应力拉索在不同节点形式下的表现不同而造成的。

(7)边界条件对弦支穹顶结构稳定性能的影响

弦支穹顶和相应的单层球面网壳作为屋盖结构体系，一般都搁置在柱顶、圈梁等下部支撑结构上。一般工程中，采用固接和三向铰接两种形式，也有采用径向放松、其余两向铰接的两向铰支撑支座边界条件。

当杆件节点铰接时，加强支座约束并不能提高结构的稳定承载能力，这主要是由于铰接模型的曲面外刚度太小，而且失稳主要出现在靠近内侧的节点上，与边界条件关系不大。对于节点刚接的弦支穹顶，随着边界约束的增强，结构稳定承载能力依次增强；同时两向铰支撑与三向支撑的边界条件相比，稳定承载力有较大的差距。

(8)半跨荷载作用下对弦支穹顶结构稳定性分析

在结构设计中，要采取多种荷载组合进行计算，尽可能考虑到实际中会出现的各种情况对结构的影响。在实际中，结构承受的荷载可能有好多种，比如恒荷载、活荷载、风荷载以及雪荷载等等。在降雪较多的地区，雪荷载对结构影响很大。1963 年，罗马尼亚布加勒斯特一个 93.5m 跨度的单层穹顶网壳屋盖在一场大雪后发生坍塌。一般的稳定性分析，考虑的都是均布荷载，积雪荷载也可以看作是一种均布荷载。但是有一种情况，屋盖由于一面向阳，一面背阳，可能导致屋盖上的积雪一半已经融化，一半仍然堆积，因此，分析半跨荷载作用下弦支穹顶的稳定有一定的意义。

对半跨荷载作用下弦支穹顶进行稳定性分析，在承受荷载的半跨结构变形较大，在未承受外荷载的半跨变形相对小得多。通过分析结构在临界状态下杆件的受力情况，发现部分的索单元已经完全丧失了预拉力，从而使整个结构刚度矩阵发生变化，结构的失稳并不是因为节点位移增大所致，而是因为结构中索单元刚度的丧失而导致结构的失稳。

2)改进措施

①环索的预应力对弦支穹顶结构的稳定承载力有较大的影响。结构的承载力随预应力的增加有较大幅度的提高，但是对弦支穹顶结构施加的预应力亦不是越大越好。虽然弦支穹顶的极限承载力总是高于对应的单层网壳的极限承载力，但当荷载较小时，弦支穹顶结构的荷载-位移曲线斜率虽然比单层网壳的荷载-位移曲线斜率要大，但由于初始位移的存在，相同荷载作用下，弦支穹顶的位移反而大于对应的单层网壳。当荷载超过一定值时，相同荷载作用下，弦支穹顶的位移小于对应的单层网壳，随着荷载的增加，这个差值会越来越大。但是，随着拉索预应力的增加，分界点的值也跟着增大。从这个角度讲，并不能一味单纯增大预应力。另外，过大的预应力也将使上部环向杆件承受过大的压力，必定需要采用更大规格的截面，这将为网壳节点的制作带来麻烦，自然也不经济。应当根据工程的需要，按实际的荷载计算结构的内力和变形，合理、经济地选取结构所需的预应力的大小。

②增大撑杆长度能有效地增加结构的稳定承载力，在建筑空间允许的前提下，可适当地增大撑杆长度，使结构获得更好的稳定性和更大的承载能力。

③矢跨比越小，即网壳越扁，其稳定性将会越差，承载力越低。弦支穹顶能有效地提高扁网壳的稳定性能，使其能更广泛地应用于工程实际当中。

④无论何种预应力施加原则，对于弦支穹顶结构稳定性能起控制作用的是外圈的一至两圈环索。在实际工程中可以根据实际情况，对外圈拉索施加合适的预应力而省去内圈的张拉部分，既能达到设计目的，又能减少材料和施工阶段的投入，达到较好的经济效果。

⑤在弦支穹顶这种索杆单元组成的结构中，索拉力的存在，加强了结构的整体刚度，从而提高了整体结构的稳定性。一旦索拉力丧失，就会导致索退出整个结构，从而发生失稳。所以，在弦支穹顶的设计中，一定要考虑多种荷载组合情况，必要时加大索的预拉力，以避免索拉力的丧失。

参考文献

[1] 刘锡良. 现代空间结构. 天津：天津大学出版社，2003.

[2] 白正仙，刘锡良，李义生. 新型空间结构——张弦梁结构. 空间结构，2001，7(2)：33-38.

[3] 董石麟，袁行飞，郭佳民等. 济南奥体中心体育馆弦支穹顶结构分析与试验研究. 第九届全国现代结构工程学术研讨会论文集，2009：11-16.

[4] 刘冬元，李雪飞，张煜. 平面张弦结构的整体稳定性能研究. 河北建筑工程学院学报，2006，24(4)：18-19.

[5] 冯强. 张弦梁结构稳定性分析. 北京：北京工业大学，2004.

[6] 艾军. 平面张弦结构的静力稳定性研究. 天津：天津大学，2005.

[7] 尹越. 弦支穹顶结构的应用研究及面对对象的设计软件开发. 哈尔滨：中国地震局工程力学研究所，2001.

[8] 刘金姣. 张弦梁结构优化设计与地震反应分析. 天津：天津大学，2007.

[9] 窦开亮. 凯威特弦支穹顶结构的稳定性分析及弦支穹顶的静力试验研究. 天津：天津大学，2003.

[10] 左晨然. 弦支穹顶结构的静力与稳定性分析. 天津：天津大学，2002.

[11] 史杰. 弦支穹顶结构力学性能分析和实物静动力试验研究. 天津：天津大学，2004.

[12] 赵建波. 连续折线索单元的理论分析及张拉整体塔结构试验研究. 天津：天津大学，2005.

第7章 塔桅钢结构的整体稳定性

7.1 塔桅钢结构的特点及应用

塔桅结构是自立式塔架和拉线式桅杆的统称，是一种窄而高且主要受风荷载作用的高耸构筑物。工程中典型的塔桅结构如图7.1所示。

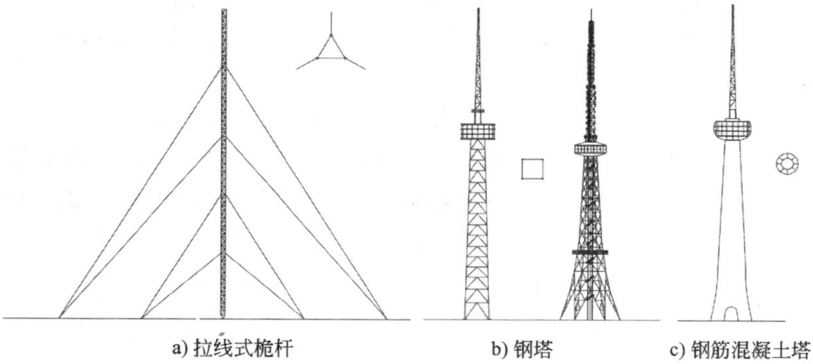

图7.1 塔桅结构形式

塔桅钢结构具有以下特点：

①结构的外荷载主要为风荷载，结构设计常由风荷载控制；

②结构在随机荷载作用下常产生动力反应；

③结构的基础、地锚，应进行抗拔、抗滑或抗倾覆稳定验算；

④结构为露天构筑物，易受大气等介质腐蚀，需要采取防护措施；

⑤构件设计、制作要便于运输和高空安装；

⑥结构上常设有防雷接地和航空障碍标志。

自立式塔架和拉线式桅杆结构除有以上共同特点外，桅杆结构与塔架结构相比，具有自重轻、材料省、工期短、构件设计及制作易于标准化等优点；但也有占地面积大、结构偏移大、稳定问题突出、维护工作量大等缺点，尤其是纤绳与杆身的非线性耦合作用，使桅杆结构的静力和动力特性远比塔架结构要复杂。桅杆结构因丧失整体稳定等原因而破坏倒塌的事例不胜枚举。例如，1974年建于波兰卡宾(Cabin，Poland)642.5m的世界最高的227kHz长波桅杆，于1991年失稳倒塌；又如英格兰埃姆列摩尔(Emley Mool，ITV，BBC)386m的圆筒形桅杆，在1969年失稳倒塌。世界上采用广播电视桅杆最多的国家——美国，年倒垮率曾达6%，其中多数为失稳倒塌。国内也有数个失稳倒塌的事例，如陕西淳化129m高的中波桅杆和山西大同151.5m高的中波桅杆，分别于1982年和2001年在连续大风中因风致振动摇晃而失稳破坏。

塔桅结构广泛用于广播电视、微波通信、输电线路、气象监测、石油化工以及导航标志等各个领域，由于各行业的工艺要求和使用性质不同，因此，不同行业的塔桅结构又有各自的专业特点。

作为自立式钢塔，颇负世界盛名的320m高的巴黎埃菲尔铁塔(Paris，Eiffel Tower)，不仅富有悠久的历史，更在于完美的造型，成为法国的标志性建筑，如图7.2所示。

图7.2 巴黎埃菲尔铁塔

由于电视塔一般是所在城市的最高构筑物，所以一座塔不仅是电视发射(或接收)天线的支持物，同时也作为调频广播、微波传输、无线通信、气象观测、瞭望游览以及餐饮娱乐等多功能综合利用。图7.3是333m高的日本东京(Tokyo)电视塔的综合利用设施。

广播电视天线支持物，除采用一般的塔桅结构外，还有特殊结构形式的塔桅。如澳大利亚悉尼(Sydney)塔，是一座建在高楼顶上的预应力钢索斜拉塔(图7.4)，该塔系由中间直经为6.7m的筒体和周围两组以反向斜交的28根拉索组成的结构，总高度达324.8m。

不少广播电视塔为了增加发射天线的高度，利用高山建塔。图7.5就是建在600多米高山顶上的198m深圳梧桐山电视塔。

随着国民经济的发展，现代塔桅结构不仅功能愈来愈多，而且高度越来越高，亦越来越多的突破传统的设计理念，追求自然形态，使得现代塔桅结构独特复杂。图7.6为正在建设中的新广州塔，总高度610m，形态奇特，其作为广州新城的地标，亦将成为新的地域景点。

拉线式桅杆因为占地面积大，一般建在郊区，且多用于无线电发射天线的支持物或发射体，所以多集中在无线电发射台所在区域。拉线式桅杆又分为单杆身和双杆身(见图7.1a))，双杆身桅杆仅用于无线电短波发射天线的支持物，它的工作机理和性能更为复杂。

当今世界上拉线式桅杆的代表性建筑是美国北达科他州法戈(North Dakota Fargo)的630m电视桅杆。国内桅杆的代表性建筑为1977年建成的324.7m高的北京气象桅杆(图7.7)。表7.1为一些桅杆结构的工程实例。

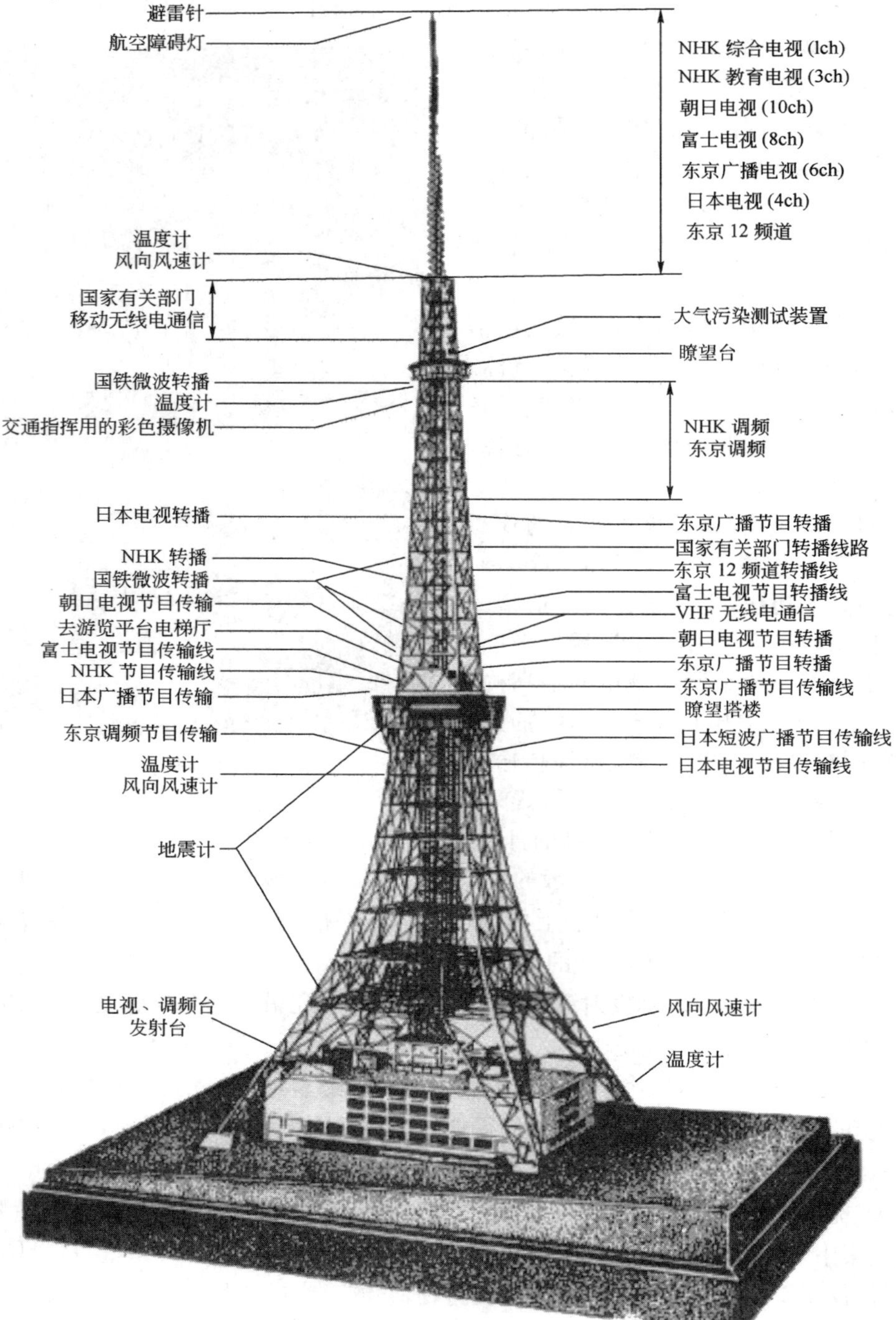

图 7.3　东京电视塔的综合利用设施

图 7.4　悉尼电视塔

图 7.5　深圳梧桐山电视塔

图 7.6　新广州塔

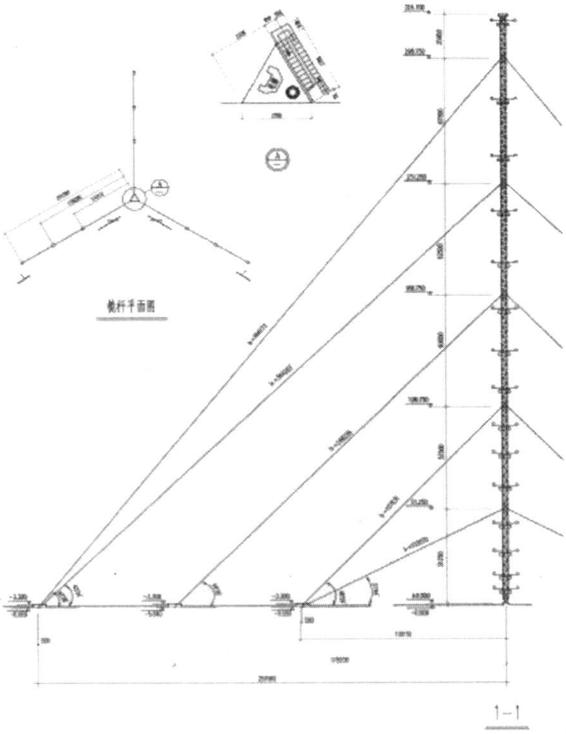

图 7.7　北京气象桅杆

桅杆结构工程实例　　表 7.1

桅杆名称	高度(m)	截面形式	边宽或直径(m)	纤绳层数	纤绳间距(m)	跨间长细比$\left(\lambda_0=\frac{l}{r}\right)$	悬臂长(m)	附注
吉林中波	264	三角形	2.0	4	51.60,65.60	62～79	28.0	钢管结构
商丘电视	252	三角形	1.5	6	42.0	76.6～71.3	—	钢管结构
前苏联定型中波	204.5	三角形	1.35	3	60.0	109	24.5	钢管结构
前苏联某电视	298	圆筒形	2.0	4	65.67,67.68	92～96.5	31.0	钢板结构
美国吉拉多角电视	511	三角形	3.05	6				圆钢结构
美国佐治亚电视	534	三角形	3.05	8	41.5～76	48～60.8	34.5	圆钢结构
英国某气象	305	三角形	2.28	4				圆钢结构
日本东京中波	240	圆筒形	1.25	7	31.4～33.6	71～76	7.0	钢管结构
马里莫普提调频	150.3	四边形	1.2	6	17.4～28.8	38.5～48	—	钢管结构

塔桅钢结构虽有高矮、用途等区别,但除特殊造型外,其计算原理和构造要求基本上是一致的。如带有塔楼的电视塔在发射机功率足够的情况下,为增加电视广播的覆盖面积需要增加高度外,其功能和设计与其他高度的类似塔桅结构无甚大区别。因此,本章所述内容即为一般塔桅钢结构所具有的共性问题。

7.2 塔桅钢结构整体稳定性分析与评定方法

7.2.1 塔桅钢结构稳定性计算原理

塔桅钢结构的失稳特征有两种类型:一种是结构的刚体倾覆失稳;另一种是结构的弹性压屈失稳。

刚体倾覆失稳定义为:将塔桅钢结构看作一个刚体构筑物,在外力作用下,结构因倾覆或滑移而丧失稳定。如自立塔架就有可能在外力作用下倾覆或滑移失稳。

弹性压屈失稳定义为:塔桅钢结构作为弹性体,在轴向压力或其他外力作用下,结构或构件本身发生较大的变形而达到临界状态,致使外力一旦有微量的增加,将引起结构弹性或弹塑性变形的无限发展而最终导致结构丧失稳定。例如拉线式桅杆和自立式塔架顶部的细长天线桅杆,就有可能发生过大的结构变形而丧失整体稳定。

塔桅钢结构的刚体倾覆失稳问题比较简单,自立式塔架在基础设计中可以直接进行有关设计计算,并采取抗倾覆的构造措施,以防止刚体倾覆失稳。

塔桅钢结构的弹性压屈失稳问题比较复杂,结构稳定分析主要是计算桅杆杆身或某一构件的临界力或稳定极限承载力,也就是分析杆身或某一构件即将丧失稳定时的内力以及杆身屈曲后的性能,这种稳定临界状态的荷载称为临界荷载。弹性压屈稳定分又为局部稳定和整体稳定。局部稳定是结构物中某一构件或某一节间的稳定问题,而整体稳定是整个结构物的稳定问题。但是,局部稳定的丧失必定影响结构的整体稳定。

塔桅钢结构的局部稳定与一般的轴压构件或压弯构件的稳定问题相似,可用普通钢结构设计中的轴心受压构件和压弯构件的稳定性计算方法计算。实际上，塔桅钢结构在构件截面选择与验算中已经保证了构件的局部稳定。

桅杆结构是依靠每层诸方纤绳以一定的相等拉力互相牵制而保持平衡直立状态，其受力类似于弹性支座连续梁。桅杆很可能因纤绳节点刚度不足、桅杆变形过大而丧失整体稳定，也可能因桅杆轴向力过大，超过其承载能力而丧失整体稳定。

桅杆结构整体稳定计算，可采用三种方法：一种是求杆身的临界力；第二种是求节点的极限位移；第三种是全过程位移跟踪法。

采用求杆身临界力的方法计算桅杆的整体稳定性，适用于弹性支座连续梁计算模型，简化后可以进行手算。求临界力的方法有精确法、铰链法、平均参数法和初参数法等。

采用求极限位移法计算桅杆的整体稳定性，并不限于弹性支座连续梁计算模型，也适用于杆身为压弯构件的矩阵位移法以及杆身为空间桁架的有限单元法等计算模型，即以大于 1 的荷载系数 K 乘以作用在桅杆上的风荷载 w_i，用矩阵位移法求得节点位移 $\{U_i\}$。若迭代过程是收敛的，则桅杆保持稳定状态；逐步增大 K 值，重新计算 $\{U_i\}$，直到迭代过程发散为止。临近迭代过程发散的最后一次收敛状态为桅杆的临界状态，这时的 Kw_i 为临界荷载，K 值就是桅杆结构的整体稳定临界荷载系数，K 值一般取 1.5～2.5。

采用全过程位移跟踪法计算桅杆的整体稳定，不仅可以知道失稳前结构的荷载-位移关系，还可以跟踪结构的后屈曲路径以及得到非线性稳定极限承载力。目前，普遍采用增量修正弧长法跟踪计算荷载-位移全过程。

7.2.2　自立式钢塔的稳定性与混沌现象

自立式塔架的整体稳定属于刚体倾覆稳定。自立式塔架的一般外形，由于结构的等强设计，与风荷载作用的弯矩图相似，呈抛物线形，即下大上小，形态稳定。基础设计不仅要承受压力，同时考虑承受拔力，而且塔柱下的独立基础之间设置联系梁，加大了塔基刚度，因此，自立式钢塔具有抗倾覆稳定。例如，美国华盛顿州奥林匹亚（Washington，Olympia）一次大地震，使西雅图（Seattle）KJR 无线电钢塔上部因鞭鞘效应受弯折破坏，而整个塔架并未倾覆。

2008 年初，我国南方地区受到特大冰雪灾害，输电线路钢塔破坏严重，从破坏情况看，主要是塔架顶部受压弯折断（如图 7.8a））。由于输电线路自立塔顶部两侧挂置导线，只要塔架有一侧断线，受力就不平衡，并且产生惯性力或冲击力，此时，如果结构截面刚度不够，或者构件的强度或稳定性不足，加上构件覆冰严重，就会导致塔架弯折。一条输电线路中出现一座塔的破坏，就会影响相邻塔的稳定，这样就会产生多米诺效应，发生成批破坏现象。如果塔基连接强度不足，基础抗拔或抗倾覆能力不够，这种情况就有可能造成自立塔架的整体倾覆（如图 7.8b））。

现代广播电视塔的顶部天线愈来愈多，桅杆愈来愈长，而有限的截面尺寸使天线桅杆段形成细长柔软的结构体系，在脉动风作用下极易丧失稳定。处在自立式塔顶部、具有多层而尺寸又有限制的变截面格构式桅杆，其每段长度的最大限值以及天线荷载的最大临界值的确定较为复杂，既与结构自身的稳定性有关，又与风荷载作用下的结构振动有关，采用目前传统的工程力学和结构力学方法是无法模拟和难以求解的。国际上至今公认的解析方法只有欧拉

(Leonhard Euler)屈曲临界力公式 $P_c = 4\pi^2 \frac{EI}{l^2}$，迄今已有 240 多年历史，也只是适用于理想构件的稳定计算式。

a) 塔架顶部受压弯折断　　b) 塔架的整体倾覆

图 7.8　输电线路塔的破坏现象

塔架顶部的多层变截面超长细柔格构式天线桅杆段的受力状态，属于非线性结构系统在时空中的随机动力作用状态，理论上属于在竖向天线荷载和结构自重作用下，同时承受横向风荷载或地震作用时，结构可能引起失稳和振动的问题，是塔桅结构中的混沌(Chaos)现象。作为两个不同的物理概念，混沌和随机在相当长的一段时间里一直在不同领域内各自发展着。混沌理论研究的是由系统内在非线性引起的随机性；而随机振动理论研究的则是源自激励的随机性，与该系统本身内在的非线性是否会导致其产生混沌运动无关。对于使用期内的桅杆结构而言，随机风荷载是其控制荷载，桅杆的风振响应包含了外激励所引起的随机分量；同时，由于结构非线性的影响，桅杆还可能发生混沌振动，通常很难也没有必要将这两部分区分开来。由于激励项包含有随机过程，使桅杆非线性动力方程的求解相当困难，也难以直接应用 Poincaré 图对系统响应做定性研究。目前，已有的一些相关研究[8]主要采用的是通过将微小白噪声引入桅杆非线性动力方程，运用路径积分推导出该噪声模型响应概率密度函数的形式解，然后根据该函数的分布特征和平均 Poincaré 图研究桅杆混沌现象的方法。

7.2.3　桅杆结构静力整体稳定性分析

(1)计算桅杆整体稳定性的精确法

桅杆结构可视作一个具有弹性支座的连续梁结构体系，其纤绳节点上作用着轴向力 N。当轴向力 N 小于临界压力时，杆身呈直线平衡状态，内外力之间也呈稳定的平衡状态；当轴向力 N 达到临界值时，桅杆就处于即将丧失整体稳定的临界状态。在临界平衡状态，桅杆可能发生相当大的弹性线位移和角位移，进入不同的随遇平衡状态或二次路径。为了能够维持桅杆在临界状态(所有可能的随遇平衡状态)下内外力之间的平衡，此时在构件中将产生附加内力，这些附加内力与不同随遇平衡状态桅杆节点变位之间存在着一定的关系，这些基本关系就是导出桅杆整体稳定平衡方程组的基础。

稳定平衡方程组中的未知数，可以是变位，即节点线位移和角位移(变形法)，也可以是内力,即轴向力和弯矩(力法),还可以同时是变位与内力(混合法)。在桅杆整体稳定性问题的方程中,未知数的系数与结构的几何尺寸和杆身轴向力有关,这点与普通超静定结构正则方程组中系数与外荷载无关是不同的。

由于作用在桅杆节点上的外荷载(轴向力),在基本体系的其他控制计算中,不引起任何反力,所以按桅杆即将丧失整体稳定的临界状态建立的正则方程组是齐次的,写成矩阵形式为

$$\begin{bmatrix} S_{11} & S_{12} & \cdots & S_{1n} \\ S_{21} & S_{22} & \cdots & S_{2n} \\ \vdots & \vdots & \vdots & \vdots \\ S_{n1} & S_{n2} & \cdots & S_{nn} \end{bmatrix} \begin{bmatrix} y_1 \\ y_2 \\ \vdots \\ y_n \end{bmatrix} = 0 \tag{7.1}$$

或简写成

$$[S]\{y\} = 0 \tag{7.1a}$$

式中,$S_{ij}(i,j=1,2,\cdots,n)$为与结构尺寸及轴向力有关的系数;$y_i(i=1,2,\cdots,n)$为未知的节点线位移和角位移。

式(7.1)的物理意义即是在基本体系的任何控制计算中的总反力等于零。其解有两种:一种是所有 $y_i=0(i=1,2,\cdots,n)$,即结构没有发生变位,结构处于稳定的平衡状态;另一种是 y_i 不全为零,即结构处于发生了相当变形后的弹性稳定平衡状态,这就是所要求的桅杆整体稳定状态,则该临界状态对应的特征方程为式(7.1)的系数行列式必须等于零,即

$$D = |S| = 0 \tag{7.2}$$

行列式 D 中的系数 S_{ij} 是轴向力 N 的函数,求解行列式(7.2)即可得到临界力 N_{kp}。一般情况下,行列式 $D=0$ 是超越函数,有无限多个解,说明桅杆结构在处于临界状态时有无限多个弹性平衡状态,其中 $D=0$ 的最小解就是所要求的临界状态时的临界力。

桅杆整体稳定的正则方程组式(7.1),可用桅杆结构静力分析中弹性支座处角位移相等的连续方程和节点力总和等于零的平衡方程去掉荷载项来表示。因为桅杆结构丧失整体稳定时各跨的轴向力都达到了临界值 N_{kp},由此,就可得到关于桅杆结构临界力的齐次方程组

$$a_k M_{k-1} + (b_k + b_{k+1}) M_k + a_{k+1} M_{k+1} + \frac{6}{l_k} y_{k-1} + \left(b_k \varepsilon_k \nu_k - \frac{6}{l_k} - \frac{6}{l_{k+1}}\right) y_k + \left(a_{k+1} \varepsilon_{k+1} \nu_{k+1} + \frac{6}{l_{k+1}}\right) y_{k+1} = 0 \tag{7.3}$$

$$-\frac{1}{l_k} M_{k-1} + \left(\frac{1}{l_k} + \frac{1}{l_{k+1}}\right) M_k - \frac{1}{l_{k+1}} M_{k+1} + \frac{N_k}{l_k} y_{k-1} + \left(\nu_k + \frac{\varepsilon_k \nu_k}{l_k} - \frac{N_k}{l_k} - \frac{N_{k+1}}{l_{k+1}}\right) y_k - \left(\frac{\varepsilon_{k+1} \nu_{k+1}}{l_{k+1}} - \frac{N_{k+1}}{l_{k+1}}\right) y_{k+1} = 0 \tag{7.4}$$

式中,$a_k = \frac{6}{\phi_k^2}\left(\frac{\phi_k}{\sin\phi_k} - 1\right)\frac{l_k}{EI_k \xi_k}$;$b_k = \frac{6}{\phi_k^2}(1 - \phi_k \cot\phi_k)\frac{l_k}{EI_k \xi_k}$;$\phi_k = \alpha_k l_k = l_k\sqrt{\frac{N_k}{EI_k \xi_k}}$;$\xi_k = \left(\frac{\lambda_i}{\lambda_0}\right)^2$ 为格构式杆身考虑剪切变形后的折减系数,其中 λ_i 为桅杆杆身纤绳间的长细比,λ_0 为格构式桅杆截面的换算长细比,对于正三角形和正四边形缀条式桅杆杆身的换算长细比分别是 $\lambda_{0x} = \lambda_{0y} = \sqrt{\lambda_i + 56\frac{A_i}{A_{ip}}}$,$\lambda_{0x} = \lambda_{0y} = \sqrt{\lambda_i + 40\frac{A_i}{A_{ip}}}$,$A_i$ 为杆身弦杆的毛截面面积,A_{ip} 为杆身斜

杆的毛截面面积。

在实际计算中，要用式(7.3)、(7.4)的系数行列式 $D=0$ 求解临界力 N_{kp} 是很困难的，因为该临界状态特征方程组是超越函数方程。通常可采用试算临界荷载系数法，即先假定大于1的荷载系数 K 乘以风荷载 w_i，再加上不变的永久荷载，求出桅杆各跨轴向力 N_k，代入上述公式，此时系数行列式不一定为零。若 $D>0$，换一个荷载系数 $K(>1)$，用上述方法求得另一个系数行列式；若 $D<0$，则准确的临界力必定介于1.0倍和 K 倍两者之间，则缩小假定荷载系数 K 的范围，重复上述计算，直至得到 $D=0$ 时的荷载系数值，此时系数 K 即为临界荷载系数。

此外，采用曲线交点法也可找出临界力。同样先假定大于1的系数 K 乘以轴向力 N_k，然后代入到式(7.4)，在上述计算 $D=0$ 时，必然会出现两组数值，其差值可能大于零或小于零；对于不同的系数 K，可得一系列这样的两组数值，形成两条曲线，曲线的交点即为所要求的临界力 N_{kp}，此时的荷载系数 K，就相当于桅杆整体稳定的临界荷载系数。用此方法也可验证以上计算。

用精确法计算桅杆结构整体稳定性冗繁而费时，若用计算机语言编成程序，由计算机判断计算，则容易得多。

(2)计算桅杆整体稳定性的铰链法

铰链法是在上述精确法的基础上进一步简化而得的。用铰链法计算桅杆结构的整体稳定性时，假定桅杆在各纤绳节点处为铰接，忽略各跨之间的相互作用。为了说明上述假定的精确程度，下面分别以不等跨和不等刚度的双跨压杆为例进行阐述。

设一刚性支座上的双跨连续压杆(图7.9)，其跨度分别为 l_1、l_2，截面刚度分别为 EI_1、EI_2，两端受有轴向力 N。

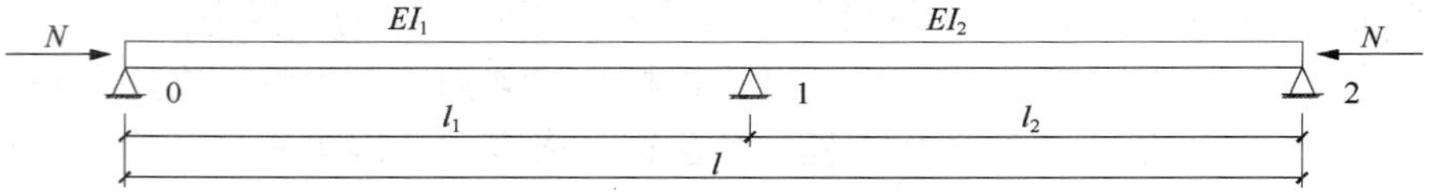

图7.9　双跨连续压杆

如果 $I_1=I_2=I$，当 $l_1>l_2$ 时，压杆的整体稳定临界压力 N_{kp}，界于各跨单独受力时的临界力之间，即

$$\frac{\pi^2 EI}{l_2^2}>N_{kp}>\frac{\pi^2 EI}{l_1^2}$$

当 $l_1=l_2=\frac{l}{2}$ 时，压杆的整体稳定临界力 N_{kp} 为最大

$$N_{kp}=\frac{\pi^2 EI}{\left(\frac{l}{2}\right)^2}=4\frac{\pi^2 EI}{l^2}$$

当 $l_1=l$，$l_2=0$ 时，压杆的整体稳定临界力 N_{kp} 为最小

$$N_{kp}=\frac{\pi^2 EI}{l^2}$$

当 $l_1=2l_2$ 时，压杆的临界力 N_{kp} 可由支座角位移的连续条件式(7.3)求得，按此条件可得

$$(b_1+b_2)M_1=0$$

因为 $$M_1 \neq 0$$

所以 $$b_1 + b_2 = 0 \tag{7.5}$$

式中，

$$b_1 = \frac{6}{\phi_1^2}(1-\phi_1 \cot\phi_1)\frac{l_1}{EI_1\xi_1} \quad \phi_1 = l_1\sqrt{\frac{N_{kp1}}{EI_1\xi_1}}$$

$$b_2 = \frac{6}{\phi_2^2}(1-\phi_2 \cot\phi_2)\frac{l_2}{EI_2\xi_2} \quad \phi_2 = l_2\sqrt{\frac{N_{kp2}}{EI_2\xi_2}}$$

设 $N_{kp1}=N_{kp2}$，$\xi_1=\xi_2$，则得 $\phi_1 : \phi_2 = 2:1$，代入式(7.5)，整理后可得

$$\frac{3}{2} - \phi_2(\cot\phi_2 + \cot 2\phi_2) = 0 \tag{7.6}$$

求解式(7.6)，可得 ϕ_2 的最小根 $\phi_{2\min}=1.93$，相应的临界力为

$$N_{kp} = \frac{1.93^2 EI_2}{l_2^2} = \frac{1.93^2 EI}{\left(\frac{l}{3}\right)^2} \approx 3.4\frac{\pi^2 EI}{l^2}$$

由以上结果可见，当两跨长度相差一倍时，其临界荷载仅比等跨时的临界荷载小15%。这个例子说明了相对稳定的短跨对长跨的影响不大，那么当跨度相差不大时，短跨对长跨的影响就更小了。因此，如果将这种连续性杆件假定为铰接杆件进行整体稳定性计算，分析结果是较为准确的，能满足工程要求，而且是偏于安全的。

下面考虑另一种情况，即等跨刚度不等的情况。

如果 $I_1 > I_2$，$l_1 = l_2 = \frac{l}{2}$，则临界力 N_{kp} 满足不等式

$$\frac{4\pi^2 EI_1}{l^2} > N_{kp} > \frac{4\pi^2 EI_2}{l^2}$$

如果 $I_1 = 2I_2$，则 $\phi_1 : \phi_2 = 1:\sqrt{2}$，用以上同样的方法可得临界力为

$$N_{kp} = \frac{3.67^2 EI_2}{l_2^2} = \frac{1.36\pi^2 EI_2}{l_2^2} = 1.36\frac{4\pi^2 EI}{l^2}$$

由此可见，当一跨杆件的刚度增加一倍时，其临跨杆件的临界荷载仅提高36%。这个例子也说明了相对稳定且刚度较大的一跨对刚度较小的一跨影响不大，如果两跨刚度相差不大则影响更小。因此，将这种连续性杆件也可以近似地假定为铰链杆件。

通过以上比较可看出，当桅杆相临跨的跨度和刚度相差不大时，桅杆整体稳定性临界力变化不大。实际工程上的桅杆结构，其各跨的截面刚度和长度即使有差别，也不会很大，所以假定拉线式桅杆支座为铰接计算整体稳定性，可满足实际工程需要和精度要求。

设一弹性支座上的铰链杆件体系如图7.10所示，其稳定的正则方程可由节点平衡方程式(7.4)去掉支座弯矩项后得到，即

$$\frac{KN_k}{l_k}y_{k-1} - \left(\frac{KN_k}{l_k} + \frac{KN_{k+1}}{l_{k+1}} - \nu_k - \frac{\varepsilon_k \nu_k}{l_k}\right)y_k + \left(\frac{KN_{k+1}}{l_{k+1}} - \frac{\varepsilon_{k+1}\nu_{k+1}}{l_{k+1}}\right)y_{k+1} = 0 \tag{7.7}$$

式中，$KN_k = N_{kp}$，即为临界力；K 为整体稳定安全系数。

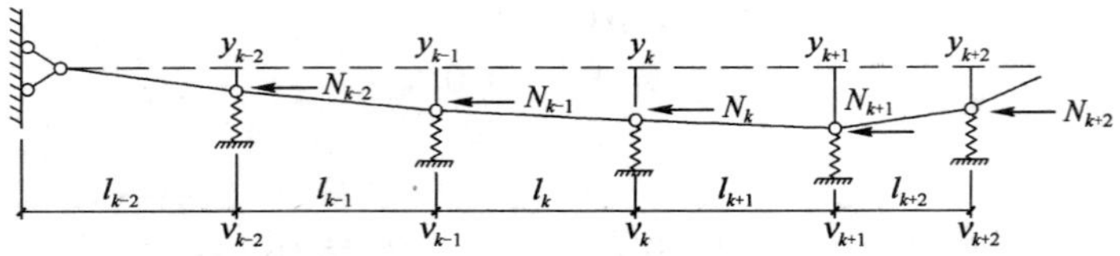

图 7.10　弹性支座上铰链杆件体系

铰链法中轴向力 N_k 包括永久荷载和可变荷载,不再分别计算。

令 $A_k=\dfrac{N_k}{l_k}$,$\nu'_k=\nu_k\left(1+\dfrac{\varepsilon_k}{l_k}\right)$及 $\nu''_k=\nu_k\times\dfrac{\varepsilon_k}{l_k}$,并将 K 除式(7.7)两边,则得

$$A_k y_{k-1}-\left(A_k+A_{k+1}-\frac{\nu'_k}{K}\right)y_k+\left(A_{k+1}-\frac{\nu''_{k+1}}{K}\right)y_{k+1}=0 \tag{7.8}$$

按此式可得出每一个支座的正则方程式。图 7.10 所示铰链杆件体系的正则方程组为

$$\left.\begin{aligned}
&-\left(A_1+A_2-\frac{\nu'_1}{K}\right)y_1+\left(A_2-\frac{\nu''_2}{K}\right)y_2=0\\
&A_2y_1-\left(A_2+A_3-\frac{\nu'_2}{K}\right)y_2+\left(A_3-\frac{\nu''_3}{K}\right)y_3=0\\
&A_3y_2-\left(A_3+A_4-\frac{\nu'_3}{K}\right)y_3+\left(A_4-\frac{\nu''_4}{K}\right)y_4=0\\
&\cdots\cdots\cdots\cdots\\
&A_{n-1}y_{n-2}-\left(A_{n-1}+A_n-\frac{\nu'_{n-1}}{K}\right)y_{n-1}+\left(A_n-\frac{\nu''_n}{K}\right)y_n=0
\end{aligned}\right\} \tag{7.9}$$

由式(7.9)的系数行列式为零,可得到

$$D=\begin{vmatrix}
-\left(A_1+A_2-\frac{\nu'_1}{K}\right) & \left(A_2-\frac{\nu''_2}{K}\right) & 0 & 0\\
A_2 & -\left(A_2+A_3-\frac{\nu'_2}{K}\right) & \left(A_3-\frac{\nu''_3}{K}\right) & 0\\
0 & A_3 & -\left(A_3+A_4-\frac{\nu'_3}{K}\right) & \left(A_4-\frac{\nu''_4}{K}\right)\\
\vdots & \vdots & \vdots & \vdots\\
0 & 0 & A_n & -\left(A_n-\frac{\nu'_n}{K}\right)
\end{vmatrix}=0 \tag{7.10}$$

展开行列式(7.10),并以 B_1、B_2、$B_3\cdots B_n$ 表示未知数 K 的系数和常数项,则得

$$(-1)^nK^n+(-1)^{n-1}B_1K^{n-1}+(-1)^{n-2}B_2K^{n-2}+\cdots+B_{n-2}K^2-B_{n-1}K+B_n=0 \tag{7.11}$$

式(7.11)的最小根 $K_{\min}$ 即为弹性支座铰链杆件体系的整体稳定安全系数。

当桅杆为四层纤绳时,式(7.10)展开式为

$$\left(A_1+A_2-\frac{\nu'_1}{K}\right)\left(A_2+A_3-\frac{\nu'_2}{K}\right)\left(A_3+A_4-\frac{\nu'_3}{K}\right)\left(A_4-\frac{\nu'_4}{K}\right)-A_2\left(A_2-\frac{\nu''_2}{K}\right)A_4\left(A_4-\frac{\nu''_4}{K}\right)=0 \tag{7.12}$$

再以 $\dfrac{K^4}{A_1A_2A_3A_4}$ 乘式(7.12)两边,经简化整理得

$$K^4-B_1K^3+B_2K^2-B_3K+B_4=0 \tag{7.13}$$

式中,

$$\left.\begin{aligned}
B_1&=a_{14}+a_{24}+a_{34}+a_{44}=\sum_{j=1}^{4}a_{j4}\\
B_2&=\sum_{j=1}^{3}a_{1j}a_{(j+1)4}+\sum_{j=2}^{3}a_{2j}a_{(j+1)4}+\sum_{j=3}^{3}a_{3j}a_{(j+1)4}\\
B_3&=\sum_{j=1}^{2}a_{11}a_{23}a_{(j+2)4}+\sum_{j=1}^{2}a_{j2}a_{33}a_{44}\\
B_4&=a_{11}a_{22}a_{33}a_{44}\\
a_{ij}&=\frac{\sum_{k=i}^{j}\nu_k}{A_i}\quad(i,j=1,2,3,\cdots,n)
\end{aligned}\right\} \tag{7.14}$$

因为,$\varepsilon=e\tan\beta$(e 为纤绳节点偏心矩,β 为纤绳倾角)远小于桅杆跨长 l,即 $\nu''<<\nu'$,所以,在系数 B_i 计算中可以略去 ν'' 不计,即 $\nu'=\nu$。

铰链法计算桅杆的稳定性较之精确法简单得多,但当纤绳层数较多时应用仍然不便,需要进行复杂的系数计算和解高次方程。因此,这种铰链法的计算适用于四层纤绳以下的桅杆稳定计算,对于纤绳层数较多的桅杆,可以采用进一步简化的计算方法。

(3)计算桅杆整体稳定性的平均参数法

在用铰链法计算桅杆整体稳定性的推导过程中,表明多跨连续杆件体系中,各跨长度和刚度的差别对杆件的稳定性影响不大。实际中的桅杆各跨的跨度和截面刚度相差不大,甚至相等,因此,可近似将桅杆视为一个等跨度和等刚度的弹性铰链杆件体系。

如果把各跨间的不同轴向力 N_k 及节点的不同支座刚度 ν_k 分别代以平均值 N 和 ν,那么铰链法又可进一步得到简化。平均参数法就是以铰链法为基础,将有关参数 l、EI、N 及 ν 等均采用平均值所得到的计算方法。

当各跨的 l_k、EI_k、N_k 及 ν_k 都相等时,各跨的稳定系数 φ_k 也都相等。将式(7.8)除以 ν_k,再乘以安全系数 K,且设 $\nu''_k=0$、$\nu'_k=\nu_k$,则式(7.8)为

$$\frac{KA}{\nu}y_{k-1}-\left(2\frac{KA}{\nu}-1\right)y_k+\frac{KA}{\nu}y_{k+1}=0 \tag{7.15}$$

令 $\beta=\dfrac{KA}{\nu}$,代入式(7.15)得

$$\beta y_{k-1}-(2\beta-1)y_1+\beta y_{k+1}=0 \tag{7.16}$$

则与式(7.9)相应的平均参数法的正则方程组为

$$\left.\begin{array}{l}-(2\beta-1)y_1+\beta y_2=0\\ \beta y_1-(2\beta-1)y_2+\beta y_3=0\\ \beta y_2-(2\beta-1)y_3+\beta y_4=0\\ \qquad\vdots\\ \beta y_{n-1}-(2\beta-1)y_n=0\end{array}\right\}\tag{7.17}$$

令方程组式(7.17)的系数行列式等于零，即

$$D=\begin{vmatrix}-(2\beta-1) & \beta & 0 & 0 & \cdots & 0\\ \beta & -(2\beta-1) & \beta & 0 & \cdots & 0\\ 0 & \beta & -(2\beta-1) & \beta & \cdots & 0\\ \vdots & \vdots & \vdots & \vdots & \vdots & 0\\ 0 & 0 & 0 & \beta & \cdots & -(2\beta-1)\end{vmatrix}=0\tag{7.18}$$

展开该行列式，则得

$$(-1)^n\beta^n+(-1)^{n-1}\overline{B_1}\beta^{n-1}+(-1)^{n-2}\overline{B_2}\beta^{n-2}+\cdots+\overline{B}_{n-2}\beta^2-\overline{B}_{n-1}\beta+\overline{B_n}=0\tag{7.19}$$

上式中的系数 $\overline{B_i}$ 与式(7.14)中的系数 B_i 相同。

为了便于应用，将 8 层纤绳以下的桅杆，用平均参数法计算得到的 $\overline{B_i}$ 值以及 β 的最小根数值列于表 7.2。

平均参数法的 $\overline{B_i}$ 值和 $\beta_{\min}$ 值 表 7.2

层 数	$\overline{B_1}$	$\overline{B_2}$	$\overline{B_3}$	$\overline{B_4}$	$\overline{B_5}$	$\overline{B_6}$	$\overline{B_7}$	$\overline{B_8}$	$\beta_{\min}$
1	1								1.000
2	3	1							0.382
3	6	5	1						0.308
4	10	15	7	1					0.283
5	15	35	28	9	1				0.271
6	21	70	84	45	11	1			0.265
7	28	126	210	165	66	13	1		0.250
8	36	210	330	495	386	91	15	1	0.250

例如四层纤绳的桅杆，查表 7.2 可得方程式(7.19)中的每一个系数 $\overline{B_i}$ 值，代入式中即可写出如下方程式

$$\beta^4-10\beta^3+15\beta^2-7\beta+1=0\tag{7.20}$$

解式(7.20)得最小根 $\beta_{\min}=0.283$，其值即为表 7.2 中所列。

按式(7.16)，可得临界荷载系数

$$K=\beta\frac{l\nu}{N}$$

以上计算中均假定 N、l、ν 为平均值。对于 n 层纤绳的桅杆，用平均参数法计算桅杆整体稳定临界荷载系数公式为

$$K=\beta_n\frac{\sum_1^n\nu_k}{\sum_1^n\dfrac{N_k}{l_k}}\geqslant[K]\tag{7.21}$$

式中，β_n值在八层纤绳以下的桅杆，可按表(7.2)采用。

当每一跨的 ν_k 和 $\frac{N_k}{l_k}$ 的比值与其平均值相差较大时，必须对每一个纤绳节点进行稳定验算。纤绳节点的稳定安全系数可用下式计算

$$K_k = \frac{\nu_k}{\frac{N_k}{l_k} + \frac{N_{k+1}}{l_{k+1}}} \geqslant [K] \tag{7.22}$$

平均参数法计算简便，但误差较大，应用条件是桅杆必须是轻型的，纤绳必须是多层的，必要时应按式(7.22)计算每跨的稳定临界荷载系数。

(4)计算桅杆整体稳定的初参数法

初参数法是基于矩阵运算应用于桅杆结构整体稳定性计算的一种方法。其特点是通过桅杆杆件一端的位移变量 y、y'、y''、y'''或它们之间的某种线性组合来表示这些变量在桅杆杆件的另一端之值，即以一端的边界条件来表示另一端的参数。实际上，桅杆杆身是由若干段依此相接的杆件组成的。在计算时，利用杆件各段之间彼此的共轭条件，逐步消去部分未知量，可得出桅杆结构的临界力值。全部计算可编程采用计算机进行计算，这是初参数法较之其他方法的基本优点。

设有 n 层桅杆，各层轴向压力 N_i、节点刚度 ν_i、跨长 l_i、截面刚度 $EI_i(i=1,2\cdots n)$，桅杆与基础铰接，如图 7.11 所示。

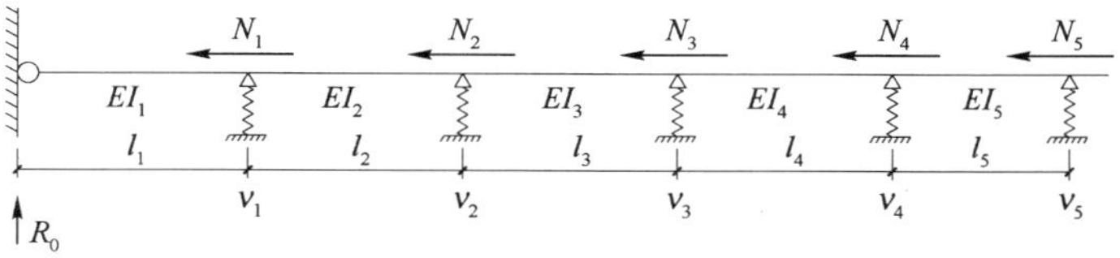

图 7.11 铰接支座桅杆整体稳定基本体系

桅杆整体稳定分析线性方程组为：

$$[K][A_n][B_{n-1}][A_{n-1}][B_{n-2}]\cdots[B_2][A_2][B_1][A_1][H]\begin{bmatrix}\theta_0\\ \bar{\nu}_0\end{bmatrix} = 0 \tag{7.23}$$

式中，θ_0、$\bar{\nu}_0$ 为桅杆铰接支座的初参数；$[H]$ 为交换系数矩阵，根据桅杆底部支座条件，按表 7.3 铰接支座相应公式采用；$[A_i]$ 为杆身各段变换矩阵；

$$[A_i]=\begin{bmatrix}1 & \frac{\sin\phi_i}{a_i} & -\frac{1-\cos\phi_i}{N_i} & -\frac{\phi_i-\sin\phi_i}{a_iN_i}\\ 0 & \cos\phi_i & -\frac{a_i}{N_I}\sin\phi_i & -\frac{1-\cos\phi_i}{N_i}\\ 0 & \frac{N_i}{a_i}\sin\phi_i & \cos\phi_i & \frac{\sin\phi_i}{a_i}\\ 0 & 0 & 0 & 1\end{bmatrix} \tag{7.23a}$$

式中，$a_i=\sqrt{\dfrac{N_i}{EI_i}}$；$\phi_i=a_il_i$。

$[B_i]$ 为用前一段末端参数表示后一段始端参数的变换矩阵，根据图 7.12，两段杆身共轭条件的公式为

$$[B_i]=\begin{bmatrix}1&0&0&0\\0&1&0&0\\0&0&1&0\\\nu_i&0&0&1\end{bmatrix}\tag{7.23b}$$

$[K]$ 为系数变换矩阵，根据桅杆顶端条件，按表 7.4 采用。

各种支座的初参数和变换矩阵 表 7.3

名　称	图　形	公　式	初参数和变换矩阵
悬臂	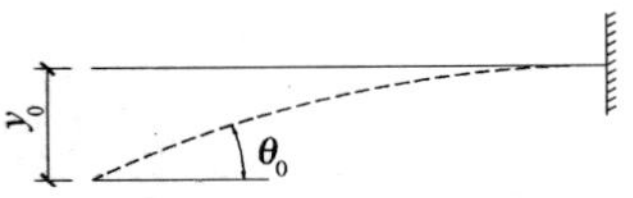	$y_{1a}=y_0$ $\theta_{1a}=\theta_0$ $M_{1a}=0$ $V_{1a}=0$	$\begin{bmatrix}y_{1a}\\\theta_{1a}\\M_{1a}\\V_{1a}\end{bmatrix}=\begin{bmatrix}1&0\\0&1\\0&0\\0&0\end{bmatrix}\begin{bmatrix}y_0\\\theta_0\end{bmatrix}=[H]\begin{bmatrix}y_0\\\theta_0\end{bmatrix}$
弹性支座	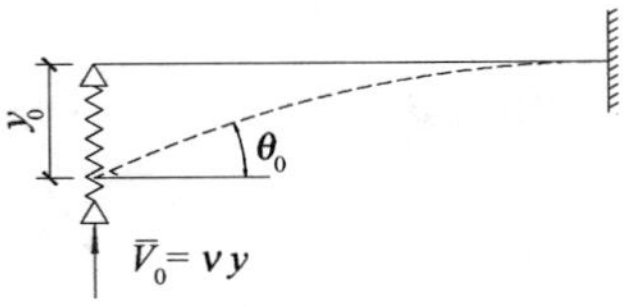	$y_{1a}=y_0$ $\theta_{1a}=\theta_0$ $M_{1a}=0$ $\bar{V}_{1a}=\nu y_0$	$\begin{bmatrix}y_{1a}\\\theta_{1a}\\M_{1a}\\\bar{V}_{1a}\end{bmatrix}=\begin{bmatrix}1&0\\0&1\\0&0\\\nu&0\end{bmatrix}\begin{bmatrix}y_0\\\theta_0\end{bmatrix}=[H]\begin{bmatrix}y_0\\\theta_0\end{bmatrix}$
铰接支座	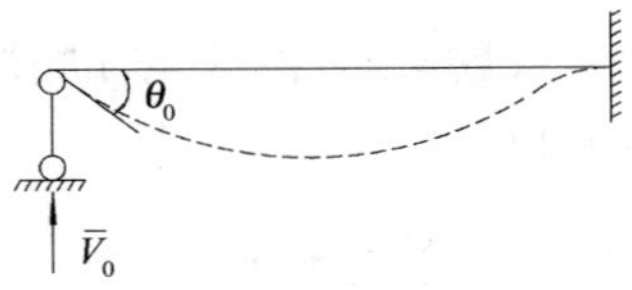	$y_{1a}=0$ $\theta_{1a}=\theta_0$ $M_{1a}=0$ $\bar{V}_{1a}=\bar{V}_0$	$\begin{bmatrix}y_{1a}\\\theta_{1a}\\M_{1a}\\\bar{V}_{1a}\end{bmatrix}=\begin{bmatrix}0&0\\1&0\\0&0\\0&1\end{bmatrix}\begin{bmatrix}\theta_0\\\bar{V}_0\end{bmatrix}=[H]\begin{bmatrix}\theta_0\\\bar{V}_0\end{bmatrix}$
固端支座	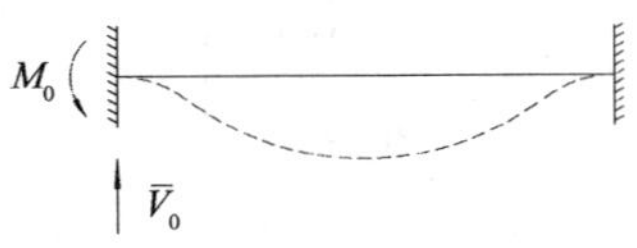	$y_{1a}=0$ $\theta_{1a}=0$ $M_{1a}=M_0$ $\bar{V}_{1a}=\bar{V}_0$	$\begin{bmatrix}y_{1a}\\\theta_{1a}\\M_{1a}\\\bar{V}_{1a}\end{bmatrix}=\begin{bmatrix}0&0\\0&0\\1&0\\0&1\end{bmatrix}\begin{bmatrix}M_0\\\bar{V}_0\end{bmatrix}=[H]\begin{bmatrix}M_0\\\bar{V}_0\end{bmatrix}$

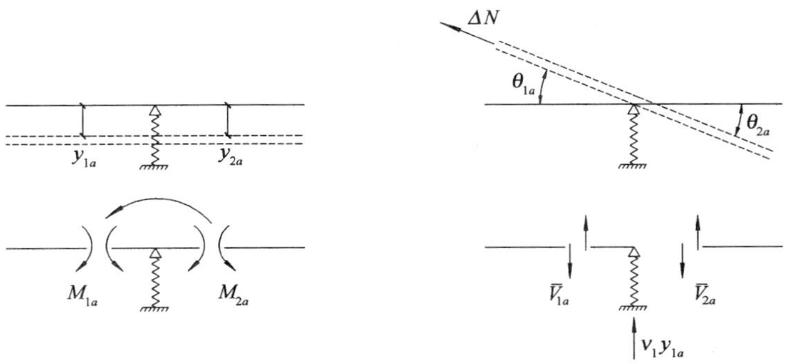

图 7.12　弹性支座节点的共轭条件

各种支座的末端条件和变换矩阵　　表 7.4

名　　称	图　　形	公　　式	末端条件和变换矩阵
悬臂	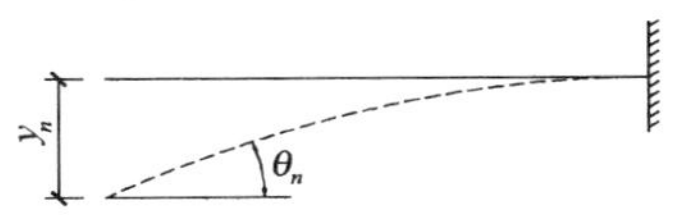	$y_{nl}\neq 0$ $\theta_{nl}\neq 0$ $M_{nl}=0$ $\overline{V}_{nl}=0$	$\begin{bmatrix}0&0&1&0\\0&0&0&1\end{bmatrix}\begin{bmatrix}y_{nl}\\\theta_{nl}\\M_{nl}\\\overline{V}_{nl}\end{bmatrix}=[K]\begin{bmatrix}y_{nl}\\\theta_{nl}\\M_{nl}\\\overline{V}_{nl}\end{bmatrix}=0$
弹性支座	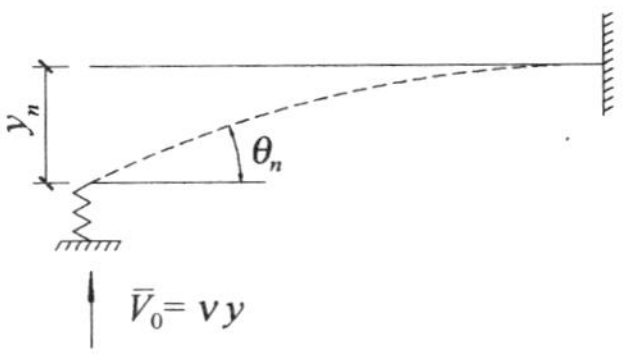	$y_{nl}\neq 0$ $\theta_{nl}\neq 0$ $M_{nl}=0$ $\overline{V}_{nl}+\nu_n y_{nl}=0$	$\begin{bmatrix}0&0&1&0\\\nu_n&0&0&1\end{bmatrix}\begin{bmatrix}y_{nl}\\\theta_{nl}\\M_{nl}\\\overline{V}_{nl}\end{bmatrix}=[K]\begin{bmatrix}y_{nl}\\\theta_{nl}\\M_{nl}\\\overline{V}_{nl}\end{bmatrix}=0$
铰接接座	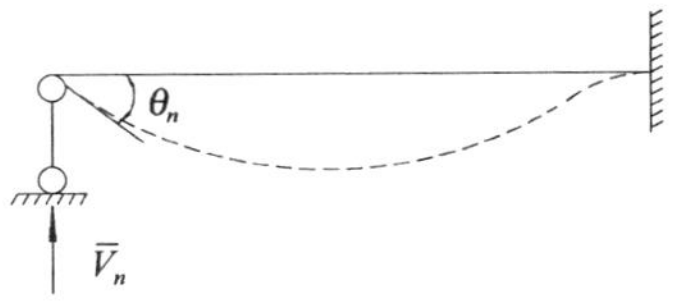	$y_{nl}=0$ $\theta_{nl}\neq 0$ $M_{nl}=0$ $\overline{V}_{nl}\neq 0$	$\begin{bmatrix}1&0&0&0\\0&0&1&0\end{bmatrix}\begin{bmatrix}y_{nl}\\\theta_{nl}\\M_{nl}\\\overline{V}_{nl}\end{bmatrix}=[K]\begin{bmatrix}y_{nl}\\\theta_{nl}\\M_{nl}\\\overline{V}_{nl}\end{bmatrix}=0$
固端支座	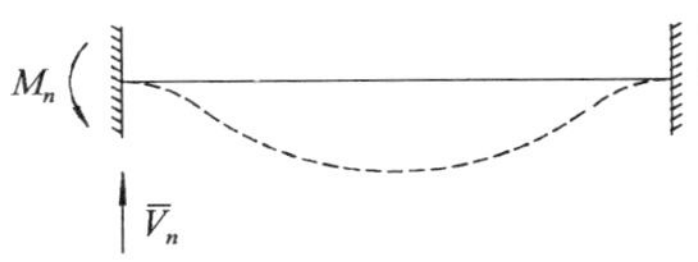	$y_{nl}=0$ $\theta_{nl}=0$ $M_{nl}\neq 0$ $\overline{V}_{nl}\neq 0$	$\begin{bmatrix}1&0&0&0\\0&1&0&0\end{bmatrix}\begin{bmatrix}y_{nl}\\\theta_{nl}\\M_{nl}\\\overline{V}_{nl}\end{bmatrix}=[K]\begin{bmatrix}y_{nl}\\\theta_{nl}\\M_{nl}\\\overline{V}_{nl}\end{bmatrix}=0$

桅杆整体稳定方程为式(7.23)的系数行列式为零，即

$$D=\left|[K][A_n][B_{n-1}][A_{n-1}][B_{n-2}]\cdots[B_2][A_2][B_1][A_1][H]\right|=0 \qquad (7.24)$$

在计算桅杆整体稳定时，先将正常使用荷载作用在桅杆上，应用杆身为压弯构件的矩阵位

移法求出各节点位移$\{U_i\}$、轴向力$\{N_i\}$和节点刚度$\{\nu_i\}$，然后以未知的荷载系数 K 乘以正常使用荷载中的可变荷载(风荷载)，用同样方法求出$\{U_i\}$、$\{N_i\}$及$\{\nu_i\}$等。其中荷载系数 K 可假定一系列值，这样就得到一系列$\{U_i\}$、$\{N_i\}$、$\{\nu_i\}$值。将此系列值代入式(7.24)，可得一系列等式，这些等式可能小于零或大于零。若用荷载系数 K 为横坐标，用行列式 $D=0$ 中前后两个乘积项分别作为纵坐标，连接各点成两条曲线，其交点就是公式(7.24)的解，此时，K 也就是桅杆的整体稳定临界荷载系数。

桅杆结构与基础固接或系用其他支座形式，纤绳节点考虑或不考虑偏心弯矩，均可照此原理进行计算。用初参数法计算桅杆，从上层算到下层，抑或从底座算到顶端，其结果均相同，但后者应将始端与末端的边界条件颠倒过来。

(5)计算桅杆整体稳定的极限位移法

采用梁单元和杆单元进行桅杆结构整体稳定有限元计算，由于结构的非线性特征，需采用迭代法求解。若迭代计算过程中节点位移$\{U_i\}$收敛，且趋于一限值，则此桅杆结构具有整体稳定性；若迭代计算过程中节点位移$\{U_i\}$趋于发散，则结构将会丧失整体稳定性。在发散前紧邻的那次收敛步，所得到的荷载系数 K 即为其临界荷载系数。

(6)计算桅杆整体稳定的全过程位移跟踪法

采用全过程位移跟踪法，不仅可以计算出桅杆失稳前的荷载-位移关系，还可以分析桅杆的后屈曲平衡路径，但需要建立桅杆结构整体稳定的非线性空间杆索有限元方程，并确定非线性分析理论以及跟踪计算手段。

桅杆结构的杆身大多为格构式体系，在有限元分析中，通常杆身采用修正 Lagrangian 坐标下的杆单元，而纤绳则离散化为多节点曲线索元；在杆身与纤绳的节点处，索元与杆元连接，这样桅杆结构就成为一个完整的非线性体系。

根据修正的 Lagrangian 总体坐标描述法，可得如图 7.13 所示杆单元的增量平衡方程

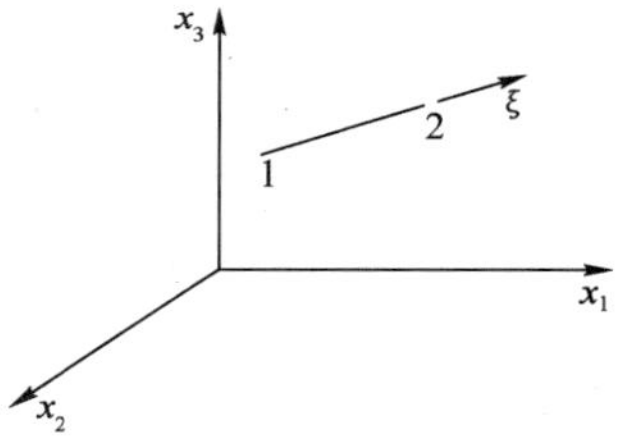

图 7.13　杆单元计算模型

$$([K_L]+[K_\sigma])\{\Delta u\}=\{F^{(n+1)}\}-\{R^{(n)}\} \tag{7.25}$$

上式中，

$$[K_{\mathrm{L}}]=\frac{EA}{L}\begin{bmatrix} l^2 & lm & ln & -l^2 & -lm & -ln \\ & m^2 & mn & -lm & -m^2 & -mn \\ & & n^2 & -ln & -mn & -n^2 \\ & & & l^2 & lm & ln \\ & sym. & & & m^2 & mn \\ & & & & & n^2 \end{bmatrix}$$

$$[K_\sigma] = \frac{A\sigma_t'}{L}\begin{bmatrix} 1 & 0 & 0 & -1 & 0 & 0 \\ & 1 & 0 & 0 & -1 & 0 \\ & & 1 & 0 & 0 & -1 \\ & & & 1 & 0 & 0 \\ & sym. & & & 1 & 0 \\ & & & & & 1 \end{bmatrix}$$

$$\{R^{(n)}\} = {}^{*}\sigma_t' A[-l \quad -m \quad -n \quad l \quad m \quad n]^{\mathrm{T}}$$

其中，l、m、n 分别为杆单元轴线对于整体坐标系的方向余弦；E、A 分别为杆元材料弹性模量和截面面积；L 为杆元长度；σ_t' 为 t 时刻杆元中的轴向 Euler 应力（静力计算中 t 表示增量步）；${}^{*}\sigma_t'$ 为 t 时刻杆元中 Kirchhoff 应力张量；$\{F^{(n+1)}\}$ 为外荷载等效节点力；$\{R^{(n)}\}$ 为内力等效节点力。

迭代求解中，每次迭代完毕后，求得的基于 $\Omega^{(n)}$ 状态的 Kirchhoff 应力张量 ${}^{*}\sigma_t'$ 与 σ_t' 的转换关系为

$$\left.\begin{aligned} \sigma' &= \frac{1+2e_1 l + 2e_2 m + 2e_3 n}{1+e_1 l + e_2 m + e_3 n}\cdot\sigma' \\ e_i &= \frac{\Delta u_i^2 - \Delta u_i^1}{L} \qquad (i = 1,2,3) \end{aligned}\right\} \tag{7.26}$$

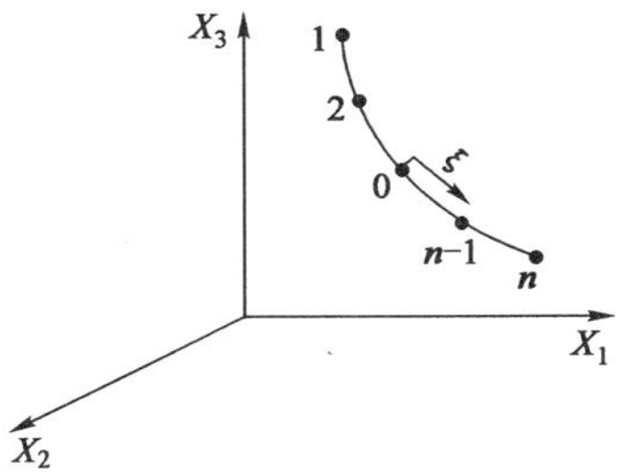

图 7.14　多节点索单元计算模型

在推导索单元（图 7.14 所示）的非线性平衡方程时，则需计入索元自重、风压及初拉力的影响。

设索元在 $\Omega^{(n)}$ 状态时的弦向拉力为 $S^{(n)}$，在 $\Omega^{(n+1)}$ 状态时的弦向拉力为 $S^{(n+1)}$，由 $\Omega^{(n)}$ 状态到 $\Omega^{(n+1)}$ 状态的拉力增量为 ΔS，索的弧长增量为 ΔD。由虚功原理可推得索元的增量平衡方程为

$$[K_s]\{\Delta u\} = \{F^{(n+1)}\} - \{T\}S^{(n)} \tag{7.27}$$

式中，$[K_s]$ 为索元的静力刚度矩阵，$[K_s] = \{T\}\dfrac{\Delta S}{\Delta D}\{T\}^{\mathrm{T}}$，$\dfrac{\Delta S}{\Delta D} = \dfrac{E_k A}{L}\ \dfrac{S^3}{S^3 + \dfrac{E_k A q^2 L^2}{12}}$；

$\{T\}$ 为索元弦向的方向余弦矢量，$\{T\} = [l \quad m \quad n \quad -l \quad -m \quad -n]^{\mathrm{T}}$；

假定 $\{f_g\}_i$ 和 $\{f_w\}_i$ 分别为索元 i 由自重和风引起的节点荷载，g 为索元的均布竖向重力荷载，W 为作用在索元上的风压引起的总风力，φ 为风压方向与纤绳平面的夹角，则

$$\left.\begin{aligned} \{f_g\} &= \left[0 \quad 0 \quad -\frac{1}{2}gL \quad 0 \quad 0 \quad -\frac{1}{2}gL\right]^{\mathrm{T}} \\ \{f_W\} &= \left[\frac{1}{2}W\cos\varphi \quad \frac{1}{2}W\sin\varphi \quad 0 \quad \frac{1}{2}W\cos\varphi \quad \frac{1}{2}W\sin\varphi \quad 0\right]^{\mathrm{T}} \end{aligned}\right\} \tag{7.28}$$

综合式(7.25)～式(7.28)，最终可得桅杆结构的非线性静力平衡方程为

$$[K]\{\Delta u\}=\{F^{(n+1)}\}-\{R^{(n)}\}+\sum_{i=1}^{n}[A]_i\{f_g^{(n+1)}\}_i+\sum_{i=1}^{n}[A]_i\{f_W^{(n+1)}\}_i \tag{7.29}$$

式中，$[K]$ 为杆元与索元的组合刚度矩阵；$[A]_i$ 为第 i 个索元的变换矩阵，且

$$[A]_i=\begin{Bmatrix} \dfrac{2Sl}{W\cos\varphi} & 0 & 0 & 0 & 0 & 0 \\ 0 & \dfrac{2Sm}{W\sin\varphi} & 0 & 0 & 0 & 0 \\ 0 & 0 & -\dfrac{2Sn}{gL} & 0 & 0 & 0 \\ 0 & 0 & 0 & -\dfrac{2Sl}{W\cos\varphi} & 0 & 0 \\ 0 & 0 & 0 & 0 & -\dfrac{2Sm}{W\sin\varphi} & 0 \\ 0 & 0 & 0 & 0 & 0 & \dfrac{2Sn}{gL} \end{Bmatrix}。$$

求解式(7.29)时，首先计算在纤绳初拉力和自重作用下桅杆的受力状态，然后，可采用2.3.2节介绍的增量修正弧长法，计算结构在风荷载增量作用下的荷载-位移曲线以及非线性稳定极限承载力。

(7)桅杆结构静力整体稳定分析初始几何缺陷的引入方法

在计算桅杆结构整体稳定性时，还需要考虑桅杆本身几何缺陷的影响。结构初始几何缺陷的引入方法可参见本书2.4.3节。其中几何缺陷的模式采用结构相应的屈曲模态，而桅杆几何缺陷的最大幅值，依参考文献[10]，应取为桅杆杆身高度的$\frac{1}{500}$。在引入初始几何缺陷后，上述桅杆结构静力整体稳定性分析方法仍然可以有效应用。

(8)桅杆静力整体稳定计算实例与比较

【算例 1】 分别用铰链法和平均参数法验算一高为200m的6层纤绳桅杆的整体稳定性，其跨长 l_i、轴向力 N_i和节点刚度 ν_i列于表7.5。

计 算 参 数 表7.5

跨 别	1	2	3	4	5	6
跨长 l_i(m)	33.33	33.33	33.33	33.33	33.33	33.33
轴向力 N_i(kN)	205	184	159	128	98	58
节点刚度 ν_i(kN/m)	41.8	26.2	21.0	14.9	15.0	13.1

解：

①用铰链法计算

$$A_1=\frac{N_1}{l_1}=\frac{205}{33}=6.21\text{kN/m}$$

同理

$A_2 = 5.58\text{kN/m}, A_3 = 4.82\text{kN/m}, A_4 = 3.88\text{kN/m}$

$A_5 = 2.97\text{kN/m}, A_6 = 1.76\text{kN/m}$

根据公式(7.10)，得到

$$D=\begin{vmatrix} -\left(A_1+A_2-\frac{\nu_1}{K}\right) & A_2 & 0 & 0 & 0 & 0 \\ A_2 & -\left(A_2+A_3-\frac{\nu_2}{K}\right) & A_3 & 0 & 0 & 0 \\ 0 & A_3 & -\left(A_3+A_4-\frac{\nu_3}{K}\right) & A_4 & 0 & 0 \\ 0 & 0 & A_4 & -\left(A_4+A_5-\frac{\nu_4}{K}\right) & A_5 & 0 \\ 0 & 0 & 0 & A_5 & -\left(A_5+A_6-\frac{\nu_5}{K}\right) & A_6 \\ 0 & 0 & 0 & 0 & A_6 & -\left(A_6-\frac{\nu_6}{K}\right) \end{vmatrix}=0$$

将 A_i 及 v_i 代入 D 中，可得

$$D=\begin{vmatrix} -\left(6.21+5.58-\frac{41.8}{K}\right) & 5.58 & 0 & 0 & 0 & 0 \\ 5.58 & -\left(5.58+4.82-\frac{26.2}{K}\right) & 4.82 & 0 & 0 & 0 \\ 0 & 4.82 & -\left(4.82+3.88-\frac{21}{K}\right) & 3.88 & 0 & 0 \\ 0 & 0 & 3.88 & -\left(3.88+2.97-\frac{14.9}{K}\right) & 2.97 & 0 \\ 0 & 0 & 0 & 2.97 & -\left(2.97+1.76-\frac{15}{K}\right) & 1.76 \\ 0 & 0 & 0 & 0 & 1.76 & -\left(1.76-\frac{13.1}{K}\right) \end{vmatrix}=0$$

展开上式可得

$$K^6-78.685857\times K^5+1406.7080\times K^4-9554.4904\times K^3+29073.881\times K^2-39809.722\times K+19877.969=0$$

解上式可得

$$K_1=56.6886\quad K_2=11.3703\quad K_3=4.7332\quad K_4=2.8101$$
$$K_5=1.7842\quad K_6=1.2995$$

取 $K_{\min}=1.2995$ 为整体稳定安全系数。

②用平均参数法计算

根据公式(7.21)和表 7.2 可得

$$K=\beta_6\frac{\sum_1^6\nu_k}{\sum_1^6\frac{N_k}{l_k}}=0.265\times\frac{41.8+26.2+21+14.9+15+13.1}{\frac{1}{33.33}(205+184+159+128+98+58)}=1.401$$

比较以上两种方法得到的整体稳定安全系数相差 7.8%，采用近似的平均参数法和用较精确的铰链法差别不大，而后者计算工作量较大。在实际工程中，可以适当提高临界荷载系数，建议取 $K \geqslant 2.5$。本例中的桅杆整体稳定是不足的，可通过增加支座刚性来提高其稳定性。

【算例 2】 一座 135m 高的无线电桅杆，其横截面为等边三角形，边长 1.2m，杆身为钢管组合结构，材料为 Q235，纤绳为三方三层，采用镀锌钢丝绳，其弹性模量 $1.2\times10^5\text{N/mm}^2$，纤绳初应力 250N/mm^2，布置如图 7.15 所示。基本风压 $w_0=0.65\text{kN/m}^2$。试用极限位移法验算桅杆的整体稳定性。

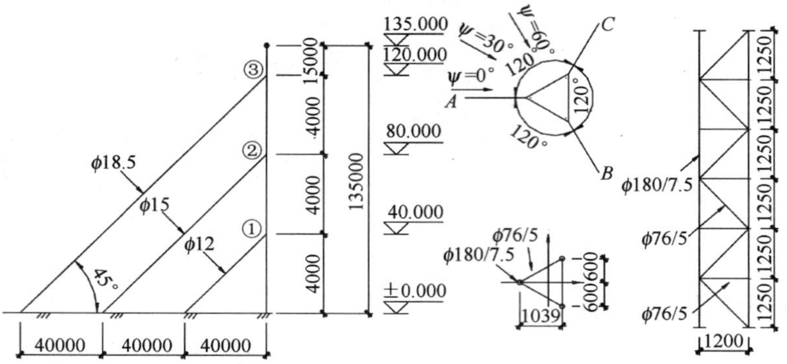

图 7.15 桅杆整体稳定计算简图(单位:mm)

解:本例根据前述极限位移法原则进行迭代。在一系列迭代计算过程中(荷载因子 $K=1,2,\cdots,n$)，若某一迭代步节点位移$\{U_i\}$不收敛，则将其前一收敛迭代步的结构状态作为临界状态，相应的荷载因子 K 为桅杆整体稳定临界荷载系数。

本例中分 $\Psi=0°$、30°、60°三种不同风向进行计算。

以正常风荷载乘上荷载系数 K($K=1.00$、1.25、1.50、1.75、2.00、2.25、2.75)，作用风向 $\Psi=0°$时，迭代计算均收敛。为了采用极限位移法计算桅杆的整体稳定性，继续提高 K 值重复进行迭代计算。以 $K=3.00$ 乘以风荷载，并进行迭代计算，计算结果$\{U_i\}$不收敛。

由此可见，临界荷载系数应在 $K=2.75\sim3.00$ 之间。为了寻找较准确的临界荷载系数 K 值，在此区间再进行迭代计算。当以 $K=2.81$ 代入，迭代结果收敛，以 $K=2.82$ 代入进行迭代计算，则迭代结果为发散，因此，可将 $K=2.81$ 作为桅杆整体稳定临界荷载系数。

同理 $\Psi=30°$、60°分别得到 $K_{30}=2.13$、$K_{60}=1.84$。

从以上结果可见，风向为 60°时整体稳定系数最小。

7.2.4 桅杆结构动力稳定性分析

桅杆结构增量形式的非线性有限元动力平衡方程可表示为

$$[M]\{^{t+\Delta t}\ddot{U}\}+[C]\{^{t+\Delta t}\dot{U}\}+[^tK]\{^tU\}=\{^{t+\Delta t}F\}-\{^tR\} \tag{7.30}$$

式中，$\{U\}$表示位移增量；$\{F\}$为外荷载矢量，在本文中为模拟的风荷载矢量；$\{R\}$为内力等效节点力矢量；$[M]$、$[C]$、$[K]$分别为结构的质量矩阵、阻尼矩阵和刚度矩阵。

对于式(7.30),可采用增量结合平衡迭代的方法求解。运动微分方程常采用直接积分法,本节采用 Newmark-β 法,非线性有限元方程的平衡迭代采用修正的 Newton-Raphson 法。其迭代格式为

$$[{}^{t}\widetilde{K}]\{{}^{t+\Delta t}U_{(i+1)}\}=\{{}^{t+\Delta t}\Delta\widetilde{F}_{(i+1)}\} \tag{7.31}$$

$$\{{}^{t+\Delta t}U_{(i+1)}\}=\{{}^{t+\Delta t}U_{(i)}\}+\{\Delta U_{(i+1)}\} \tag{7.32}$$

式中,

$$[{}^{t}\widetilde{K}]=\frac{1}{\beta\Delta t^{2}}[M]+\frac{\gamma}{\beta\Delta t}[C]+[{}^{t}K]$$

$$\{{}^{t+\Delta t}\Delta\widetilde{F}_{(i+1)}\}=\{{}^{t+\Delta t}F\}-\{{}^{t+\Delta t}R_{(i)}\}-[M]\{{}^{t+\Delta t}\ddot{U}_{(i)}\}-[C]\{{}^{t+\Delta t}\dot{U}_{(i)}\}$$

在修正的 Newton-Raphson 算法中,刚度矩阵以 t 时刻的刚度矩阵作为初始刚度,在迭代过程中保持不变。$\{{}^{t+\Delta t}R_{(i)}\}$为 $t+\Delta t$ 时刻第 i 次迭代的内力矢量;$\{{}^{t+\Delta t}F\}$为 $t+\Delta t$ 时刻的外荷载;$\{\Delta U_{(i+1)}\}$ 为第 i 次平衡迭代的位移增量的校正值。

求解式(7.31)得到第 i 次平衡迭代的位移增量的校正值,再由式(7.32)求得新的位移增量,并检查迭代是否收敛,如果收敛条件不满足,则继续迭代,直至收敛为止。如果满足收敛条件,则计算新的加速度、速度和位移,并进行下一增量时刻的计算。

由于桅杆结构的动力稳定特性远比静力稳定复杂得多,本节就有关的研究成果[8]作一简单介绍。桅杆结构动力失稳的类型与静力失稳的类型相同,都是属于极值型失稳。桅杆结构无论是静力失稳还是动力失稳,均表现为桅杆结构的大位移或大变形。这是因为桅杆结构是大位移几何非线性结构,无论是静力失稳还是动力失稳,其本质在于大位移几何非线性导致结构刚度矩阵出现奇异。

因此,可采用变形(位移)达到极限这一现象来估计桅杆结构的动力失稳,也就是用位移准则来判定桅杆结构的动力稳定性。这种方法不仅简单可行,并且有一定的准确性(当然精确的结果还是要通过动力稳定性分析计算稳定度来判定)。该位移准则可具体描述为:对某一桅杆结构,根据其各质点的质量与荷载分布形式(包括自重在内的所有静力荷载),预先估计出相应的等效动力荷载分布形式,然后各节点按此荷载分布形式以比例加载的形式进行静力稳定性分析,确定相应的稳定性临界位移,以此近似估计出该结构产生动力失稳时的临界位移。在动力荷载作用下,当该结构的节点位移测定值进入临界位移范围时,即认为该结构进入了动力稳定的临界状态。

对于桅杆结构,不同的荷载形式会导致桅杆产生不同的位移形式,因而,以桅杆与纤绳交接处节点的位移量作为度量临界位移的控制点最为合适。

当然,这一判定准则只是对结构的动力稳定性进行比较粗略的估计,精确的结果还是要通过动力稳定性分析计算稳定度来判定。

该准则对于由共振及裹冰驰振等动力特性引起纤绳大幅振动的情况则不适用,这时应综合考虑桅杆与纤绳交接处节点的位移量以及纤绳中点的位移量,且不能与静力荷载下的临界位移作简单的对比,因此,位移准则对由纤绳大幅振动引起的失稳不适用。

7.3 提高塔桅钢结构稳定性的措施

7.3.1 提高自立塔顶部桅杆稳定性的设计对策

对于自立式塔架顶部设置的多层变截面桅杆，桅杆的节段长度及荷载的限值问题（主要用于广播电视塔），GB 50135—2006[11] 和 CECS 80:2006[10] 和计算公式不可能完全反映实际中各种复杂的因素及其影响，因此，在塔桅结构设计中，只能采取相应于某些主要影响因素的对策，以减少桅杆失稳可能造成的风险或损失。提高自立塔顶部桅杆稳定性的具体方法可述如下。

①控制一定的天线数量，优化天线型式，尽可能采用多功器，减少负荷，缩短桅杆各段的长度。同时合理调整各段天线的桅杆截面尺寸，尤其增加桅杆底段的截面刚度，从根本上改善塔桅结构的受力性能。

②控制塔桅结构节点变位和自振周期。对于塔架主体结构部分的水平位移容易达到 GB 50135—2006 要求，但是，杆顶位移往往较大。如果在天线桅杆段下面设置塔楼或平台，则对桅杆段的风振有抑制作用，同时减少杆顶位移。如 198m 高的深圳电视塔（图 7.5），天线桅杆段长度 117.5m，杆顶位移不到 2.0m，满足 GB 50135—2006 要求，主要原因就是桅杆段底部设有 7 层塔楼，降低了塔架及桅杆结构的风振递增效应。

③除保证格构式桅杆的整体稳定性外，塔架主体结构更需要"稳重"。适当增大塔架根开尺寸是必要的，以增加塔架截面刚度，避免头重脚轻，降低桅杆风振。同时应减少外形坡折，因为每增加一个坡折点都将增加顶部位移。若场地受限制，塔架根开狭窄，直线形的塔型可能是最佳结构方案。

④塔架腹杆体系宜采用刚性杆件体系。因为刚性腹杆体系的杆件内力要比柔性腹杆体系的小，由桁架变位计算公式 $Y_{kp}=\sum N_k N_p \frac{l}{EA}$，不难看出，刚性腹杆体系的塔架节点变位随之减小。

对于塔桅结构中的混沌现象，只能在工程实践中不断总结，积累经验。四川某台搬迁工程和广西某无线覆盖工程的几十座广播电视塔几乎都建在山头，风大地窄，塔基根开有的仅为塔高的$\frac{1}{10}$，而天线桅杆段超长，有的占塔高近 80%，头重脚轻，在结构设计中采取了以上相应措施，经受了特大冰雪灾害和汶川大地震的严峻考验，没有一座发生破坏或失稳。

作为输电线网支持物的自立式钢塔，鉴于已遭受特大冰雪灾害的严重破坏情况，应该提高行业的设计标准，以防罕遇荷载的再现。

7.3.2 提高拉线式桅杆整体稳定性的根本措施

分析众多桅杆结构倒塌的原因，除腐蚀、纤绳零构件（如绝缘子）破坏等特殊情况外，主要是桅杆结构丧失整体稳定所致。而导致桅杆整体失稳的主要原因在于纤绳节点刚度不足。纤绳节点的刚度主要取决于纤绳拉应力，而影响纤绳拉应力的因素主要为：同层纤绳的倾角和拉力。如果同层纤绳倾角不同、受力不等，或者纤绳拉应力不够、纤绳松弛，则纤绳节点刚度将降低。关于桅杆杆身结构的单肢或跨间的稳定，只要按 GB 50135—2006 和 CECS 80:2006 进行正确的计算，在结构、材料上均可以保证其稳定性，但实际中的纤绳拉应力则是可变的。

桅杆结构底座通常采用竖向铰接支承，杆身是依靠每层诸方纤绳互相牵制才保持平衡直立，只要有一方纤绳拉力不一，节点就会产生偏移。如果某层各方纤绳都松弛，则该节点刚度就失去支承刚度，失去弹性支座作用，那么原桅杆节间跨度就增大为两个节间跨度，可能会导致失去跨间稳定性，继而导致整体失稳。如果各层纤绳都松弛，杆身就会摇摇欲坠，遇到大风便失稳而倒塌。因此，桅杆结构的整体稳定性虽然经过理论计算满足有关要求，也只能说明在理想状态下的理论计算值满足要求。

要达到桅杆结构同层各方纤绳拉力相等，就得首先保证同层各方纤绳倾角一致，而纤绳倾角与地形高差有关。对于高差起伏较大的地形，就必须按实际地形图通过逐次渐近法调整纤绳的水平投影距离来达到纤绳原有的倾角。

产生桅杆纤绳松弛的原因，一是纤绳在安装前未经预拉；二是桅杆建成运行后维护不善，没有及时或定期调整纤绳安装拉力。

桅杆纤绳采用的是钢丝绳，虽有足够的抗拉强度，但有较大的延伸性。因此，钢丝绳应在施加初拉力的条件下进行下料，两端经编结制成纤绳后尚要以 1.25 倍的初拉力进行整根预拉，在桅杆安装后还需要进行调整、测试各方初拉力。

这里所指的纤绳初拉力(也称为安装拉力)，应由桅杆结构计算得到。合理的纤绳初拉力，应使桅杆结构在设计风压作用下杆身位移曲线达到协调、收敛，满足这一条件且对杆身压力最小的纤绳初拉力为合理的纤绳初拉力。如果不满足上述条件，则应调整纤绳的截面规格。

如果纤绳在安装前不进行预拉，仅在安装后施加初拉力，使用中就会产生松弛现象。我国东北有座桅杆安装后，发现纤绳不断松弛，每天进行收紧，但紧不胜紧，原因就是下料及安装前没有进行预拉。

桅杆建成投入使用后，由于随机风荷载的动力作用以及温度变化等影响，纤绳长度和纤绳拉力会不断变化，如果不定期或不及时进行调整，同样会发生事故。如大同 151.5m 中波桅杆自建成后的二、三十年中，既未进行过维修，又未对纤绳安装拉力和杆身垂直度进行过调整，此后在遇上 8 级大风时，因纤绳节点刚度不足而倒垮。

应该指出，纤绳松弛，拉力不够，会导致纤绳节点刚度降低，影响桅杆的稳定性，但是，过大的纤绳拉力也会降低桅杆的稳定性。因为，桅杆杆身的轴向力随着纤绳节点刚度的增加而增大。格构式桅杆结构受压弯的跨间稳定与轴向力有关，当轴向压力数值接近欧拉临界值$\left(\frac{\pi^2 EI}{l^2}\right)$时，即使受到不大的横向风力作用，也可能导致桅杆结构失稳破坏。同时，由 $\pi^2\frac{EI}{l^2}$ 可见，当桅杆截面刚度(EI)不变时，欧拉临界值与跨间长度(l)平方成反比，也就是说，跨度愈大，欧拉临界值就愈小，所能承受的轴向力也就愈小。反之，若要承受一定的轴向力而不致桅杆失稳，就得控制跨间长度。然而，轴向力是随着桅杆高度增加而增加的，因此，当桅杆横截面尺寸一定时，试图以增加纤绳层数缩短跨距抑或加大桅杆柱肢规格来超越限高，只会导致加速桅杆结构的失稳和破坏。

拉线式桅杆结构的整体稳定性问题，过去局限于理论研究，忽视付诸实施要求。综上所述，保证同层纤绳与实际地形倾角一致、施加纤绳预拉力和调整运行中的安装拉力是确保桅杆整体稳定的三项根本措施，这需要设计、施工和维护三方共同协力实施。

此外，用于电视、调频天线的支持桅杆或用于气象观测等的桅杆，细长而无零构件的纤绳在低速风作用下将可能产生横向振动，当雷诺数 $Re<3\times10^5$ 时，可能发生亚临界范围的微风共振。北京 325m 气象桅杆建成后不久就发现，当风速 $v=3.0$m/s 时产生横向振动现象，为避免发生横向共振导致桅杆整体失稳，在纤绳上及时安装了橡胶阻尼减振器，克服了这种现象。河南商丘 258m 电视桅杆也有这种横向振动现象，也采取了类似减振措施，并达到了同样的减振效果。因此，对于这类桅杆的振动现象，只要采取有效的消振措施，可以减小或抑制横向振动现象，保证桅杆的整体稳定性。

参 考 文 献

[1] 乐俊旺. 工程设计技术(天线塔桅). 北京：国防工业出版社，1996.

[2] 王肇民等. 桅杆结构. 北京：科学出版社，2001.

[3] 乐俊旺. 塔桅构筑物设计与混沌现象. 特种结构，2008，25(2)：57-59.

[4] 乐俊旺，拉线式桅杆事故分析及处理. 北京：第十二届空间结构学术会议论文集，2008.

[5] Moon，F. C. Chaotic Vibrations. Wiley，New York，1987.

[6] Li Ruihua，Cai Yiyan. Design and Construction of Steel Towers and Masts in China. Building in China，1990，3(1)：16-26.

[7] 東京タワーの20 年 o1978.

[8] 何艳丽. 桅杆结构的动力稳定性分析. 上海：同济大学，1999.

[9] 王仲刚. 桅杆非线性风振响应分析及混沌现象研究. 上海：同济大学，2002.

[10] CECS80：2006 塔桅钢结构工程施工质量验收规程. 北京：中国计划出版社，2006.

[11] GB 50135—2006　高耸结构设计规范. 北京：中国计划出版社，2006.

第 8 章　钢结构稳定事故分析

8.1　钢结构事故的类型及特点

8.1.1　建筑钢结构事故分析的必要性

钢结构作为一种承重结构，具有质量轻、强度高、材料均匀、塑性及韧性好、抗震性能优越、制造简单、工业装配化程度高、施工周期短、综合经济效益显著、造型美观以及符合绿色建筑等诸多优点。长期以来，我国因缺少钢材而对建筑钢结构的应用有所限制，使建筑钢结构的使用限制在很小的范围内，建筑钢结构用钢量占全国钢材总产量的比重极低。自1996 年我国的钢产量突破 1 亿吨大关以来，在国家一系列鼓励性政策的调控下，建筑钢结构的发展迅速，被广泛应用于各行各业的各类结构工程中，如工业厂房、大型民用公共建筑、体育建筑和住宅建筑等，尤其在大跨度钢结构和超高层建筑钢结构领域的应用，具有明显的优势。2006 年，我国钢材产量已达到 4.18 亿吨，使得我国粗钢产量大于世界排名第2～6位国家的粗钢产量之和。毋庸置疑，钢铁行业的发展为我国建筑钢结构的发展奠定了良好的基础。工业厂房、铁路和公路桥梁、高速公路和铁路中的配套设施、机场和火车站的新建及扩建、市政工程、北京奥运会体育场馆及配套设施、上海世博会、广州亚运会、深圳世青会等都大量采用了钢结构建筑体系。然而，钢结构由于其构件截面相对较小且壁厚较薄，构件刚度相对较弱，使得其稳定问题突出。同时，钢结构也存在耐火性差、耐腐蚀性差、在低温或其他条件下可能出现脆性断裂以及材料缺陷等缺点。而现代高层及高耸钢结构工程的结构高度越来越高，大型钢结构的规模和跨度越来越大，且单位面积的重量越来越轻。因此，在其安装、使用过程中可能导致钢结构的损伤、失效甚至倒塌破坏事故。在回顾过去钢结构发展的巨大成就，展望未来钢结构美好前景的同时，人们也知道国内外建筑钢结构都曾发生过许多不同类型、不同原因、不同程度的工程事故，特别一些重要钢结构工程的倒塌事故(见 8.3 节钢结构事故实例介绍与分析)，造成了重大人员伤亡和经济财产的损失。为了避免类似的钢结构事故重复发生，对钢结构事故开展分析研究工作十分必要且具有非常重要的现实意义。

8.1.2 建筑钢结构的失效类型及特点

1)建筑钢结构事故的形成

结构设计的目的,是保证所设计的结构或构件在正常建造和使用过程中能满足预期的安全性、适用性和耐久性的功能要求。因此,结构设计的基本要求是:各种荷载在结构中所产生的效应,如内力和变形等,不大于结构(包括连接)由材料性能等所决定的抗力或规定的限值。当结构的抗力 R 小于效应 S 时,结构即处于无法正常工作或无法正常使用的状态,称之为失效。结构失效具有潜在的危险性,当结构失效产生严重后果时,结构物就不能满足预定的功能——即安全性、适用性和耐久性的要求。当结构不具有适当的可靠性时,即形成事故。失效是一种带病状态,而事故是一种后果,事故的原因是失效,但失效未必一定会引发事故。

2)建筑钢结构事故的类型

根据不同的划分标准,钢结构事故有多种不同的分类方法,以下介绍几种典型的分类方法。

(1)按造成人员伤亡或者直接经济损失严重程度国家对事故的分类

①特别重大事故

是指造成 30 人以上死亡,或者 100 人以上重作(包括急性工业中毒,下同),或者 1 亿元以上直接经济损失的事故;

②重大事故

是指造成 10 人以上 30 人以下死亡,或者 50 人以上 100 人以下重伤,或者 5000 万元以上 1 亿元以下直接经济损失的事故;

③较大事故

是指造成 3 人以上 10 人以下死亡,或者 10 人以上 50 人以下重作,或者 1000 万元以上 5000 万元以下直接经济损失的事故;

④一般事故

是指造成 3 人以下死亡,或者 10 人以下重伤,或者 1000 万元以下直接经济损失的事故。

国务院安全生产监督管理部门可以会同国务院有关部门,制定事故等级划分的补充性规定。本条款所称的“以上”包括本数,所称的“以下”不包括本数。

(2)根据事故发生时钢结构的生命阶段进行事故分类

①建设阶段;

②使用阶段。

(3)根据钢结构破坏形式进行事故分类

①钢结构的脆性断裂破坏;

②钢结构承载力和刚度失效;

③钢结构疲劳破坏;

④钢结构失稳破坏;

⑤钢结构的腐蚀破坏;

(4)根据事故原因进行事故分类

①自然灾害事故;

②人为责任事故;

事实上,绝大部分事故都是由多种原因造成的,一项事故可能分别属于多种事故类型,因此,实际上并不能只将一项事故定义为某一种类型事故。

3)建筑钢结构事故的特点

国内外的调查资料表明,钢结构失效或事故具有如下特点:

(1)工业建筑钢结构发生事故多

①工业厂房普遍采用钢结构;而民用建筑钢结构工程相对较少;

②钢结构厂房大多有吊车系统,荷载大,使用频繁。

(2)施工阶段发生事故多

结构构件偏差较大;支撑不足导致倾覆或倒塌。

(3)使用阶段发生事故多

年久失修引起的变形、腐蚀、渗漏等,构件失稳,连接破坏,基础不均匀沉降,吊车引起的疲劳破坏,风雪荷载过大引起的结构破坏等。

(4)人为失效或事故多

我国钢结构发展较晚,技术人员匮乏,监督管理经验也不足,而市场发展迅猛。特别是受经济利益驱使,近几年建造的个别中小型民用钢结构工程,由于工程质量跟不上,再加上企业降低成本,无正规手续和正规设计图纸,施工企业有意修改原设计的图纸,现场实际施工图与验收存档图纸不同(所谓阴阳图),无资质施工,不走正常的项目建设程序等造成结构失效或事故。

(5)自然灾害事故多

风灾、火灾、雪灾、雨灾及地震灾害等造成的结构事故频发。

8.2 现代钢结构事故发生的原因及失效模式

现代钢结构发生事故的原因很多,有时也很复杂。广义而言,由于自然灾害或其他原因,为当前人力所不能预防而造成的意外损害或破坏的事故,为自然灾害事故;由于设计、施工、管理或操作及使用时的过失或违反建设工程程序所引起的事故,为责任事故。根据国内外有关资料的统计分折,按照钢结构生命周期内经过的四个阶段内发生事故所占的百分比可得到,因设计原因占33%;因加工制作原因占23%;因安装施工原因占30%;因使用原因占14%。按钢结构工程事故的失效类型得到的百分比为:整体或局部失稳占22%:构件破坏占49%:连接破坏占19%:其他占10%。分析钢结构工程失效或事故的原因,应从工程的生命周期着手,其生命周期可以分为建设阶段和使用阶段。其中建设阶段又分为设计、加工制作、安装三个时间段,该阶段的失效风险来源于设计、施工的失误和疏忽;使用阶段又分为正常使用和超期使用两个时间段,正常使用阶段的失效风险来自于非正常使用不当和维护不当及人为和自然灾害;超期使用阶段的失效风险来自于结构自身的损伤累积和正常抗力的丧失。

钢结构的失效模式主要表现为：结构整体失稳；结构局部失稳；钢构件失稳；钢构件强度失效；连接失效；节点失效。

8.2.1 建筑钢结构建设阶段事故的原因

1)设计阶段

关于钢结构的设计，目前国家规定分两次完成：施工图设计和施工(加工)详图设计。施工图设计，一般由有设计资质的设计院完成；施工(加工)详图设计，一般由有专项设计资质的钢结构公司或另外单独委托有设计资质的设计院完成。目前，由于钢结构设计人员较少，设计水平较低和经验不足，虽然目前已经有了各种比较先进的钢结构设计软件，但设计人员过分依赖计算机软件，在缺乏经验的前提下，进行人工干预设计的能力很差。再加上设计追求低用钢量和低造价的不正常的市场竞争情况，导致结构的安全可靠性降低。常见的设计问题有：结构设计方案不合理；计算简图不当，支座假定与设计构造不一致，导致结构计算错误；对结构荷载取值与实际情况不符；材料选择不当，钢结构连接节点的构造不合理；详图设计时改变了原设计的意图；未充分考虑加工制作与安装施工和使用阶段工艺特点和要求，没有按现行设计规范执行。

2)加工制作阶段

工厂化加工是钢结构的一大特点，该阶段出现问题主要体现在工厂质量控制把关上，即不按设计图纸要求进行加工制作；制作尺寸偏差大，质量低劣；材质检验不严格，对材质源头把关不严；设备工艺落后；缺少熟练的技术人员和技工群体。没有拟定可靠的焊接工艺标准；用材和防腐措施不适宜；不遵守相应加工规范和标准。采用负公差板材或管材，存在变相偷工减料行为。

3)安装施工阶段

装配化程度高是钢结构的一大优点，该阶段出现事故大多与施工组织设计不完善或施工监理不到位有关。具体问题如下：

①无完整的安装施工方案，安装施工程序不正确，操作错误；

②临时支撑不足或缺失和结构刚度不够；安装偏差大引起结构变形大；

③安装连接不正确，质量差；

④复杂构件吊点和重心的计算不正确，吊装、提升、定位和矫正的方法不正确；

⑤设备和检测仪器不完善，精度达不到要求；

⑥检验制度不严密；

⑦缺乏熟练的技术人员和技工群体。

8.2.2 建筑钢结构正常使用阶段事故的原因

使用阶段造成钢结构失效或事故的主要原因有：

①使用过程中任意改变结构布局或结构构件截面；

②建筑物地基下沉显著；

③结构超载使用；

④使用条件恶劣，防护不到位，钢材材性改变；

⑤钢结构受力条件改变,对结构体系采用了不恰当的方法进行改造加固,加固构件的传力路线不明确或不正确;

⑥违反使用规定,在构件上乱开洞削弱构件截面等;

⑦不经验算,随意或错误的在某些构件上设置吊点,使构件在附加荷载下产生过大的变形或失稳,造成严重的后果;

⑧生产操作不当,对结构造成损伤和破坏后,不及时维修;

⑨对结构的定期检查制度贯彻执行不到位,或未进行定期维护及维修;

⑩无法预测的自然灾害或不可抗力因素。

8.2.3 建筑钢结构超期使用阶段事故的原因

超期使用造成钢结构失效或事故的主要原因有:

①不进行定期维护及维修;

②不进行安全检测和可靠性鉴定。

8.2.4 钢结构失稳的失效模式和影响失稳的主要因素

1)钢结构构件的失效模式和影响因素

钢构件的失稳发生在轴压、压弯和受弯构件中,失稳模式可分为两类:即构件局部丧失稳定和构件整体丧失稳定。导致钢构件失稳的主要因素也相应的可分为两大类:即影响钢构件局部失稳的因素和影响钢构件整体失稳的因素。

(1)影响钢构件局部稳定性的主要因素

①构件局部受力部位加劲肋构造不合理

若在钢构件局部受力较大部位(如支座、较大集中荷载作用点)不设置支承加劲肋,致使外力仅由较薄的腹板承受,则腹板易产生局部失稳。另外,钢构件通常壁板很薄,若在运输单元的两端以及较长构件的中间不设置横隔,则构件的截面几何形状就难以保持,易丧失局部稳定性。

②构件吊装时的吊点位置选择不当

构件在吊装过程中,由于吊点位置选择不当,会造成构件局部应力较大,从而可能导致壁板局部失稳。因而,在钢结构设计图中,应详细说明正确的起吊方法和吊点位置。

③构件局部稳定性不满足要求

如工字形、槽形截面构件翼缘的宽厚比和腹板的高厚比大于限值时,易发生局部失稳现象,在组合截面构件设计中尤应注意。

④初始缺陷

钢材的负公差过大,将导致组成构件的壁板过薄、宽厚比过大,从而易导致局部失稳变形;另外,焊接等工艺过程将使钢板产生难以避免的局部鼓曲和波浪等变形,这种初始变形,易诱发薄板的局部失稳变形。

(2)影响钢结构构件整体稳定性的主要因素

①构件的各类初始缺陷

在实际工程的钢构件中,存在初弯曲、初偏心等初始几何缺陷以及初始应力或残余应力等，这些初始缺陷对钢构件的稳定性有着显著的影响。

②施工临时支撑体系的刚度

在钢结构的安装过程中，由于结构并未完全形成一个设计要求的受力整体或其整体刚度相对较弱，因而，需要设置一些临时支撑体系来维持结构或大型构件的稳定性，若临时支撑体系刚度不足，将可能导致结构或构件的失稳。

③构件受力条件的改变

钢结构使用荷载和使用条件的改变，如超载、节点破坏、温度变化、基础不均匀沉降、意外冲击荷载、加固后计算模式的改变等，将可能导致受压构件压力增加，或使受拉构件转变为受压构件，从而导致构件整体失稳。

④构件整体稳定不满足要求

影响构件整体稳定的主要参数为长细比 λ，过大的 λ 可能导致构件整体失稳。另外，应注意构件截面在两个主轴方向的计算长度可能不同，以及构件两端实际支承状况与计算模式间的差异。

⑤钢构件局部屈曲对整体稳定性的影响

在钢构件发生整体失稳之前，若板件先丧失局部稳定性，则板件的局部失稳变形，会降低构件的整体稳定性或承载能力。

a. 对于实腹式轴心受压构件，当板件尺寸很大而厚度又相对很薄时，就可能在整体失稳之前发生局部屈曲；对于格构式轴心受压构件，其分肢在构件丧失整体稳定之前也可能先发生某肢段的局部屈曲。

b. 偏心受压构件（压弯构件）与受弯构件的板件相似，在均匀压应力或不均匀压应力和剪应力作用下，当应力达到某一数值时，可能发生偏离其平面位置的波状凸曲变形即屈曲变形，构件丧失局部稳定性。

2）钢结构体系的失效模式和影响因素

钢结构体系的整体失稳，常常因结构体系中个别或局部区域构件或节点的首先失稳，并发生失稳传播，进而导致结构的整体失稳。影响钢结构体系稳定性的主要因素也可分为两大类：即影响钢结构体系局部稳定性的因素和影响钢结构体系整体稳定性的因素。

（1）影响钢结构体系局部稳定性的主要因素

①钢结构局部区域节点失效或失稳

当结构的个别或局部连接节点失效或失稳时，与之相连接的构件随即失效，相邻的节点必须承受本该由失稳节点承担的荷载，从而使结构内力发生重分布。结构内力的重分布，可能使结构中节点失效或失稳的范围进一步扩大，最后导致结构的整体失稳。局部节点失效的模式有以下几类：

a. 局部连接节点受拉或弯或扭过大，而节点承载力不足，导致强度破坏；

b. 局部连接节点遭受意外（撞击）集中荷载作用，导致强度破坏；

c. 局部连接节点承受动力荷载作用，疲劳破坏；

d. 局部连接节点板件受压弯扭后失稳或变形过大。

②局部构件失效或失稳

当结构的局部构件失效或失稳时，与之相邻的构件必须分担本该由失稳构件承担的荷载，从而使结构内力发生重分布。结构内力的重分布，可能使结构中构件失效或失稳的范围进一步扩大，最后导致结构的整体失稳。局部构件失效的模式有以下几类：

a. 局部构件受拉或弯或扭过大，而构件承载力不足，导致强度破坏；

b. 局部构件受压弯作用，构件整体失稳；

c. 局部构件遭受意外集中荷载作用，导致强度破坏；

d. 局部构件加工和安装偏差过大，强迫就位施工造成构件失效或失稳破坏。

(2)影响钢结构体系整体稳定性的主要因素

①结构体系整体刚度分布不均匀，存在明显的薄弱区域，则在刚度薄弱区域，易发生结构的局部失稳，进而传播和发展后导致结构整体失稳；

②结构上作用的荷载分布不均匀，或者某些构件或节点上作用有过大的局部或集中荷载，则易发生局部杆件失稳或局部节点失稳，进而传播和发展后导致结构整体失稳；

③结构施工安装偏差过大，引起结构整体变形过大，易产生结构的局部失稳，经传播和发展后导致结构整体失稳。

随着新型钢结构体系的不断产生和发展，现代钢结构体系变得越来越轻柔，随之而来的是新型钢结构体系的整体稳定问题变得越来越突出。然而，人们对这些新型钢结构体系的稳定性态却知之甚少，相应的稳定理论、分析方法及评定准则还远不够完善，致使目前缺乏关于新型钢结构体系整体稳定性的实用计算、设计及评定方法。

8.3 钢结构事故实例概况与调查分析

迄今为止，国内外均发生过许多起重大的钢结构工程事故，造成巨大的经济损失和人员伤亡。现代钢结构发生事故的原因很多，有时也很复杂。通常一个钢结构工程事故的发生是多种原因综合造成的。一般情况下，通过对事故案例的深入分析，就能够找到发生事故的主要原因和直接因素。对于从事钢结构设计和施工的人员而言，分析研究已经发生的钢结构失效或倒塌事故并深入剖析其机理，能更多、更深入、更直观地了解和掌握钢结构及其构件的力学性态、稳定特征和失效机理，更深刻地理解钢结构的计算理论、设计方法和各种限定准则。通过对实际整体失稳事故的深入分析，能够获得更具体、更详细的结构参数特征、破坏数据资料和破坏机理信息，深入理解抽象的整体失稳概念，可为设计和施工提供有益的借鉴或参考，以便采取有效的应对措施，防止钢结构类似事故的重复发生。除了1.1.3节中提及的几个典型钢结构的工程事故外，下面简述几类有代表性的钢结构事故案例。

8.3.1 钢结构事故工程实例1——双层筒形网壳结构倒塌事故

1)工程概况

湖南耒阳电厂大型干煤棚，跨度70.68m，长度124.5m，高度32.08m，采用螺栓球节点双层三心圆柱面网壳(图8.1、图8.2)。2000年4月14日中午12点10分，在使用了近五年后突然发生整体失稳倒塌(图8.3、图8.4)。所幸的是只造成斗轮机设备和结构破坏的经济损失，未发生人员伤亡。这是到目前为止，我国网壳结构整体倒塌破坏最大的一例。

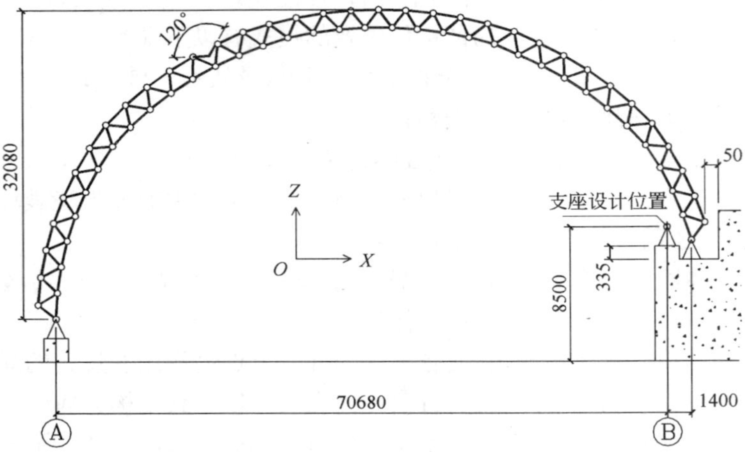

图 8.1　网壳剖面及支座偏移位置图

图 8.2　建成后未倒塌前网壳

图 8.3　网壳倒塌现场状况

2)事故调查分析

该网壳属于一座受损的“病态”结构，加上长期在腐蚀环境下非正常使用，导致了整体失稳倒塌的必然结果。造成该网壳结构整体失稳倒塌的主要原因包括：

①设计和施工选用了纯橡胶垫板作为网架橡胶支座，不符合《网架结构设计与施工规程》(JGJ 7—90)的要求，更不能满足抗压剪等参数的要求。

图 8.4　网壳倒塌及斗轮机受损状况

②网壳施工采用逐条累积滑移法，安装基本就位后违反操作规程，在支座未作固定的情况下，拆除了为防止支座外移预加的临时拉索，致使支座移位，低边支座中心向轴线外偏移 90mm，高边支座中心向轴线外偏移 1400mm，并从柱顶竖向滑落约 335mm。由于支座偏移和由此产生的冲击，导致从低边支座向上第 12 列外层弦杆全部受压凹曲失稳，使局部支座、杆件、节点及高强螺栓受损。

③采用专用工具强迫网架支座位移复原就位，使得部分杆件拉、压力变号，也使部分高强

螺栓再次受损甚至断裂。事故现场有不少高强螺栓断口新旧分明，部分螺栓存在假拧紧状况，复位后只更换了已弯曲变形的杆件，在网壳中埋藏了先天安全隐患。

④在复位前，未能及时对受损网壳结构进行全面有效的检查、分析和监测；在复位后，也没有对受损网壳结构进行安全检测和可靠性鉴定。

⑤没有进行正常或定期的检查、维护和保养。网壳在使用过程中，由于长期处在易腐蚀的环境，锈蚀严重(图8.5)，杆件截面受损。

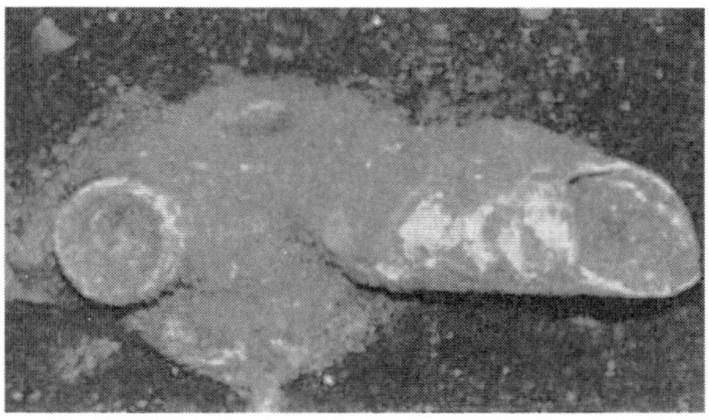

图8.5 支座和杆件的严重锈蚀状况

⑥煤的堆放不当，煤堆长期堆压在支座节点与杆件上，后经挖掘勘查，不少杆件存在压弯或锈蚀而脱落的情况。

8.3.2 钢结构事故工程实例2——高层钢结构倒塌事故

1)工程概况

美国纽约市的标志建筑——世界贸易中心大楼主体(北塔和南塔)呈双子塔形，位于哈得孙河口，曼哈顿闹市区南端，雄踞纽约海港旁，是美国纽约市最高、楼层最多的摩天大楼。它由纽约和新泽西州港务局集资兴建，由美籍日裔建筑师雅马萨奇(Minoru Yamasaki，即山崎实)设计，熊谷组施工，于1966年开工，1973年竣工。世贸中心大楼是超高层钢结构建筑，地下6层，地上110层，高411m，实际楼高417m(北塔)和415.3m(南塔)，两座塔楼天线尖顶高526.3m，层高3.66m。主体采用筒中筒结构，外筒承担60%竖向荷载，内筒承担40%竖向荷载和全部水平荷载。外筒尺寸为63.5m×63.5m，由密柱和深梁构成，每边59根箱形柱，12m以上柱距为1.02m，柱截面450mm×450mm，12m以下加大柱距为3.06m(三柱距合一)，柱截面800mm×800mm，钢板厚度随高度变化由12.5mm到7.5mm逐渐变薄，深梁截面高度1.32m。外筒开孔率仅为36%。内筒24m×42m，由24根框架柱组成，楼面采用格构式主次梁组成，主梁间距2.04m。楼板采用压型钢板组合楼板，上浇注100mm厚轻混凝土，单个塔楼的重量约5万t，总用钢量7.8万t，单位面积用钢量186.6kg/m^2。大楼在风荷载作用下，实测最大变形值为280mm。墙面由铝板和玻璃窗组成，有“世界之窗”之称(图8.6)。

2)坍塌过程

美国东部时间2001年9月11日上午8时45分，载有92位乘客的由波士顿飞往洛杉矶的美国航空公司11次航班波音767客机，遭劫持后撞击世贸中心的北塔楼位置为94至98层之间后起火。于上午10时28分，即大火燃烧了1小时43分钟后，世贸大楼北塔楼才坍塌。上午9时02分54秒，载有65位乘客的由波士顿飞往洛杉矶的美国联合航空175次航班波音757客机，遭劫持后撞入世界贸易中心南楼78至84层处，并引起巨大爆炸起火。飞机以近乎45°的左倾角度撞上南塔楼，飞机的部分残骸从大楼东侧与北侧穿出。于上午10时05分，大火燃烧了1小时零2分钟后，被撞击的南塔楼率先坍塌(图8.7～图8.11)。9月11日下午15时25分世贸中心7号楼倒塌；9月13日在已坍塌的世界贸易中心大厦附近的一个高54层的购物中心坍塌。这次灾难共造成2823人遇难。

图 8.6　纽约世贸中心

图 8.7　客机撞向北塔楼

图 8.8　北塔楼被撞瞬间

图 8.9　北塔楼被撞后

图 8.10　纽约世贸中心大楼坍塌

图 8.11　纽约世贸大楼坍塌后的废墟

3)事故调查分析

世贸中心大楼坍塌的机理十分复杂，国内外相关分析也比较多。主要原因如下。

①世界贸易中心是由日裔美籍建筑设计师山崎实所设计。事后据他生前的助手说，因为参考过去帝国大厦曾经受到美国空军轰炸机误撞事件的影响，在设计过程当中已经考虑到需要使大楼结构足以抵御大型飞机的直接撞击。因此，飞机的直接水平撞击不可能造成整个结构的垮塌。飞机撞击大楼属于意外事件，形成的水平冲击力属于不可抗力。大楼中部受撞击后晃动幅度近 1m，但并未立即发生垮塌。因此，也印证了原结构设计已经考虑了大楼具备抵御大型飞机直接撞击的能力。

事实上，飞机水平撞入大楼后发生爆炸产生的巨大冲击力，造成部分梁柱和连接失效破坏，导致大楼中部几层钢结构总体承载力降低，形成整体大楼局部失稳的薄弱楼层部位。

②钢结构具有耐火性能差的致命缺点。而撞击北楼的波音 767 飞机装载 51t 的航空煤油，北楼垮塌前大火持续燃烧了 1 小时 43 分钟；撞击南楼波音 757 飞机装载 35t 的航空煤油，南楼垮塌前大火持续燃烧了 1 小时零 2 分钟。因飞机将高热值航空煤油投入到楼体心脏部位后，发生爆炸并引起的大火，大火使防火涂料失去防护作用，高温使没有遭受撞击破坏的大楼中间部位几层钢结构梁柱迅速软化失稳，大楼上部楼层在自身重力的作用下迅速垂直向下塌落，经过失去承载能力的楼层高度下降后，便转化为竖向的冲击动力，对下面的楼层结构的冲

击力远远大于其原先静止时重力，致使大楼下部楼层钢结构梁柱难以承受并迅速失效，于是发生了钢结构整体失稳或断裂，层层依次迅速垂直向下坍塌。

8.3.3 钢结构事故工程实例3——钢结构塔倒塌事故

1)工程概况

晋州市广播电视局新建电视塔位于晋州市迎宾大道南180m处，塔体为四柱角钢组合钢结构，塔底边长40m，总高186.8m。仿照埃菲尔铁塔设计，当地人又称“晋州埃菲尔铁塔”。电视塔设计使用期限50年，预算投资320.3万元，由晋州市财政拨款。该工程在建设过程中屡出质量问题。在2009年4月20日，该塔因刮风造成塔顶部错位2.3m；于2009年7月23日晚7时许，晋州市遭遇一场罕见暴风雨袭击，瞬间最大风力达9级，电视塔在暴风雨中拦腰折断，第一断裂处位于塔高56m处，第二断裂处位于塔高约70m处(图8.12、图8.13)。塔的上部折断后落在北侧，折断的铁塔扭曲变形，很多螺丝钉已松动(图8.14、图8.15)。目前该塔尚未交付使用。

图8.12 钢塔折断倒塌北立面

图8.13 钢塔折断倒塌南立面

图8.14 钢塔倒塌散落的构件

图8.15 钢塔构件扭曲变形失稳

2)事故调查分析

根据晋州市广播电视发射塔事故的初步调查报告可知，该塔倒塌破坏的主要原因有：

①该塔体安装施工，没有正规设计的施工图纸；

②施工方雇用没有经过培训、没有安装资质的农民工安装队伍；

③委托不具备资质的施工监理单位；

④2008 年 11 月 5 日，施工单位出具证明，承认由于该厂工作失误，将高度位于 50m 至 101m 段的主柱设计角钢，错用为规格较小的角钢，属于偷工减料；

⑤由建筑工程质量检测中心对该项目进行了全面检测表明，塔体存在严重工程质量隐患。甲方擅自将工程质量标准由国家标准降为低于国家标准，导致该工程出现了重大质量问题，最终在风雨中折断；

⑥2009 年 4 月 20 日的大风天气之后，该塔塔体受力角钢在标高 56m 处及 101m 处，已经出现屈曲变形现象，但未进行加固或修复；7 月 23 日 18 时 56 分出现大风天气，瞬时风速高达 22m/s，风力 9 级，致使已经屈曲变形部位的变形进一步增大，最终导致塔体在该部位折断，属于外因；

⑦该电视发射塔生产安装的施工质量较差，焊缝及螺栓的连接质量不满足相关规范要求，致使塔体结构构件在外力作用下受力不均，致使局部构件应力过大而扭曲失稳，属内因；

⑧该工程除违规施工、偷工减料及违规监理外，还是一起官商勾结造假，涉嫌合同诈骗的重大安全责任事故。

8.3.4 钢结构事故工程实例 4——穹顶组合网壳倒塌事故

1)工程概况

山西某穹顶组合网壳几何尺寸为直径 34.1m、矢高 5m，钢网壳采用 L80×8～L140×10 的双角钢杆件，节点采用十字板节点，网格径向尺寸 3m，环向为 1.15m～3.34m，网格划分形式见图 8.16。网壳上覆盖钢筋混凝土预制板并与钢网壳节点板焊接，板缝和板上铺设钢筋网，板缝灌注砂浆并在板面现浇 35mm 厚细石混凝土层，形成组合网壳。支座与环梁整浇为一体。同样的工程在同一场地上共有 4 座，已建成 2 座。1993 年 10 月，第三个网壳在施工中整体失稳倒塌(图 8.17)。

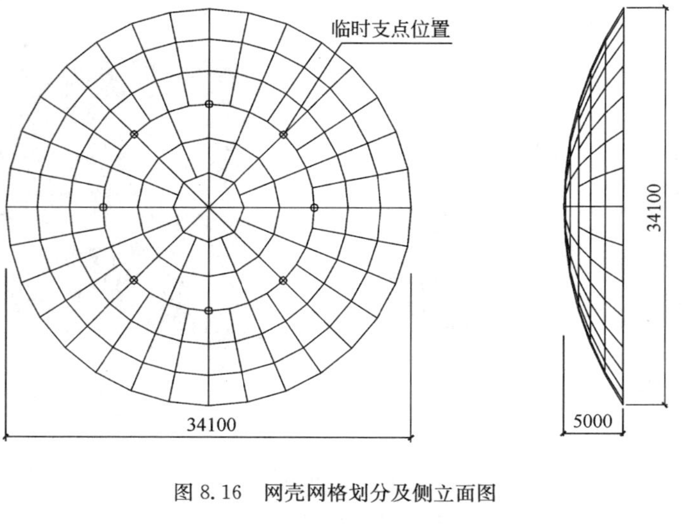

图 8.16　网壳网格划分及侧立面图

2)倒塌过程

钢网壳在地面上分 8 片制作，吊装到煤仓屋顶，在网壳中心设钢抱杆定位组装，组装完成后设置 8 个临时支点见图 8.18，预制板与钢网壳焊接固定后，开始由下至上分两部分现浇细石混凝土层同时灌注板缝。10 月 22 日上午完成下半部分施工，下午开始浇注上半部分细石混凝土层（图 8.19）。在施工到上部 1/8 面积时，因在其附近 $2m^2$ 范围内、偏离网壳中心 3m 左右处，堆放 130mm～200mm 厚的细石混凝土，结果导致临时支点内钢网壳失稳倒塌（图 8.18）。倒塌速度很快，以致下部建筑未插紧的钢窗在压缩空气作用下突然打开。倒塌后临时支点以内网壳翻转成倒穹顶形状（图 8.17、图 8.20）。

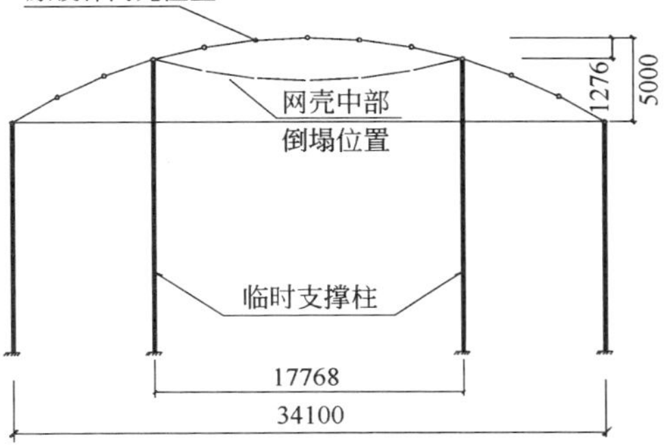

图 8.17　网壳倒塌后形状

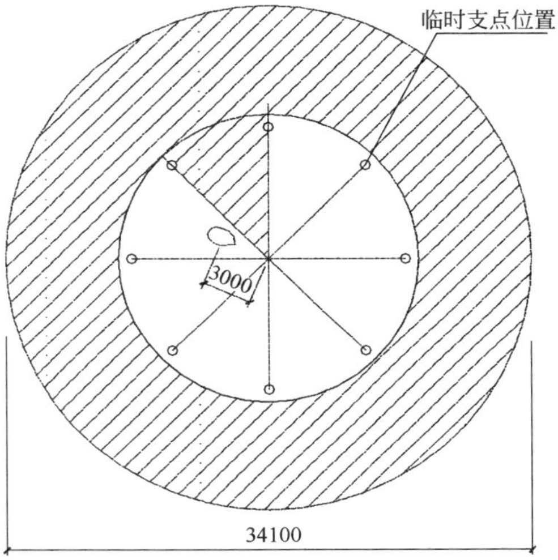

图 8.18　网壳倒塌时实际施工状况

图 8.19　网壳倒塌安装部分板

图 8.20　网壳倒塌后现场

3)事故调查分析

在该组合网壳的设计中，考虑了预制板与钢网壳焊接固定且经过灌缝处理形成整体后与网壳的共同工作，同时，在预制板外还另做了 35mm 厚细石混凝土现浇层，增强共同工作性能。该混凝土层折算厚度 70mm，经计算验证说明，该穹顶即使不考虑钢网壳的作用，在使用阶段也不会失稳。然而，该组合网壳的失稳破坏发生在施工阶段，主要原因如下：

①该组合网壳体系是一个不带斜撑的 Schwedle 穹顶，要求钢网壳部分的节点绝对刚性以

提高穹顶的稳定性,使之能承受非对称荷载。而实际的十字板节点无法满足设计者理想刚性节点的要求。

②十字板节点尽管能传递弯矩,但因角钢的抗弯、抗扭刚度较差,因而十字板节点对角钢构件的约束有限,使得四边形和五边形网格存在不稳定隐患。

③网壳施工误差较大,加大了结构的几何缺陷,降低了网壳的极限承载力。

④在进行施工全过程分析时,因多种原因难以得出准确的分析结果。

⑤施工吊装预制板时,每安装一块预制板都发现对面的临时支点会出现悬空现象。表明整个钢网壳体系刚度较弱,在局部非对称荷载作用下,会产生较大位移。

⑥在施工阶段,在对称荷载下该钢网壳体系是稳定的。因此,设计要求同时均匀对称地铺预制板和现浇细石混凝土层,而施工过程中出现非对称局部荷载。

⑦在施工阶段,非对称偏心堆载远远超过设计考虑的施工荷载,局部变形过大,导致整体失稳。

8.3.5 钢结构事故工程实例5——钢结构桁架倒塌事故

1)工程概况

某厂房长度32m,跨度38.5m,柱距为8m,桁架高度2m,属于敞开结构。桁架一端支座安装在混凝土框架厂房的牛腿上,另一端安装在独立的混凝土柱(400mm×400mm)上。共5榀平面桁架,分13节间,上弦构件采用TM244×300,下弦构件采用TN250×200,斜杆采用ϕ146×8圆管,竖杆采用ϕ89×6圆管,材质均为Q235B。

施工时无异常气候条件,桁架主体和系杆安装完成后,桁架整体出现类似“多米诺骨牌”倾覆倒塌(图8.21、图8.22)。

图8.21　桁架倒塌后现场1

图8.22　桁架倒塌后现场2

2)事故调查分析

事故分析结果表明,桁架倒塌的主要原因为:

①该屋盖为平面屋架或桁架体系,结构设计和构造布置概念不清晰。该屋盖桁架结构仅设计了纵向刚性系杆,而没有设置横向和纵向支撑,更没有设置垂直支撑。该屋盖结构设计支撑系统不完整,没有形成整体的几何稳定体系;

②设计时,没有建立上下部结构整体空间模型进行模态分析和计算;

③施工吊装阶段,也没有采取防止桁架平面外失稳的任何临时性保障措施。否则,在拆除临时性设施时,就有可能提前发现并防止屋盖桁架整体几何失稳。

8.3.6　钢结构事故工程实例 6——钢结构拱桥失稳变形事故

1)工程概况

2007 年 5 月,深圳市盐田三洲田片区体育公园环湖路正在建设中的钢拱桥现场勘查发现,该桥面中部出现明显凹陷,同时在桥侧面可见钢管混凝土拱出现平面外弯曲。根据施工过程中的测量结果,发现桥梁拱顶出现较大的下挠,其中桥梁主拱左拱跨中比设计标高低 18.3cm,右拱跨中比设计标高低 19.6cm,全桥拱平面轴线偏差最大为 49mm,拱轴线呈"S"型。1# 桥台出现水平位移 34mm,2# 桥台则出现水平位移 5mm,拱脚出现水平位移。

钢拱桥主体承重结构采用单跨钢管混凝土肋拱桥。桥拱净跨为 70m,矢高为 5m,矢跨比为 1/14,主拱肋轴线采用二次抛物线形(图 8.23、图 8.25)。全桥设 2 片主拱,拱中心间距 4m。主肋拱采用等截面哑铃形钢管混凝土结构(图 8.24),拱肋全高为 1.3m,上、下弦钢管均采用一根直径 $\phi450\times12$ 的钢管,在上、下弦管间用两块厚 12mm 的腹板焊接而成一体,在两片主拱之间共设置了八道一字形圆钢管风撑,材质均为 Q345B。在上、下弦管内及腹板内均灌注 C50 微膨胀混凝土。桥梁全长则为 80.5m,桥面全宽 7m。主拱上设钢管混凝土立柱,由立柱支承钢筋混凝土板。该桥汽车设计荷载为城-B 级,地震基本烈度为 7 度。

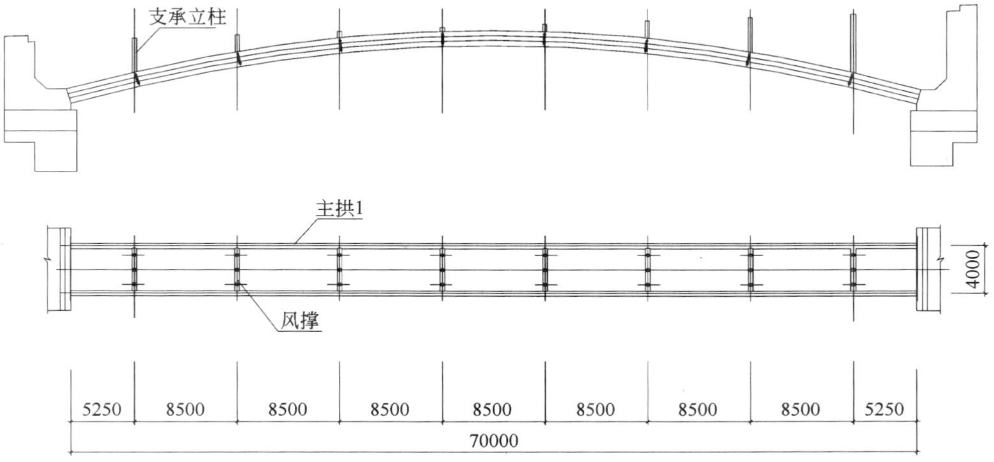

图 8.23　钢拱桥立面及平面布置图

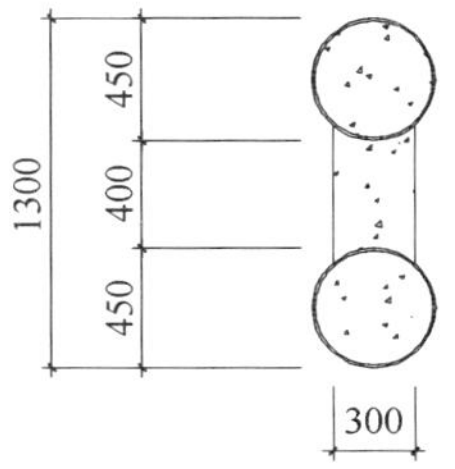

图 8.24　钢拱桥主肋拱断面图

图 8.25　钢拱桥现场实景

由于发现问题及时，避免了该拱桥整体失稳事故的发生。经专家评审确定将主结构由原来的拱结构改为拱桁架结构受力体系。拱桥经全面加固改造、检测鉴定和荷载试验后（图 8.26），已于 2008 年 5 月投入使用。

图 8.26　钢拱桥加固改造后实景

2）事故调查分析

事故调查分析结果表明，造成施工过程事故的主要原因为：

①拱平面内的矢跨比偏小（仅 1/14），拱脚的水平推力过大（约 2000t），桥台水平抵抗力不够，从而在产生桥台较大位移的情况下，拱跨中出现过大挠度，且已经超过设计允许挠度，同时存在拱在平面内整体失稳的隐患。

②拱两端支承桥台的设计，对拱脚部位承受较大水平推力估计不足，导致其安全储备不足，造成桥台水平位移较大。

③拱桥主体承重结构钢管混凝土肋拱平面外支撑不足，导致拱平面外出现"S"变形。

④桥面支承立柱较高未设稳定支撑，容易引起桥面的整体失稳，桥的整体抗震性差。

8.3.7　钢结构事故工程实例 7——平板网架倒塌事故

1）工程概况

新丰热电有限责任公司位于内蒙古乌兰察布盟丰镇工业园区丰镇市西北约 10km 处的一个在建的自备电厂。内蒙古新丰热电有限责任公司 2×300MW 火力发电机组Ⅰ期 1 号汽轮机房网架平面长度 78.75m，2 号汽机房网架平面长度 67.5m，1、2 号汽机房间预留缝 0.5m，网架支承跨度为 31.5m。屋盖钢结构采用上弦多柱点支承的正放四角锥螺栓球节点网架结构。网架分格采用 3m×2.792m、3m×2.892m、3m×2.992m，网架厚度 2.7m，网架倾斜放置在 A 轴混凝土排架柱顶和 B 轴的框架牛腿上，坡度 2.857%，B 轴比 A 轴高 900mm。屋面采用 G. R. C板、找平层和防水层，屋顶还安装有风机和排风帽（图 8.27、图 8.28），汽机房网架下方还设有两台桥式吊车。

2）坍塌过程

该网架工程于 2004 年 10 月 23 日开工，同年 11 月 22 日安装至塔吊位置（⑧～⑨轴之间），12 月 27 日之前安装结束。2004 年 11 月 14 日陆续开始安装 G. R. C 屋面板、屋顶风机，并进行屋面防水工程施工，截止到 2005 年 7 月 8 日防水工程处于收尾阶段。热电厂在春季进行安全检查时，已经发现有安全隐患，网架杆件存在质量问题，施工单位也曾派技术人员到厂

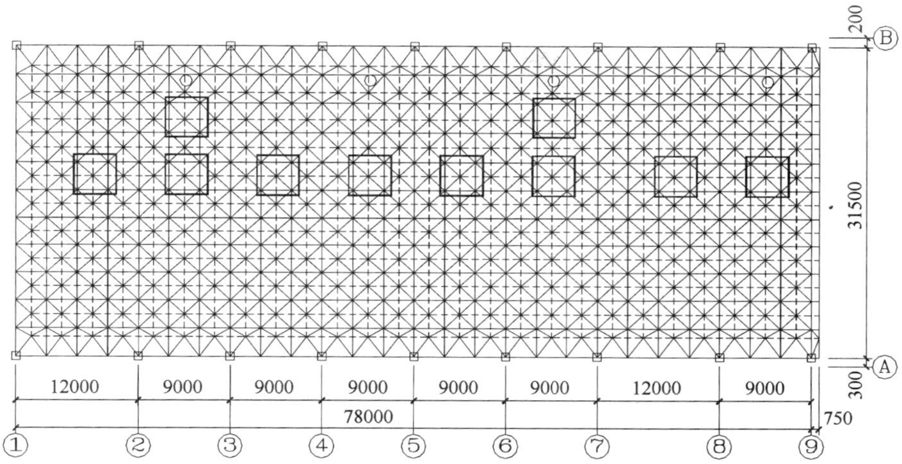

图 8.27　1 号汽轮机房网架平面图

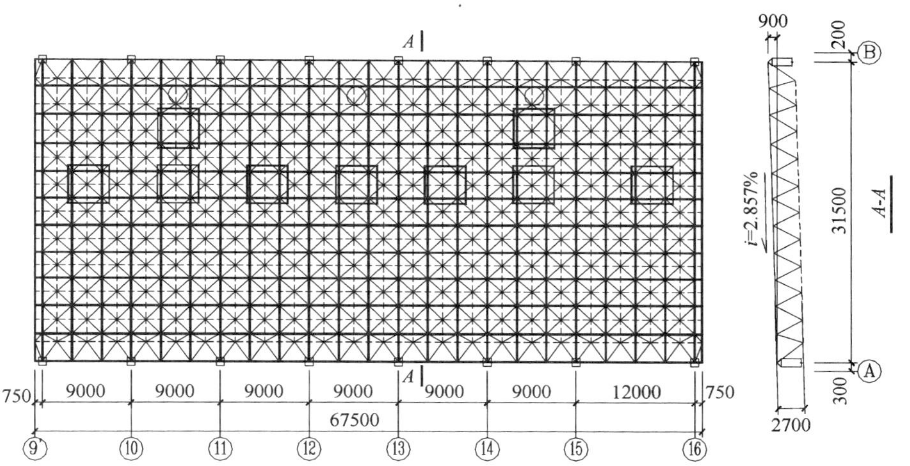

图 8.28　2 号汽轮机房网架平面图及剖面图

里进行技术维修，并更换了 8 根杆件。

2005 年 7 月 8 日 10 时 43 分，两台吊车抬吊除氧器（重约 72.6t）移动作业，遭遇停电而突然停止在⑧～⑩轴间（图 8.35），此时，在屋面和板底处有部分施工人员正在进行防水和板底刮腻子作业，该网架⑨～⑥轴间发生突然连续垮塌事故（图 8.29），垮塌面积为 968.625m^2，造成现场施工 6 人死亡 8 人受伤的重大事故。事故发生后，由内蒙古自治区安监局、国家电监会安监局等单位组成了新丰工程“7.8”垮塌事故调查组。调查组成员于 2005 年 7 月 10 日分别从各地赶赴事故现场，立即开展了技术调查分析工作。2005 年 7 月 13 日，由国家发展与改革委员会、国家监察部、国家安监局等单位组成的国务院调查组进驻事故现场。根据国务院调查组安排，原“7.8”垮塌调查专家组并入国务院调查组继续工作。笔者有幸作为专家组组长主持了该事故的技术调查分析的全过程。

图 8.29　网架坍塌现场实景

3)事故调查分析

若假定原材料合格,施工支承及网架与屋面板安装程序符合设计条件,安装质量合格,则在现有实际荷载状态下,经对原设计复核计算,得到杆件的最大应力比为 0.64,结构整体挠曲变形为 1/700,故设计不是该网架垮塌的直接原因。事故调查分析结果表明,造成事故的主要原因为:

①网架没有严格按照施工组织设计方案进行施工。在网架高空悬挑散装过程中,既没有采取临时支撑措施,又没有进行施工过程验算;同时,网架安装过程又与屋面板安装交叉作业。因而,在网架自重和屋面板重量的共同作用下,导致拼装好的网架部分产生过大的挠曲,造成后续拼装过程难度增大,从而导致高强螺栓紧固不到位,使挠曲变形进一步加大。拼装到⑨轴时,网架结构永久变形积累达到最大值。

②改变原始设计节点连接方式。由于安装误差累积,最后安装步的支座球节点与相邻下弦球节点距离过大,致使无法按设计长度杆件正常采用高强螺栓连接;而施工时,没有经过任何加固补强计算,随意采用钢管与球节点进行现场直接焊接连接(图 8.31、图 8.33)。经实测后复核计算说明,焊缝的承载力与杆件正常受力时所应承担的内力相差很大,无法满足安全性要求,因而,在网架中留下安全隐患。在此条件下,当两台吊车移动作业时,突遇停电,停止在⑧～⑩轴间(图 8.35),且产生振动和刹车效用,诱发了处于连接失效临界状态的网架结构的垮塌。因此,该网架的失效首先是杆件与支座螺栓球节点的连接焊缝断裂,而网架结构经过内力重分布后,相邻腹杆无法承受增加的荷载,也迅速断裂失效,从而导致该处支座支承节点失效,于是网架结构改变了原受力状态,变为悬挑结构,拉、压杆件迅速变号,在屋面荷载和自重作用下,原下弦拉杆变压杆后失稳破坏,导致网架迅速大面积垮塌破坏。

③网架支座与预埋件连接不可靠。由于网架支座与预埋件没有可靠连接,并且焊接质量很差,甚至没有任何固定焊接连接(图 8.32),因此,在已垮塌下落的屋面荷载和自重作用及其冲击拉力下,导致网架下弦杆件发生连续失稳破坏,网架沿长度方向垮塌,直到安装质量比较好和支座连接可靠的部位⑥轴。经过对网架内力和变形变化的模拟计算,验证了该网架的破坏过程机理。

④高强度螺栓拧入深度不足。现场发现高强度螺栓只拧入螺栓球孔2～3扣，高强度螺栓拧入深度显著不足(图8.30)，存在假拧紧情况；部分螺栓球的螺孔同心度偏斜，加工尺寸偏差较大。

⑤在现场取样的检验中，也发现部分高强螺栓、螺栓球及杆件等部分材料不合格。

⑥安装人员存在侥幸心理，对出现事故的后果认识不足，对出现的安装累积偏差造成永久变形过大的事实隐瞒真相，试图蒙混过关(图8.31)。

⑦业主没有以科学的态度要求工期进度，施工监理也严重失职，没把好质量关(图8.34)。

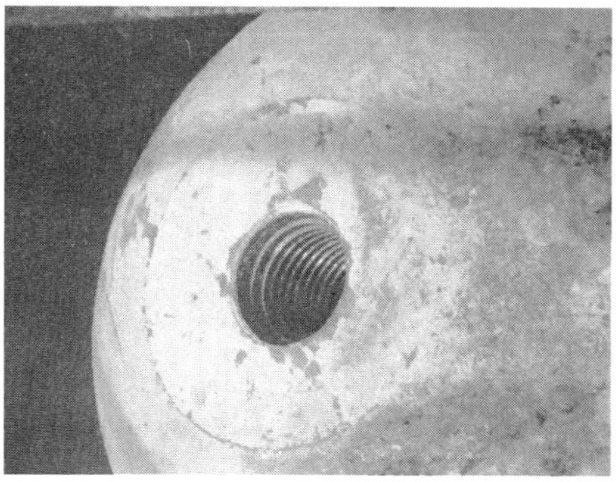

图8.30 球上螺扣被拉平——扣多，拧入深度不足

图8.31 球与腹杆焊接，焊缝断裂

图8.32 预埋件没有与支座焊接的痕迹图

图8.33 支座球与腹杆搭接焊连接板

图8.34 半空心球掩盖缝处已塌球高度的偏差

图8.35 吊车抬吊除氧器停在网架破坏起始位置下方

8.3.8 钢结构事故工程实例8——金属拱形波纹屋盖失稳倒塌事故

1)工程概况

2007年3月4日凌晨3时开始，沈阳市遭遇历史罕见急降暴风雪灾天气。风力6～7级，阵风9～10级，降水量达49～78mm，积雪厚340～400mm，为沈阳市50年来最大规模降雪。由于暴雪积压，沈阳市皇姑区明廉农贸大厅3个拱形顶棚依次全部失稳倒塌。共造成一人死亡，十一人受伤。该农贸市场有三座拱形的顶棚，其中最远的一处顶棚只剩下一半，而其他两座拱形的顶棚完全坍塌(图8.36～图8.38)。该顶棚下部边缘结构为钢筋混凝土框架结构，山墙为抗风柱拱形框架，屋顶采用金属拱形波纹屋盖。在东北地区，曾经发生过数起金属拱形波纹屋盖倒塌事故。

图8.36 屋盖一半坍塌，一半扭曲

图8.37 屋盖全部坍塌后现场

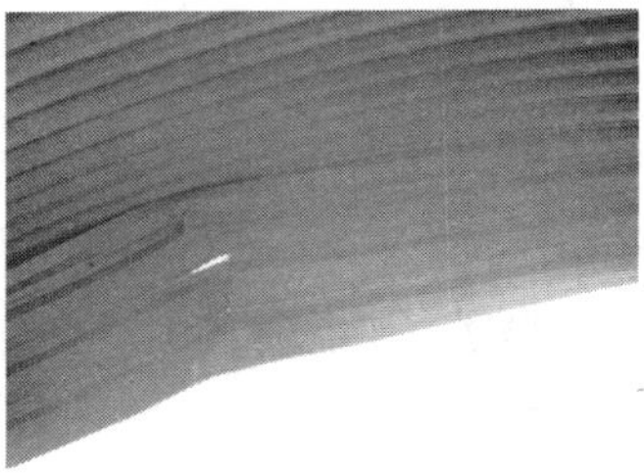

图8.38 屋盖金属拱形波纹板撕裂

2)事故调查分析

①在风力作用下，当积雪出现不均匀分布时，在屋盖上产生半跨雪荷载是金属拱形波纹屋盖倒塌的主要原因。

②金属拱形波纹屋盖自身存在施工和几何构造缺陷。金属拱板之间咬合不牢且不平滑，许多地方沿拱圈方向呈折皱状，局部翘曲，甚至是波浪形；拱板间的联系较差，缺乏整体性，也是倒塌事故的重要原因。

③金属拱形波纹屋盖拱脚支座采用铰接型，每个板带用4个自攻自钻螺钉与支承钢托板锚接，螺钉锈蚀或锚固安装不牢，易造成滑脱，出现失稳塌落。

④20世纪80年代末我国开始研究金属拱形波纹屋盖结构，目前，尚没有完善和成熟的设计方法及稳定性验算方法。某些单位在无结构试验的情况下，直接采用国外引进的软件，按照我国的《钢结构设计规范》(GB 50017—2003)进行设计。而国外软件对于结构的局部稳定问题，有的不考虑，有的在结构截面验算时通过有效宽度予以考虑，而结构的整体稳定均套用普通钢结构稳定计算公式，导致计算不准确。因此，结构设计和计算不够准确也是倒塌事故的隐患之一。

8.3.9 钢结构事故工程实例9——钢结构悬索桥倒塌事故

1)工程概况

位于北京顺义城北潮白河支流减河上的悬索桥，是连接两岸的人行景观桥(图8.39)。该桥长120m，宽5m，桥面坡度2.56%，半坡长70.4m，中间拱高1.488m，设计荷载5kN/m^2。桥面由双体箱形钢结构梁及钢悬索承重。该悬索桥最大特点是两根主索和所有吊索都是空间布置的，主索是一条长弧线，它在桥身中间部分是打开的，主索两端桥头部分汇合一点固定。钢质桥面依靠这 104 根长短不一的吊索固定在主索上；与普通悬索桥不同的是，这些吊索之间都不是互相平行的，而是立体交错的。主缆正中与桥面两边平行，每根吊索受力都不一样，中间最大，向两边递减。减河上计划建造 4 座人行桥，都系潮白河综合治理工程的一大亮点工程。此次坍塌的悬索桥是第一座竣工的。该桥于 2004 年 11 月开工，2006 年 10 月建成。

2)事故过程

2006 年 11 月 9 日 14 时许，北京顺义区卧龙环岛北侧，一座竣工不足 3 个月、横跨减河的景观悬索步行桥在测试承重时突然坍塌，桥面上 10 辆用来测试的满载沙土的卡车随桥身坠入其下 5m 的河道后报废(图 8.42)，3 名检测人员受伤。桥体北侧的吊索基本保持着原来的形状，而南侧的数十根吊索已经完全扭曲变形，比手臂还要粗的钢制吊索有的被折弯，有的扭成了麻花状。停在桥南岸的一辆金杯面包车车顶被落下的吊索砸扁。同时，桥体南端已经和路基脱离(图 8.40)，铆在地面上的吊索更是被连根拔起(图 8.41)。

图 8.39　悬索桥建成时原貌

图 8.40　桥体与路基间裂缝达一尺宽

图 8.41　一根吊索被连根拔起

图 8.42　十辆测重卡车随桥坠入减河，严重损毁

3)事故调查分析

目前倒塌原因尚未查明，无整座桥梁的技术鉴定结果。设计、施工和检测方及悬索等的责任也不明确，有多方、多种观点如下。

①南侧塔索根部主塔座被拔出，主塔压屈破坏后，全桥倒塌，冲击荷载将主塔座拔出。

②通过南侧桥墩被拽裂的痕迹看，南侧塔索根部与桥墩铆合不严，几处塔索底部的铆孔都没有损坏，测重时铆合处很可能没有吃上力，中间被车压，桥头被拽出来。

③索塔—斜拉的钢管，是一根直径 ϕ400 左右的空心钢管。桥坍塌后，一根钢管被从桥墩上拔了出来。钢管从桥墩上脱落，有两个可能的原因：一是钢管与桥墩之间的螺母松动，二是埋在桥墩里与钢管连接的混凝土强度不足。

④现场检测人员进行静态分期加载测试时，采用卡车拉沙石加载。每辆测重卡车＋沙石共 5t，在施加第 10 辆卡车时，桥体垮塌。而该桥的设计承重是 300t，此时，仅施加了 20％的载重，远小于该桥的设计承重。因此，检测人员认为应非测试作业原因。然而，卡车轮胎的动力和刹车力对桥梁、悬索及主塔架有不利影响。

⑤桥体南侧的钢吊索瞬间扭折，发现断裂处位于桥南地基和支架钢塔连接处。因此，设计认为，应该是施工方建筑时质量有问题。

⑥当地人称桥体南端早有隐患。一位住在减河南岸西辛北区的居民说，夏天他在河岸散步时，就发现南侧桥体的吊索与地面结合的部分有裂痕。竣工时，裂痕处被抹上了一层水泥浆，盖住了裂痕。桥体发生坍塌时，这根被处理过的吊索被连根拔起。

这座景观桥于 2004 年冬天开始施工，其间经历了数次修整，整桥基本成形后，由于原先的吊索长度不符合要求，施工人员进行调整，将吊索截短后重新安装。随后，桥梁两侧的桥墩又因吊索改动后受力过大而开裂，施工方又进行修补，铆进钢筋进行加固。

⑦综合分析观点

a. 主塔组合钢结构焊接质量有缺陷，没有达到相关规范规定的焊接质量要求，部分焊缝首先破坏，引起主塔 3 根压杆间联系破坏(压杆间联系杆件设计选用断面偏小)，主塔先局部失效破坏后导致整体受扭且压屈失稳，南侧塔索根部主塔座被拔出，全桥倒塌。

b. 桥体南端早有施工质量的安全隐患。南侧桥体的吊索与地面结合的部分有裂痕，桥体发生坍塌时，这根被处理过的吊索被连根拔起。

c. 静态分期加载测试时，采用有装满沙石的移动卡车分批开上桥实施加载，卡车轮胎产生的动力和刹车力对桥面和悬索及主塔架会产生不利的影响。

8.4 防止钢结构失效和失稳事故的措施

按照概率极限状态设计法，结构失效的可能性是存在的。同样，钢结构也存在缺陷，其性能随时间和环境的变化而发生变化，同时，现有的设计理论还存在不足和不完善，尤其是存在一些不利的人为因素，因而，钢结构的失效现象在一定程度上也是不可避免的。通过对钢结构工程事故实际案例的分析，深入了解失效和事故发生的原因和规律，有助于人们在钢结构设计、制作、安装及正常使用过程中，主动防范类似的事故重复发生，并提前采取相应的且行之有效的预防措施。根据建筑钢结构的受力体系、发生事故的原因、结构失稳模式以及常见的结构失效破坏形式，可在钢结构生命周期的不同阶段采取有针对性的预防措施，防止钢结构失效和失稳事故的发生。具体措施有：

1)钢结构施工图设计阶段

①钢结构工程在施工图设计之前应该进行必要的方案论证,尽量选用合理的结构体系。

②结构的整体布置必须考虑结构的整个体系及其组成部分的稳定性要求,尤其要注意完善支撑体系的布置。

③结构计算简图和实用计算方法所依据的简图应一致,结构整体稳定计算的假定必须符合结构实际受力和构造情况,尤其注意支座约束条件的影响。

④对于《钢结构设计现行规范》(GB 50017—2003)无明确规定的特殊工程或新型结构形式或体系,应有足够的理论计算依据和充分的分析计算研究论证,必要时应进行试验验证。

⑤设计人员除按现行设计规范计算结构构件的强度、刚度和稳定性以及节点的强度外,还应借鉴已发生的钢结构失效和整体失稳事故或参照其他类似工程的设计经验,并参照已有的计算方法(如本书),分别进行上、下部总体结构体系及钢结构体系的整体稳定性分析。

⑥在地震区的钢结构工程,应重视在罕遇地震下上、下部结构的连续倒塌验算和设计。

⑦预应力钢结构工程,应考虑部分索断后,钢结构整体的连续倒塌验算。

⑧施工图设计完成后,应严格执行施工图报审和超限审查的各种规定。

⑨重大钢结构工程,还应由业主委托有资质和经验丰富的第三方专业设计咨询单位,进行设计全过程的结构安全审查。

2)钢结构施工详图设计、制作和安装阶段

①钢结构施工详图设计必须符合原结构设计的要求。尽可能减小偏心、次应力,避免应力集中,方便制作与安装,便于运输,容易维修,用材经济。并应做到该刚的节点则刚,该铰的节点则铰。

②钢结构节点加工详图的设计、构造、加工制作、安装施工,是一个非常关键的环节,必须进行节点连接计算,必要时应进行实体模拟分析或经试验验证。如果节点构造不当,将造成构件或节点偏心受力过大,产生节点失效破坏或构件失稳破坏。

③钢结构制作安装要力求减少缺陷,制作安装阶段应严格执行设计意图。焊接、高强螺栓连接、防腐等必须严格控制质量。构件制作必须符合设计要求和施工规范规定,由于运输、堆放和吊装造成的构件变形必须矫正。

④施工单位应有详细的施工组织设计方案,大型或难度较大的钢结构工程,施工组织设计方案应经过专家论证。注意选择合理的整体吊装方案(吊具应单独验算强度和稳定),合理布置临时承重支撑或稳定支撑。如果吊装方案和临时支撑改变了原结构受力状态,应进行施工吊装或施工过程计算,严格按照施工工序施工,避免交叉作业施工,确保钢结构安装过程中的稳定及安全。

⑤安装过程中应加强钢结构整体变形的检测和监测,并建立施工过程数据库。

⑥按国家有关质量、安全的法律法规,落实设计、施工、监理及业主各方的质量、安全责任制。按照相关规范要求进行全面质量检验和检测,并应强化安全教育。

3)钢结构工程使用阶段

①使用单位须严格遵守设计条件和要求正确使用,一旦使用条件改变,要及时通知原设计单位,委托相关机构进行检测和鉴定,并根据检测鉴定报告进行相应处理。

②定期进行维修和保养。使用单位应按照设计和施工规范的要求,对钢结构进行定期检

查，根据防腐涂料的使用要求定期进行维护和保养。

③建立钢结构服役后的正常使用数据库或健康档案。

4）建立对钢结构工程的定期回访和检查评估制度

设计和施工单位应及时了解结构投入使用后的工程质量变化信息，特别对于一些可能存在较大安全隐患的钢结构工程，了解使用过程中设备荷载是否发生变化，结构使用及维护和保养是否异常等。应主动查找和发现问题，及时采取相应补救措施解决问题并消除隐患，定期进行钢结构安全可靠性和承载能力的评估，防止钢结构事故的发生，降低钢结构失效的概率，确保钢结构工程的安全正常使用。

参考文献

[1] 雷宏刚. 钢结构事故分析与处理. 北京：中国建材工业出版社. 2003.
[2] 郭兵，雷淑忠. 钢结构的检测鉴定与加固改造. 北京：中国建筑工业出版社. 2006.
[3] 董继斌. 穹顶组合网壳的设计及事故分析. 文登：第七届空间结构学术会议论文集，1994.
[4] 尹德玉等. 20 年来中国空间结构的施工与质量问题. 北京：第十届空间结构学术会议论文集，2002.
[5] 严慧等. 质量·事故·教训. 北京：第十届空间结构学术会议论文集，2002.
[6] 高维元，孟祥武. 空间网架的可靠性鉴定与加固措施. 全国建筑物鉴定与加固标准技术委员会成立会论文集. 1990.
[7] 中华钢结构论坛 C5. 事故分析. 2009. 4.
[8] 中华人民共和国国务院令第 493 号《安全生产事故报告和调查处理条例》. 2007.
[9] 孟祥武，祁乃春，曹喜等. 内蒙古新丰热电有限责任公司 1 号汽轮机房 7 月 8 日网架垮塌事故——国务院事故调查技术专家组报告. 2005. 7. 16.